FESTSCHRIFT

ZUM

XX. DEUTSCHEN GEOGRAPHENTAG
(17.—19. MAI 1921)

IN

LEIPZIG

ÜBERREICHT

VON DER

GESELLSCHAFT FÜR ERDKUNDE

ZU

LEIPZIG

WISSENSCHAFTLICHE VERÖFFENTLICHUNGEN

DER

GESELLSCHAFT FÜR ERDKUNDE

ZU LEIPZIG

NEUNTER BAND

VERLAG VON DUNCKER & HUMBLOT
MÜNCHEN UND LEIPZIG 1921.

WILHELM REISS
REISEBRIEFE
AUS
SÜDAMERIKA
1868—1876

AUS DEM NACHLASSE HERAUSGEGEBEN
UND BEARBEITET

VON

KARL HEINRICH DIETZEL

MIT EINER TEXTSKIZZE UND EINER ÜBERSICHTSKARTE

VERLAG VON DUNCKER & HUMBLOT
MÜNCHEN UND LEIPZIG 1921.

Inhaltsverzeichnis.

	Seite
Vorwort	7
Einleitung des Herausgebers	9

A. Colombia.

I.	Von Santa Marta nach Cartagena	33
II.	Der Magdalenenstrom	35
III.	Von Honda nach Bogotá	39
IV.	Der Wasserfall von Tequendama	43
V.	Die natürliche Brücke von Pandi	47
VI.	Von Bogotá nach Ambalema	52
VII.	Die Mesa nevada de Hervéo	56
VIII.	Das Caucatal	59
IX.	Popayan. Der Puracé. Der Sotará	60
X.	Die Vulkane von La Cruz	69
XI.	Der Vulkan von Pasto	72
XII.	Der Cocha von Pasto und der Cerro Patascoi	75

B. Ecuador.

XIII.	Von Pasto nach Quito	81
XIV.	Quito	84
XV.	Die Ersteigung des Pichincha	88
XVI.	Die Caldera des Pichincha	93
XVII.	Die Umgehung des Pichincha	96
XVIII.	Politische und soziale Verhältnisse Ecuadors	98
XIX.	Der Atacatzo und der Pasochoa	103
XX.	Corazon. Rumiñahui. Ilaló	105
XXI.	Der Mojanda	108
XXII.	Das Erdbeben von 1868. Der Cotacachi und das Piñangebirge	110
XXIII.	Der Imbabura und der Cayambe	114
XXIV.	Sara-Urcu. Frances-Urcu. Das Guamanígebirge	118
XXV.	Der Antisana und sein Fußgebirge	127
XXVI.	Der Quilotoa	135
XXVII.	Der Cerro Altar	137
XXVIII.	Von Riobamba nach Guayaquil	143

C. Peru und Brasilien.

Seite

    XXIX. Von Guayaquil nach Lima 147
    XXX. Ancon und sein Gräberfeld 148
    XXXI. Von Lima nach Pacasmayo. Überquerung der peruanischen Anden 150
    XXXII. Von Chachapoyas nach Tarapoto 156
    XXXIII. Von Tarapoto nach Iquitos 159
    XXXIV. Von Iquitos nach Pará und Rio de Janeiro 160

D. Ergänzungen

    I. Iliniza, Corazon und Cotopaxi (Brief von W. Reiss an García Moreno) 161
    II. Der Quilindaña (nach den Tagebüchern von W. Reiss) 178
    III. Reise nach dem Cerro Hermoso und Azuay (Brief von W. Reiss an García Moreno) 179
    IV. Chimborazo und Carihuairazo (nach den Tagebüchern von W. Reiss) 189
    V. Der Sangay (nach den Tagebüchern von W. Reiss) 193
    VI. Der Tunguragua (Stübels Bericht an García Moreno) 197
    VII. W. Reiss: Brief an die Mutter seines Dieners Anjel María Escobar 205

Anmerkungen des Herausgebers 209

Skizze des Pichincha 89
Übersichtskarte von Peru, Ecuador, Kolumbien und Venezuela mit der Reiseroute von W. Reiss . . . . Am Ende des Buches

Vorwort.

Mit der vorliegenden Arbeit begrüßt die Gesellschaft für Erdkunde in Leipzig im 60. Jahre ihres Bestehens den 20. Deutschen Geographentag. Es wurden diese Briefe gewählt, weil sie sich dem Rahmen der bisher durch die Gesellschaft über Südamerika veröffentlichten Werke einfügten. Das Material dazu stammt im wesentlichen aus der Hinterlassenschaft von Wilhelm Reiss. Es wurde von dessen Witwe Herrn Geh. Hofrat Prof. Dr. Hans Meyer in Leipzig zur freien Verfügung übergeben. Ich bin Herrn Geheimrat Meyer wärmsten Dank dafür schuldig, daß er mir den gesamten Nachlaß zur Herausgabe überließ und mich auch während der Arbeit durch Ratschläge und Auskünfte, die er mir aus der Fülle seiner Landeskenntnis und seiner persönlichen Erinnerungen an den Verstorbenen heraus geben konnte, dauernd unterstützte. Besten Dank schulde ich auch dem Direktor des Leipziger Museums für Länderkunde, Herrn Prof. Dr. Bergt, der mir aus dem Archiv des Museums die gesamten, auf Reiss bezüglichen handschriftlichen Bestände, als wertvollstes darunter die Tagebücher, die Stübelschen Itinerarprofile und ein reichhaltiges Kartenmaterial zur Verfügung stellte. Einzelne Auskünfte verdanke ich den Herren Dr. Theodor Wolf und Fabrikbesitzer Emil Kühnscherf in Dresden.

Mein Dank gilt vor allem aber auch der Gesellschaft für Erdkunde in Leipzig und ihrem Vorsitzenden, Herrn Geheimen Rat Prof. Dr. Partsch, die trotz der Schwierigkeiten der Zeit reichliche Mittel zur Drucklegung im Rahmen der wissenschaftlichen Veröffentlichungen der Gesellschaft bereitstellten. Es ist mir eine besondere Freude, diese Briefe eines unserer bedeutendsten Südamerikaforscher dem Deutschen Geographentag vorlegen zu können.

Leipzig, im Frühjahr 1921.

Karl Heinrich Dietzel.

Einleitung.

Ende April 1876 kehrte Wilhelm Reiss nach 8 langen Jahren intensivster und entsagungsreicher Forscherarbeit in Südamerika nach Deutschland heim, am 29. September 1908 ist er gestorben. 45 Jahre nach seiner Rückkehr, 13 Jahre nach seinem Tode erscheinen jetzt die ersten Aufzeichnungen über diese Leistung. Das bedarf der Begründung.

Das Ergebnis dieser Reise, die in so ganz andere Bahnen gelenkt worden ist — um Hawaï zu untersuchen, war man ja ausgezogen —, sollte eine umfassende, geomorphologische Schilderung Ecuadors und Colombias sein[1]. Sie ist nicht zustande gekommen. Schon an der Überfülle des Stoffes mußte sie scheitern, selbst wenn nicht innere und äußere Hemmnisse, die in das Leben von Wilhelm Reiss immer wieder eingriffen, dazu beigetragen hätten. Wir wissen auch nur wenig darüber, wie sie gedacht war. Nur davon, was wir hätten erwarten können, geben uns die Bruchstücke geomorphologischer Darstellung, die sich in den petrographischen Publikationen über die Expedition finden, ein ungefähres Bild. Auch sie sind mehr zufällig entstanden So verdanken wir die Monographien des Cotopaxi und des Quilindaña[2] einer Anregung Theodor Wolfs[3], der für die Youngschen Gesteinsuntersuchungen um eine Einleitung bat, und außer ihnen ist nur noch die Mulde von Quito und der Antisana von Reiss selbst bearbeitet worden[4]. Alles übrige, „drei Viertel seines ganzen Reisegebietes in Ecuador[5]" und ganz Colombia, ist unbeschrieben

---

[1] Hans Meyer, W. Reiss, Mitt. d. Ges. f. Erdk. zu Leipzig, 1910. S. 70.

[2] Reiss und Stübel, Reisen in Südamerika. — Das Hochgebirge der Republik Ecuador. II. Bd. 2. Heft, S. 63—189. Berlin 1896—1902.

[3] Th. Wolf an W. Reiss. — Dresden, 4. 11. 1899. — „Nachdem ich das Manuskript des Herrn Young aufmerksam durchgelesen, finde ich, daß darin doch nur eine topographische Beschreibung der Gegend auf Grund der Karte gegeben ist und von genetischen Beziehungen der nur rein äußerlich beschriebenen Vulkane — also von einer strittigen Frage — gar nicht die Rede ist. Die Einleitung scheint mir so objektiv wie möglich gehalten zu sein, und der Streitpunkt braucht ja auch in einer rein petrographischen Arbeit nicht berührt zu werden. Aber es käme doch ein ganz anderes Leben in die Sache, wenn Sie aus persönlicher Anschauung die Gegend schilderten."

[4] W. Reiss, Ecuador 1870—74, Heft 1, S. 3—56. Berlin 1901.

[5] Hans Meyer, a. a. O. S. 72.

geblieben. Niemals vor allem hat er sich, außer in einem ganz kurzen Vortrag, den er in der Berliner Gesellschaft für Erdkunde hielt[1], über den Verlauf seiner Reise, ihre Mühseligkeiten und Freuden, über die Art seiner Arbeit im Gelände, über die Eindrücke, die er empfing, ausführlicher geäußert. Für die Reiseroute sind wir infolgedessen ganz auf die Stübelschen Itinerarprofile, die in 4 stattlichen, sauber ausgeführten, handschriftlichen Bänden im Leipziger Museum für Länderkunde niedergelegt sind[2], und auf die kurzen Auszüge daraus angewiesen, die in Stübels Hauptwerken, den „Vulkanbergen von Ecuador[3]" und den „Vulkanbergen von Colombia[4]", abgedruckt wurden. Da sich aber die Stübelschen Reisewege durchaus nicht immer mit denen von Reiss decken, so ist das nur ein unvollkommener Ersatz, ganz abgesehen davon, daß sie nur Namen, aber kein Bild geben. Von der Reise in Peru und Brasilien sind zudem nicht einmal sie veröffentlicht worden. Einzelne Episoden wurden allerdings von beiden Reisenden herausgegriffen und in Briefen und Vorträgen, die in den verschiedensten Zeitschriften verstreut sind, bereits geschildert[5]. Aber sie bieten keinen Ersatz für eine zusammenhängende Darstellung.

Hier eine Lücke auszufüllen, ist der Zweck dieser Veröffentlichung. Und sie soll noch mehr. Das wissenschaftliche Streben eines Menschen, dem seine Wissenschaft sein Leben bedeutete wie wenigen, soll unmittelbar aus den ersten Aufzeichnungen sprechen, die er darüber niederschrieb. Es wurde versucht, einen zusammenhängenden Reisebericht aus dem vorhandenen Material zu rekonstruieren. Deshalb sind auch bereits früher publizierte Reiseberichte, soweit die Briefe nichts von der in ihnen geschilderten Arbeit enthalten, aufgenommen worden, zum größten Teil in neuer Form, und deshalb wurden auch die noch aufbewahrten Tagebücher dort, wo sie ergänzen konnten, mit herangezogen. Herangezogen wurden auch, wenn das möglich war, bisher unveröffentlichte Briefe Stübels. Es wäre ja an sich das Ideal gewesen, auch Stübel fortlaufend zu Worte kommen zu lassen. Die Eigenart dieses Materials, das an sich in großem Umfange zu Gebote stand, verbot das leider. Auf die Gründe wird noch einzugehen sein.

Wenn so Wilhelm Reiss fast allein diesen Band mit seinen Aufzeich-

---

[1] W. Reiss, über seine Reisen in Südamerika. — Verh. d. Ges. f. Erdk. Berlin. IV. S. 122—136. 1877.

[2] Sie sind beschrieben von Paul Wagner in: Alphons Stübel und seine Bedeutung für die geographische Forschungsmethode. — Geogr. Ztschr. XI. S. 132. 1905.

[3] A. Stübel, Die Vulkanberge von Ecuador. Berlin 1897. S. 499—501.

[4] A. Stübel, Die Vulkanberge von Colombia, hrsg. von Th. Wolf. Dresden 1906. S. 14—16.

[5] Vgl. dazu für Reiss die Bibliographie von Hans Meyer, a. a. O. S. 83—85, für Stübel die von Paul Wagner in Alphons Stübel †, S.B. u. Abh. d. Isis Dresden. 1904. S. XII—XIV.

nungen füllt, so mag das angesichts einer mehr als achtjährigen Zusammenarbeit der beiden Forscher im Lande selbst, der sich eine mehr als 20jährige in der Heimat anschloß, vielleicht einseitig erscheinen, war aber doch unvermeidlich. Zudem ist es in einem anderen Sinne berechtigt. Es ist in den letzten Jahren immer sehr viel von Stübel die Rede gewesen, und Reiss ist demgegenüber etwas zurückgetreten. Verglichen mit der breiten Basis und — man möchte sagen — größeren Anschaulichkeit von Stübels Lebenswerk, mit der kühnen Konzeption seiner Vulkantheorie, der eindringlichen Wirkung seiner prachtvollen Panoramen, den umfassenden Plänen, an die er im Leipziger Museum für Länderkunde seine Kraft völlig wandte, schien die streng methodische, ängstlich jede Spekulation vermeidende Forschung von Reiss weniger wegweisend. Aber ein solches Urteil wäre sehr ungerecht, ungerecht vor allem auf geographischem Gebiete, das ja hier ganz besonders betont werden soll. Es kann, wiewohl es interessant wäre, hier nicht näher untersucht werden, wieviel gerade Stübel den geographischen Anregungen von Reiss zu danken hat und wie sehr und wie lange ihn Reiss davor bewahrte, seinen vulkanologischen Neigungen allzu einseitig nachzugehen. Was Stübel später um einer Theorie willen mehr und mehr aufgab, die unerbittliche Feststellung des Beobachteten, die Ablehnung jeder Konstruktion des Tatsächlichen, hat Reiss immer streng festgehalten, und das hat ihn zu seinen Erfolgen geführt. Möchten seine Briefe diese seine Bedeutung neben seinem Arbeitsgenossen wieder ins Gedächtnis zurückrufen.

Das dem Herausgeber zugängliche Material der beiden Forscher aus der Zeit ihrer gemeinsamen südamerikanischen Reisen, also aus der entscheidenden Epoche ihres Lebens[1], stammt, soweit es noch nicht publiziert war, fast völlig aus dem Nachlasse von Reiss. Es besteht aus 89 Briefen von Wilhelm Reiss an seinen Vater, die, bald größeren, bald geringeren Umfangs, fortlaufend seine Reise und sein Privatleben schildern und die Grundlage der vorliegenden Veröffentlichung bilden, aus 29 Tagebüchern von W. Reiss, die gleichfalls nur wenige Lücken aufweisen, aus 194 Briefen von Alphons Stübel an Reiss und aus den schon erwähnten Itinerarprofilen Stübels.

Die Brauchbarkeit dieses Materials für den hier verfolgten geographischen Zweck ist noch innerhalb der einzelnen Gruppen sehr verschieden und wesentlich bedingt durch seine Entstehungszeit und Entstehungsweise. Als primäre Quelle kommen natürlich in erster Linie die

---

[1] Für die Darstellung des Lebensganges beider Forscher muß hier auf die Biographien von Hans Meyer, für Stübel in den Mitt. d. Ver. f. Erdk. zu Leipzig, 1904, S. 59—78, für Reiss ebenda, 1910, S. 47—96, verwiesen werden. — Über Stübels Leben siehe außerdem auch P. Wagner, Alphons Stübel †, S. B. u. Abh. d. Jsis. Dresden 1904. S. V—XII.

Tagebücher in Betracht. Reiss hat sich über die Methode, die er bei seinen Beobachtungen, Forschungen und Sammlungen befolgte, direkt nirgends ausgesprochen. Nur indirekt kann man aus den Ratschlägen, die er in der Einleitung zu Peters Besprechungen der „astronomischen Ortsbestimmungen von Colombia" gibt[1], wenigstens einiges über die Art entnehmen, wie er geodätisch zu arbeiten gewohnt war. Von der peinlichen Sorgfalt seiner geologischen Sammlungstätigkeit zeugen die Tausende von großen, sauber und völlig gleichmäßig geschlagenen Handstücken, die in Leipzig und Berlin vereinigt sind; sein ethnographisches Verständnis beweist schließlich die sachgemäße Auswahl und Konservierung der von ihm zusammengebrachten Objekte. Das alles findet seinen Niederschlag in den Tagebüchern und ist in ihnen unter dem alles vereinenden geographischen Gesichtspunkt zusammengefaßt. Es sind keine Routenbücher im gewöhnlichen Sinne des Wortes, sondern mehr Notizblätter, in denen er alles, was ihm auffiel und der Erwähnung wert schien, in buntem Durcheinander aufzeichnete. Barometrische und thermometrische Daten, das Zahlenwerk seiner trigonometrischen Beobachtungen, die Nummern und der Fundort der gesammelten Gesteine, ab und zu auch einfache Routenskizzen und krokisartige Zeichnungen, eigenartige, von den Einwohnern erfragte Lokalnamen wurden während des Marsches flüchtig mit Blei vermerkt. Am Abend wurde dann das Resultat des Tages in einer kurzen, meist mit Tinte geschriebenen, zusammenhängenden Darstellung mit der deutlichen Absicht, dem Gedächtnis Fixpunkte für eine spätere kartographische Ausarbeitung zu geben — man ist oftmals versucht, von einer geschriebenen Routenkarte zu sprechen —, in einen Rahmen gebracht, alles in einer hastigen, kleinen, in der Deutlichkeit sehr wechselnden, oftmals aber fast unleserlichen, mit zahlreichen Abkürzungen und Siglen durchsetzten Schrift.

Diese geringe Übersichtlichkeit hat schon dem Forscher selbst später die Bearbeitung ungemein erschwert, sie ihm im höheren Alter, als die Frische des unmittelbaren Eindruckes allmählich verblaßt war, sogar ganz unmöglich gemacht, da er sich in seinen eigenen Aufzeichnungen nicht mehr zurechtfand[2], sie hat schließlich auch die Bearbeitung durch andere immer wieder verzögert[3]. Über die Art, in der der Herausgeber sie trotzdem herangezogen hat, wird noch zu sprechen sein.

Als primäre Quelle können auch die Briefe gelten, die beide Gelehrte während der Reise miteinander gewechselt haben. Sie waren das Bindeglied, das ein Zusammenarbeiten beider ermöglichen sollte, obwohl sie schon sehr bald fast immer getrennt reisten und, je länger die

---

[1] Reiss/Stübel, Reisen in Südamerika. Das Hochgebirge von Colombia: II. S. X—XV.
[2] Hans Meyer, Mitt. d. Ges. f. Erdk. zu Leipzig, 1910. S. 72.
[3] Ebenda, S. 73.

Reise währte, um so seltener zusammenkamen. Von diesem gegenseitigen Erfahrungsaustausch ist aber leider nur der Stübelsche Anteil erhalten geblieben. Die Briefe von Reiss an Stübel sind sogleich nach dem Tode Stübels auf dessen Anordnung verbrannt worden[1]. Die noch vorhandenen Gegenstücke Stübels malen ein lebendiges Bild seiner temperamentvollen, zu Scherz und Spott, aber auch zu ehrlichem Zorn und scharfem Urteil leicht geneigten Persönlichkeit, sie geben in zahlreichen Einzelzügen ungemein wertvolle Aufschlüsse über die politischen und kulturellen Verhältnisse im Lande und die Lebensbedingungen der Expedition, sie berichten schließlich dem Reisegenossen regelmäßig über Pläne, Erfahrungen, Fortschritte und Ergebnisse der Arbeit, alles in allem eine verwirrende Fülle eines mehr episodischen, in Einzelheiten sehr reizvollen Materials, aber das, was ihre Veröffentlichung rechtfertigen und verlangen würde, geben sie nicht und können sie nicht geben, den geschlossenen Eindruck einer in sich vollendeten Leistung, wie sie diese Reise tatsächlich war. Sie können das schon rein äußerlich nicht aus mehrfachen Gründen: sie berichten naturgemäß nichts über die zwar seltenen, aber immer inhaltreichen Begegnungen der beiden und den Gedankenaustausch während dieser kurzen Zusammenkünfte, ihre Kontinuität ist also gerade an den entscheidenden Stellen unterbrochen; sie wenden sich weiter an einen Adressaten, der mit den Zuständen und Fragen, die sie behandeln, aufs innigste vertraut war und dessen Vertrautheit damit sie voraussetzen, sie beziehen sich schließlich dauernd auf Gegenbriefe von Reiss, die verloren sind und über deren Inhalt und Form wir nichts wissen und auch nur wenig Positives vermuten können. Und dazu kommt als inneres Moment ihre originelle, auch im Sachlichen noch durchaus persönliche und nur persönlich sein wollende Form, ihre auch innere Einstellung auf den Empfänger und nur auf diesen. Es wäre zwecklos und eine vollständige Verkennung und Mißachtung der Absichten und des Charakters von Stübel, wollte man diese Privatbriefe, deren wissenschaftlicher, über das rein Biographische hinausgehender Inhalt ohne Zerstörung ihrer eigensten Gestalt nicht herauslösbar ist, vollständig abdrucken. Wo sie Ergänzungen und Erläuterungen bieten konnten, sind sie, wie schon erwähnt, mit herangezogen worden.

Von den sekundären Quellen haben die Stübelschen Itinerarprofile nur als Hilfsmittel für die Datierung seiner einzelnen Unternehmungen Wert. Rein sekundär sind sie insofern, als sie in der Heimat auf Grund des heimgebrachten Materials ausgeführt sind. Ihre Eigenart, die originelle Verbindung von Höhen- und Zeitwerten, während der Längenwert ganz unberücksichtigt bleibt, hat bereits Paul Wagner[2] be-

---

[1] Nach einer Mitteilung Theodor Wolfs an Hans Meyer vom 24. 12. 1910.
[2] Paul Wagner, Geogr. Zeitschr. XI. S. 132. 1905.

schrieben. Sie verlieren dadurch den Charakter von Profilen im eigentlichen Sinne des Wortes, den sie auf den ersten Blick zu haben scheinen, und werden lediglich zu graphischen Übersichtsblättern der in einem Monat erreichten Höhen. Die am unteren Rande jedes Blattes für jeden Tag vorgesehenen gedruckten Rubriken, die die Wegdistanzen — ganz besonders diese wären von Wert gewesen —, die astronomischen, trigonometrischen, meteorologischen, geologischen, zoologischen und botanischen Beobachtungen aufnehmen sollten, sind zum größten Teile unausgefüllt geblieben. Für eine Veröffentlichung kommt dieses Material schon wegen seines Umfanges, der sich nicht verkleinern läßt, ohne daß die Deutlichkeit darunter litte, nicht in Betracht.

Zwischen diesen am Schreibtisch daheim entstandenen und so als rein sekundäre Quelle zu betrachtenden Profilen und den Tagebüchern nehmen die Briefe, die Reiss während der Expedition an seinen Vater schrieb, eine Art Mittelstellung ein. Sekundär sind sie insofern, als sie sich auf die Tagebücher stützen und diese ihnen als Quelle dienen, primäres Material werden sie dadurch, daß sie über diese ihre Quelle weit hinausgehen und aus Eigenem hinzufügen. Es muß hier darauf verzichtet werden, diese Abhängigkeiten und Zusätze im einzelnen kritisch nachzuweisen, ihre Begründung finden sie ja in dem völlig anderen Zweck. Die Tagebücher waren gedacht als Hilfsmittel für den Forscher selbst, als Grundlage und Materialsammlung für seine eigenen weiteren, wissenschaftlichen Arbeiten, die Briefe aber sollten anderen, die das Land, das er beschrieb, nicht kannten und an der Person des Schreibers ein rein persönliches Interesse hatten, ein Bild geben von der Stätte, wo er lebte, und von der Art, wie er arbeitete, und diese anderen waren wissenschaftliche Laien. ,,Diese Briefe sind speziell für Euch geschrieben, und infolgedessen habe ich meine Person ganz in den Vordergrund gestellt und vieles weggelassen, was ich dem großen Publikum mitgeteilt haben würde[1].''

Aber mehr noch, als er wegließ, hat er hinzugefügt, hinzugefügt von dem, was sein zurückhaltender, stolzer Sinn der Allgemeinheit gleichfalls nicht preisgeben wollte, von seinem persönlichsten Leben. So sind seine Briefe oftmals nicht bloße Reisebeschreibungen, sondern Besinnungspunkte, in denen er in regelmäßigen Abständen als Mensch, nicht als Gelehrter, die Ergebnisse seines Strebens zusammenfaßte und in denen neben objektiver Darstellung oft erschütternde Bekenntnisse stehen. Die Größe dieser Abstände, die Länge und der Inhalt der Briefe sind charakteristisch für seine wechselnden Stimmungen, für das allmähliche Nachlassen seiner Kraft der Riesenaufgabe gegenüber. Der wissenschaftliche Inhalt der Tagebücher ist hier in eine straff zusammengefaßte, allgemeinverständliche Form gebracht; alle speziellen geologischen

---

[1] Quito, 31. 5. 1871.

Resultate, alle genaueren Routenbeschreibungen mit ihrer eingehenden Darstellung insbesondere des Flußnetzes fehlen oder sind doch nur angedeutet: nicht nur was er sieht und erlebt, sondern wie er es sieht und erlebt, will er mitteilen.

Das Fortschreiten einer geistigen Entwicklung zieht so vorüber, unheilvoll auf der einen Seite, denn „dieses verfluchte Land[1]", in dem „alles fort und fort ein Gewebe von niedriger Kriecherei, Furcht und gemeiner Niedertracht ist"[2], dessen Bewohner ihn „anekeln[2]" zermürbt ihm Körper und Geist, macht ihn einsam und krankhaft mißtrauisch gegen alle, die ihm wohlwollen, und läßt ihn oft verzagen, ob er die Aufgabe, deren einziger Lohn für ihn „in dem Bewußtsein des Strebens nach Wahrheit[3]" liegt und an der ihn nur das „Pflichtgefühl"[4] noch festhalten läßt, auch wirklich lösen kann, denn die Arbeit will zuletzt „durchaus nicht mehr gehen[5]". Diese Stimmungen, „wie sie dem in philisterhafter Gemütsruhe und in häuslichem Familienleben dahinvegetierenden Gelehrten an einer löblichen deutschen Universität wohl kaum bekannt sind[6]", gehen freilich vorüber, denn auf der anderen Seite werden ihm dafür „Augenblicke der höchsten Freude und des Genusses gewährt, wie sie unter den sitzenden Herren wohl nur selbstschaffenden Genies zuteil werden mögen[6]", und „sie entschädigen für manche trübe Zeit, für viele ertragene Mühseligkeit[6]". Dieses Gefühl, Neuland zu erobern, hält ihn immer wieder aufrecht und stärkt sein Selbstbewußtsein, den Stolz auf das Erreichte. „Nach uns kann, auf lange, lange Zeit hinaus, kaum irgendein anderer etwas Ernsthaftes in Beziehung auf Vulkane leisten[7]", denn „kein lebender Geologe kann es uns im Studium des gewählten Spezialfaches gleich tun[8]". Einen Vergleich seiner Arbeiten mit denen Humboldts lehnt er entrüstet ab. „Was hat mein Streben mit dem Humboldts gemein? Sie sind verschieden wie Tag und Nacht. Es sei ferne von mir, Humboldt verkleinern zu wollen, noch ferner aber liegt es mir, zu gestatten, daß man mich betrachtet ‚wie auch so einen'. Humboldts Verdienst liegt in der Art und Weise, wie er kompiliert hat, von mir ist aber noch nie etwas einer Kompilation Ähnliches in die Öffentlichkeit gelangt[9]" Dieses Schwanken in Extremen, das Auf und Nieder der Stimmungen, wie es schon hier hervortritt und in seinem späteren Leben, wenn auch da vielleicht zum Teil durch sein schweres Augenleiden hervorgerufen, noch viel stärker sich ausprägt, ist wohl der tiefste Grund seiner trotz einer ungeheuren Energie ihn oftmals überkommenden Arbeitsunfähigkeit. Es ist der Zwiespalt der künstlerisch veranlagten Natur, der produktives Schaffen Bedürfnis, aber nur unter ganz bestimmten seelischen Bedingungen möglich ist.

---

[1] Pasto, 20. 7. 1869.
[2] Quito, 19. 8. 1872.
[3] Pasto, 15. 9. 1869.
[4] Quito, 31. 5. 1871.
[5] Riobamba, 26. 4. 1873.
[6] Quito, 17. 11. 1871.
[7] Quito, 26. 5. 1870.
[8] Quito, 17. 6. 1871.
[9] Riobamba, 4. 7. 1873.

Es ist auf diese Seite der Briefe, die die inneren Bedingungen seines Lebens und Schaffens aufhellt, hier besonders eingegangen worden, einmal, weil sie auch in bezug auf den wissenschaftlichen Inhalt der Korrespondenz, von dem noch zu sprechen sein wird, vieles, was vorhanden, und noch mehr, was nicht vorhanden ist, erklärt, und dann, weil in der Publikation selbst ihr Ton sehr zurückgedrängt wurde und nur ausnahmsweise anklingen konnte. Schon der Charakter der Briefe als reiner Familienbriefe bringt es mit sich, daß solche Stellen stets von dichtem Rahmenwerk intimer Familienmitteilungen umrankt und so in sie hineingeflochten sind, daß sie sich nur selten daraus lösen lassen. Für den hier verfolgten Zweck einer zusammenhängenden Reisedarstellung, die in erster Linie objektiv Beobachtetes schildern soll, konnten sie ja auch entbehrt werden. Aber zur Charakterisierung des Gelehrten Reiss und des Menschen, der er auch als Gelehrter war, sollten hier wenigstens einige Beispiele daraus Platz finden.

Die eigenartige Mischung von intim Persönlichem und wissenschaftlichen Beobachtungen, die ja schon bei den Stübelschen Briefen hervorgehoben werden mußte, ist es auch gewesen, die eine Veröffentlichung, solange Reiss noch lebte, ganz verhindert und später wenigstens sehr erschwert hat. Denn der Plan, die Briefe zu publizieren, ist fast so alt wie die Briefe selbst. Die Stellung von Reiss dazu ist anfänglich schwankend, später ganz ablehnend gewesen. Schon während der Sohn noch in Colombia weilte, regte der Vater die Veröffentlichung an[1]. Vielfache Wünsche aus Freundeskreisen und die zu dieser Zeit noch im „Globus", allerdings ohne Wissen des Autors, erscheinenden Mitteilungen Stübels[2] hatten ihn dazu bestimmt. Reiss äußerte Bedenken, aber er wies den Gedanken nicht völlig ab. „Stolz könnt Ihr auf diese Werke nicht sein. In der Eile und Unruhe einer Reise geschrieben, meist ganz flüchtig auf das Papier geworfen, scheinen sie mir keineswegs geeignet, dem Publikum einen hohen Begriff von den Fähigkeiten Deines Sohnes beizubringen. Noblesse oblige! Und ich möchte mich gern zum literarischen Adel rechnen. Doch will ich gern alles tun, um Deinen Wunsch zu erfüllen. Vielleicht ließe sich auch ein Kompromiß dahin treffen, daß Auszüge ohne meinen Namen veröffentlicht würden. Auf jeden Fall möchte ich bitten, die Veröffentlichung einem guten Journal zu übergeben. In Zukunft will ich versuchen, von Zeit zu Zeit solche Briefe zu schreiben, die sich mehr zur Veröffentlichung eignen als die bisher eingesandten[3]". Der Vater wandte sich darauf an einen Freund des Hauses, den Direktor der Mannheimer Sternwarte und späteren Universitätsprofessor in Bonn, den Astronomen Eduard Schön-

---

[1] Brief aus Wildbad, 18. 7. 1869.
[2] Globus, Bd. XIV, 1868, S. 218; XV, 1869, S. 239, 286; XVI, 1869, S. 156, 360; XVII, 1870, S. 159; XVIII, 1870, S. 175.
[3] Pasto, 15. 9. 1869.

feld, und an den Studiengenossen des Sohnes, an Swamerdam, mit der Bitte, die Herausgabe zu übernehmen. Beide lehnten indes nach einigem Zögern ab, ohne daß die Gründe dafür näher erkennbar wären. Für die Empfindlichkeit des jungen Forschers war das ein harter Schlag. Er erblickte darin bereits eine Verurteilung. „Sollte nicht der Weigerung Schönfelds und Swamerdams die Meinung zugrunde liegen, daß meine Briefe sich nicht zur Veröffentlichung eignen[1]?" Von nun an sieht er alle weiteren Bemühungen des Vaters nur ungern. „Wünschst Du durchaus etwas gedruckt zu sehen, nun denn, in Gottes Namen, mach' folgendes: entweder laß mit meinem Namen ganz kurze tatsächliche Auszüge in irgendeiner geographischen Zeitschrift erscheinen, oder aber, wenn dies Dich nicht befriedigt, lasse drucken, was Du immer willst, aber ohne meinen Namen dazuzusetzen[2]". Das Bekanntwerden der Stübelschen Globusberichte in Südamerika und die Unannehmlichkeiten, die diesem daraus erwuchsen, veranlaßten ihn dann schließlich, ebenso, wie das auch Stübel tat, jede Publikation aus den Briefen zu untersagen. „Ich wiederhole auf das bestimmteste meine Bitte, unter keiner Bedingung etwas aus meinen Briefen veröffentlichen zu lassen[3]." Die Rückkehr der Reisenden nach Europa nahm dem Gedanken dann zunächst das aktuelle Interesse, er trat zurück hinter der wichtigeren Aufgabe, das gesammelte Material zu verarbeiten und wurde auch von Reiss selbst nicht wieder aufgenommen. Von den Briefen ist nirgends mehr die Rede.

Erst nach dem Tode von Reiss tauchten sie in seinem Nachlasse wieder auf. Das Bedürfnis, die Arbeitsleistung des Toten posthum zusammenzufassen und anschaulich vorzuführen, veranlaßte Hans Meyer, nachdem er sich der Zustimmung der Witwe versichert hatte[4], die Herausgabe zu übernehmen. Sie sollte in den Mitteilungen der Gesellschaft für Erdkunde zu Leipzig 1911 erscheinen[4]. Aber eigene Arbeiten zwangen ihn, sie wieder zurückzustellen. Für die nunmehr endlich herauskommende Veröffentlichung gelten aber die gleichen Voraussetzungen und Gründe, wie er sie schon damals ausgesprochen hat: „Die Gründe, die Reiss für sein Verbot angegeben hat, nämlich die Rücksicht auf die zu erwartende Kritik seiner damaligen Fachgenossen, können heute, nachdem seine ruhmvollen Verdienste um die Wissenschaft unantastbar feststehen, nicht mehr gelten. Wenn er in späteren Jahren begreiflicherweise nicht mehr selbst die Herausgabe besorgen wollte, so erfordert es heute die Pietät gegen den Verstorbenen, eine Auswahl dieser Briefe, die nicht bloß den Mann und den forschenden Gelehrten von der sympathischsten und interessantesten Seite zeigen, sondern auch als Ergänzung zu seinen übrigen Arbeiten eine wertvolle Bereicherung unserer Landeskenntnis bieten und

---

[1] Quito, 31. 5. 1871. [2] Quito, 31. 5. 1871. [3] Riobamba, 4. 7. 1873.
[4] Hans Meyer, Mitt. d. Ges. f. Erdk. zu Leipzig, 1910. S. 74.

neben dem Geologen Reiss auch den Geographen und Ethnographen ins rechte Licht stellen, für die Veröffentlichung vorzubereiten[1]." Über die Grundsätze dieser Auswahl und über die Art der Veröffentlichung wird später noch einiges zu sagen sein.

Der Zweck dieser Briefherausgabe ist ein geographischer: Der Geograph Reiss soll im Vordergrund stehen. Die Frage nach seiner geographischen Bedeutung, nach den geographischen Resultaten seiner Reisen muß deshalb noch kurz erörtert werden. Ihre ganze Ausbildung wies ja zunächst weder Stübel noch Reiss auf das geographische Forschungsgebiet hin, und sie hatten wohl auch beide ursprünglich keine tieferen geographischen Interessen. Stübel ging aus von der Mineralogie, speziell der Kristallographie, und erst Naumann in Freiberg führte ihn auf allgemeinere geologische Probleme, insbesondere auf die Vulkanologie[2], keineswegs aber auf Geographie, und eine ganz ähnliche Entwickelung machte Reiss durch: er war Bergmann, und den für dieses Fach notwendigen Naturwissenschaften gehörten alle seine Interessen. Unter den Dozenten, die er im Wintersemester 1857/58 in Berlin hörte, fand sich zwar auch Karl Ritter[3], aber einen größeren Einfluß scheint dieser auf ihn nicht ausgeübt zu haben, denn weder damals noch später findet man bei ihm irgendwelche Spuren einer Anlehnung an die von diesem vertretene Auffassung von der Geographie.

Dieser geringe Einfluß Ritters und damit der damals herrschenden Richtung in der Geographie ist bei dem Entwicklungsgang beider Forscher durchaus verständlich. Das kulturgeographische Moment in Ritters Definition seiner Wissenschaft, die Betonung und zentrale Stellung des Menschen in der Forschung und Darstellung, die dadurch bedingte Methodik, die wesentlich literarisch sammelnd ihre Ergebnisse am Schreibtisch daheim gewann, mußte einem streng naturwissenschaftlichen Denken fremd bleiben. Mehr Berührungspunkte gab Humboldt und die von ihm vertretene physische Geographie. Aber auch hier reizte gerade das, was Humboldts Größe ausmacht, die in ganz anderem Boden, letzten Endes im Totalitätsbegriff des deutschen Klassizismus wurzelnde Universalität, die, von Goethe ausstrahlend, die ganze Generation, zu deren bedeutendsten Vertretern gerade Humboldt zählte, im Streben nach dem Ideal des griechischen, harmonisch ausgebildeten Menschen zusammenfaßte, den jungen, ganz im Realen haftenden, jedes Übergreifen in Spekulationen ängstlich meidenden Nachwuchs zum Widerspruch. Der Begriff der Exaktheit, in den fünfziger Jahren aufs schärfste herausgearbeitet, vertrug sich nicht mit dem universalen Gedanken, er forderte Spezialisierung,

---
[1] Hans Meyer, Mitt. d. Ges. f. Erdk. zu Leipzig. 1910. S. 74.
[2] Wagner, Geogr. Ztschr. 1905. S. 129.
[3] Hans Meyer, Mitt. d. Ges. f. Erdk. zu Leipzig. 1910. S. 48.

Feststellung des Tatsächlichen statt Theorie, Experiment statt Naturphilosophie. Nur aus diesem Ideenkreis heraus ist das erregte Abweisen auch nur eines Vergleichs seiner Arbeit mit der von Humboldt durch Reiss in dem schon zitierten Briefe[1] zu verstehen.

Konnte so ihre Ausbildung die beiden nicht zu einem freieren, einen weiteren Blick ermöglichenden Standpunkt, sondern im Gegenteil nur zu einem engen Spezialistentum führen, so bewahrte sie davor die eigene praktische Arbeit und die eigene praktische Erfahrung. In einem Alter, in dem der normale Student noch im Anfängertum der ersten Semester befangen ist, unternahmen beide schon ihre ersten wissenschaftlichen Reisen. Als Dreiundzwanzigjährigen finden wir Stübel in Chartum, am Blauen Nil und in der Libyschen Wüste, als Vierundzwanzigjährigen am Vesuv, mit 27 Jahren in Schottland, Madeira, auf den Kapverden und in Portugal, 2 Jahre darauf nochmals auf Madeira, den Kanaren und in Marokko[2]. Und Reiss beginnt noch früher seine wissenschaftlichen Fahrten. Schon 1858 — mit 20 Jahren — sendet er von Madeira eine später von Lyell untersuchte und als bedeutsam erkannte Sammlung von Fossilien heim, seinen 21. Geburtstag feiert er in Portugal und geht von da nach den Azoren, wieder nach Madeira und Tenerife[3].

Das Resultat dieser Reisen ist für beide schon früh, noch ehe sie sich kennenlernten, eine durchaus selbständige Auffassung gegenüber den damals herrschenden Ansichten zunächst in der Geologie. Beide erkannten unabhängig voneinander die Unhaltbarkeit der Buch-Humboldt'schen Theorie der Erhebungskratere, deren „scheinbar stärkstes Bollwerk[4]" Reiss schon damals in seiner Abhandlung über die „Diabas- und Lavaformation der Insel Palma[5]" zum Wanken brachte und deren weiterer Widerlegung dann alle folgenden Reisen gewidmet sind. Hier wichtiger und vor allem methodisch bedeutsam wurde eine andere, mehr praktische Erfahrung: beide fühlten bei der unmittelbaren Berührung mit dem Urmaterial schmerzlich die schmale Basis, auf der die Riesengebäude der bisherigen Theorien errichtet waren. Diese Basis zu verbreitern, reicheren Stoff zu sammeln, zunächst einmal ohne Rücksicht auf später zu entwickelnde Anschauungen das tatsächlich Vorhandene in möglichst großem Umfang objektiv festzustellen, das war die hauptsächlichste Lehre, die sie aus ihren Reisen zogen. Möglich war das aber nur auf geographischem Wege. Und damit tritt zum ersten Male die Notwendigkeit geographischer Untersuchung an beide heran. Sie erscheint ihnen zunächst unter dem Gesichtspunkt der Topographie, als Hilfsmittel für

---

[1] Siehe S. 15.
[2] Wagner, S.B. u. Abh. d. Isis, Dresden. 1904. S. V, VI.
[3] Hans Meyer, Mitt. d. Ges. f. Erdk. zu Leipzig, 1910. S. 49, 50.
[4] vom Rath an W. Reiss, Bonn, 10. 10. 1861.
[5] Wilhelm Reiss, Die Diabas- u. Lavaformation der Insel Palma. Wiesbaden 1861.

ihre geologischen Zwecke. Als erste Frucht dieser neuen Erkenntnis fertigt Stübel eine Reliefkarte von Madeira an[1], und Reiss veröffentlicht zusammen mit Fritsch und Hartung seinen Atlas von Tenerife[2].

So erkennt man als Ergebnis dieser Bildungszeit beider Forscher ein fest begründetes, in seinen Zielen scharf umrissenes Programm. Es ist zunächst ein negatives: die Basis der bisherigen Geologie ist methodisch und sachlich zum großen Teile unhaltbar geworden und daher zunächst zu widerlegen. Daß damit auf dem Sondergebiet der Vulkanologie begonnen wird, ist nicht zufällig, denn einmal waren hier bisher die bedeutendsten und anfechtbarsten Theorien aufgestellt worden, andererseits bildet „das Studium der vulkanischen Erscheinungen die Grundlage der geogenetischen Forschung[3]". Und diesem Negativen steht ein Positives gegenüber: ein neuer Aufbau der Geologie ist nur möglich durch Nachprüfung und Ergänzung des bisher gesammelten Materials, deren Voraussetzung eine genaue geographisch-topographische Kenntnis der in Frage kommenden Gebiete ist. Wo sie noch nicht vorhanden ist, muß sie neu geschaffen werden, da ohne sie „geognostische Beobachtungen jedes wissenschaftlichen Wertes entbehren[4]".

Die Umsetzung dieser unabhängig voneinander gewonnenen Überzeugungen in die Praxis wird nun, nachdem beide sich kennengelernt haben, ganz planmäßig durchgeführt. Die Reise nach Santorin, veranlaßt durch den unvorhergesehenen Ausbruch des dortigen Vulkans, bleibt darin eine, allerdings infolge der dort gemachten Erfahrungen hochwichtige Episode, die nach den gleichen Grundsätzen bearbeitet wird. Stübel fertigte dazu das Relief und verfaßte den geschichtlichen, Reiss den größten Teil des beschreibenden Teils[5]. Und dann folgt, von Stübel angeregt, die Bereisung Südamerikas. Nach der Nachprüfung des Arbeitsfeldes L. v. Buchs auf den Kanaren geht man an die des Humboldtschen in den Anden.

Die südamerikanische Reise bedeutet den Höhepunkt des gemeinsamen Arbeitens beider, aber auch gleichzeitig, noch im Lande selbst, den Beginn der Trennung. Waren bisher die Wege, die beide gegangen waren, auch wissenschaftlich die gleichen gewesen, so führten sie während der acht Jahre in Südamerika allmählich, aber deutlich auseinander, bis

---

[1] A. Stübel, Die Insel Madeira, hrsg. v. W. Bergt. Veröff. d. Mus. f. Länderk. z. Leipzig, 11. Heft. Leipzig 1910.

[2] G. v. Fritsch, G. Hartung und W. Reiss, Tenerife, geologisch und topographisch dargestellt. Winterthur 1867.

[3] A. Stübel, Die Vulkanberge von Ecuador. Berlin 1897. S. 23.

[4] W. Reiss, über seine Reisen in Südamerika, Verh. d. Ges. f. Erdk., Berlin 1877. S. 123.

[5] Reiss und Stübel, Santorin. Die Kaimeni-Inseln. Heidelberg 1867. — Geschichte und Beschreibung der vulkanischen Ausbrüche bei Santorin von der ältesten Zeit bis auf die Gegenwart. Heidelberg 1868.

schließlich, wenn auch lange nach der Rückkehr, ein Zusammenarbeiten nicht mehr möglich war und der Bruch unvermeidlich wurde.

Der letzte Grund dafür ist im wesentlichen ein geographischer. Ursprünglich war beiden die Geographie Hilfsmittel für einen ganz anderen Zweck gewesen: sie sollte die Basis für geologische Untersuchungen abgeben. Für Stübel ist sie das immer geblieben. Seine umfangreichen, vielseitigen Sammlungen aus anderen Wissenszweigen, so seine zoogeographischen, wissenschaftlich auszubeuten, hat er nie ernsthaft geplant. Er war darin Sammler, nicht Wissenschaftler. Als dieser war er Geolog und sein vulkanologisches Interesse entsprang aus der Überzeugung von der zentralen Stellung der Vulkanologie innerhalb der Geologie. Von der Geographie hat er wesentlich nur die kartographische Seite erfaßt. Sie war ihm ein Hilfsmittel zur Verdeutlichung, zur Anschauung vor allem. Die Methode, die dieser Absicht am nächsten kam, schien ihm die allein brauchbare. Deshalb ist ihm das Relief das Ideal jeder Kartierung. Als dieses infolge der Größe des darzustellenden Objektes in Südamerika versagte, schuf er sich eine durchaus neue, aber auch rein anschauliche Methode in seinen Panoramen, die für ihn „perspektivische Karten[1]" sind. Er hat sie für das ganze, von ihm bereiste Gebiet mit ungeheurer Energie systematisch durchgeführt, und erst nachdem er, wie es ihm schien, auf diese Weise eine neue, genügend breite Basis geschaffen hatte, kehrte er, in seinem Sinne durchaus logisch, wieder zum Ausgangspunkt zurück und errichtete auf ihr an Stelle der gestürzten Buch-Humboldt'schen eine neue, umfassende, geotektonische Theorie, die wesentliche Teile der alten herübernahm, aber sie auf Grund der neuen Erkenntnisse anders deutete. In ihren Dienst traten nun die von ihm geschaffenen, in seinem Sinne kartographischen Vorarbeiten, und sie haben keinen anderen Zweck als diesen. Sie sind in allen ihren Einzelheiten zu ihrem Verständnis so unerläßlich, daß ihm eine Vervielfältigung, die notwendig solche Einzelzüge verwischen müßte, unausführbar erscheint[2] und daß er ein eigenes Museum für sie schafft. Es ist ein vulkanologisches Museum geworden, obwohl er es, von seiner Auffassung der zentralen Stellung der Vulkanologie im Rahmen der erdkundlichen Wissenschaften im weitesten Sinne des Wortes ausgehend, „Museum für Länderkunde" nannte.

Ganz anders verläuft die Entwicklung von Reiss. Auch er geht, wie schon gesagt, durchaus vom geologischen Standpunkte aus, und auch er hat ihn immer in den Mittelpunkt gestellt. Auch ihm ist die, um es kurz auszudrücken, geographische Seite der Geologie zunächst nur Hilfswissenschaft. Aber er faßt sie von vornherein in einem ganz anderen, viel methodischeren Sinne. Die Karte ist ihm nicht nur Anschauungs-

---

[1] Wagner, Geogr. Ztschr. 1905. S. 31.
[2] Stübel, Die Vulkanberge von Ecuador. Berlin 1897. Vorwort.

mittel, sondern sie hat bei ihm durchaus selbständige Bedeutung, ihre Verwendung zu geologischen Zwecken ist eine ihrer Aufgaben, aber nicht ihre Aufgabe allein. Sie ist ihm — eine durchaus geographische Auffassung — Grundriß, nicht nur Abbildung des Geländes. Daraus erwächst für ihn die Notwendigkeit einer ganz anderen Aufnahmemethode. Die bildliche Darstellung allein mit ihrer unwillkürlich individuellen Auffassung kann ihm nicht genügen, er muß objektivere Unterlagen verlangen. Seine Arbeitsweise ist daher die trigonometrische. Eine Karte, wie sie Stübel dem Colombiabande ihrer gemeinsamen Veröffentlichung beifügt und wie sie später von Wolf den „Vulkanbergen von Colombia" beigefügt worden ist, die unbedenklich die falschen Codazzi'schen Positionen zugrunde legt und ihre Korrekturen nur am Rande hinzusetzt, kann er nicht mit seinem Namen decken. „Bereits bei Rücksendung der mir zur Ansicht zugesendeten Karte von Colombia habe ich entschieden gebeten, und ich wiederhole hier diese Bitte, daß mein Name auf dem Kartentitel wegbleiben muß[1]."

Mit dieser Anerkennung zunächst der Kartographie als einer selbständigen, von Nebenzwecken unabhängigen Leistung, die in sich und nicht nur in bezug auf diesen Nebenzweck Vollendung verlangt, wird der rein geologische Standpunkt von ihm bereits aufgegeben. Er ist nach wie vor Geolog und speziell Vulkanolog, aber nicht, weil ihm diese Wissenschaften der Schlüssel zum restlosen Verständnis eines Naturganzen, wie er es auffaßt, zu sein scheinen, sondern weil der ungeheure Stoff, dessen Grenzen er im Weiten verschwimmen sieht, ohne sie, wie er glaubt, geistig vollständig umfassen zu können, diese Begrenzung verlangt. Es ist auch das in gewissem Sinne eine Rückkehr zu Humboldt, nämlich die Anerkennung seines universalen Standpunktes, aber zugleich die Kapitulation davor, die Aufstellung eines Ideals, das unerreichbar bleibt, und damit die Verurteilung der Humboldt'schen Methode.

So stammt die Gedankenwelt beider, die von Stübel wie die von Reiss aus der gleichen Quelle, aber aus der gleichen Voraussetzung ziehen sie ganz verschiedene Folgerungen. Stübel sucht nach einem Zentrum, einer Einheit des Problems, er glaubt es in der Vulkanologie zu finden und errichtet mit ihrer Hilfe ein streng geschlossenes Weltbild; Reiss resigniert, denn er sieht die Mannigfaltigkeit in der Natur, er verneint die Möglichkeit einer Lösung von einem Teilgebiet der Wissenschaft aus und kommt so zur Morphologie, die er nun auf das vulkanologische Problem anwendet. Das bedeutet ein Herantreten von einer ganz anderen Seite: sieht Stübel, um es etwas zugespitzt zu formulieren, die Landschaft als einen Teil des Vulkans, deren Genesis für ihn ohne Interesse ist, weil sie letzten Endes durch die Genesis des Vulkans erklärt wird, so ist

---

[1] Brief an Th. Wolf, Könitz. 16. 7. 1899.

für Reiss umgekehrt der Vulkan ein Teil der Landschaft, und seine Genesis ist durch die Genesis dieser zum mindesten sehr wesentlich mitbestimmt. Alles, was diese Landschaft aufbaute und noch immer formt, wird so für ihn von Bedeutung: die Zusammensetzung und Tektonik der Kruste, die Tätigkeit des Vulkans selbst, Wärme und Kälte, Regen, Schnee und Wind, die Arbeit der Flüsse, Vegetation, Fauna und Mensch, alles ist für ihn ein unlöslicher, sich gegenseitig bedingender Komplex des Werdens und allmählichen Wachsens im Schwinden der Zeit, ein Auf und Ab unendlich großer und unendlich zahlreicher Kräfte, die alle zur Erklärung des heutigen Bildes heranzuziehen sind.

Das alles ist **geographisch** gedacht in einem sehr modernen Sinne und scheint uns heute selbstverständlich. Für die Geographie der siebziger Jahre aber war es, wenigstens in Deutschland, neu, und Reiss ist der erste deutsche Gelehrte, der es praktisch durchzuführen suchte, lange bevor diese Gedanken auch theoretisch vertreten wurden. **Er ist der erste moderne deutsche Geograph** noch vor Peschel und in einem viel moderneren Sinne als dieser. Es ist notwendig, diese fast vergessene Tatsache wieder einmal auszusprechen. Daß er sein umfassendes, klar erkanntes Programm nicht völlig durchführte, sondern sich auf die Morphologie beschränkte, war Selbstbescheidung und klarbewußte Absicht, die bereits begründet worden ist. Daß er auch auf diesem Wege zu weiten Ausblicken gelangen konnte, beweisen die Schlußsätze seiner Cotopaxi-Monographie, in denen er die zukünftige Entwicklung des Vulkans knapp und überzeugend zusammenfaßt[1]. Der Gegensatz zu Stübel wird gerade darin unmittelbar deutlich: dort ein im wesentlichen einmaliges und dann abgeschlossenes Naturereignis, ein Gewordenes, hier ein noch immer dauernder, unendlich verwickelter Prozeß, ein Naturvorgang, ein Werdendes. Die Komponenten dieses Vorganges sieht Stübel mit seinem zeichnerisch geschulten Auge auch, die „schutt- und moränenartigen Anhäufungen losen Materials"[2] im Glazialtal von Yancureal am Cayambe zum Beispiel erkennt er sehr wohl, aber sie sind ihm ganz unwesentlich, denn „trotz aller dieser morphologischen Umgestaltungen, selbst da, wo sie am eingreifendsten ausgefallen sind, werden die vulkanischen Schöpfungen der meisten Gegenden ihre ursprüngliche Gestalt in der Hauptsache doch gewahrt haben[3]." Das ist vollständig anders gesehen. Daß er damit seiner Zeit voraus war, wußte Reiss sehr wohl, und er hatte ein Recht, darauf stolz zu sein. „Bis jetzt haben wir noch keine Tatsachen gefunden, welche zu einer Änderung unseres oder besser meines Standpunktes

---

[1] Reiss/Stübel, Reisen in Südamerika. Das Hochgebirge der Republik Ecuador. II. S. 148—150.

[2] Stübel, Die Vulkanberge von Ecuador, S. 107.

[3] Stübel, Über die genetische Verschiedenheit vulkanischer Berge, Leipzig 1903. S. 5.

uns aufforderten. Wenn die Herren unsere Arbeiten nicht anerkennen, so ist dies ihr eigner Schaden, mir ist es ganz gleichgültig[1]."

Es ist bereits darauf hingewiesen worden, daß Reiss die Grundlage dieser morphologischen Auffassungsweise, die Erkenntnis der Notwendigkeit genauer kartographischer Fixierung schon, gemeinsam mit Stübel, mit nach Südamerika brachte. Aber die Fortentwicklung dieser Überzeugung zu einem rein morphologischen Denken vollzieht sich bei ihm, so die Trennung von Stübel bedingend, doch erst auf amerikanischem Boden. Aus den Tagebüchern läßt sich das recht gut, allerdings nur indirekt, erkennen. Ihre Notizen beschränken sich, je länger, je mehr, auf Material, das dem immer klarer in ihm sich gestaltenden Ziel dienen kann. Alles, was ihn darin beirren könnte, wird mehr und mehr fortgelassen. Die anfangs häufigeren, mehr kulturell interessanten Ausführungen über Städte, Bebauung, Sitten der Landeseinwohner machen oft sehr ausführlichen, für die Kartographie wichtigen Landschaftsbeschreibungen, geologischen und morphologischen Einzelheiten Platz. Nur das rein Ethnographische und Kulturhistorische interessiert ihn daneben bis zuletzt. Der Eindruck der Dürftigkeit, der dadurch manchmal entsteht, ist aber nur scheinbar und das bewußte Produkt einer straffen Konzentration auf das für ihn allein noch Wesentliche. Nur in die Briefe, die dem allgemeiner interessierten Vater galten, ist auch noch anderes aufgenommen worden, und gerade der Vergleich dieser mit den Tagebüchern zeigt deutlich, wie planvoll er sich in ihnen beschränkte.

Der Gewinn dieser gewollten Einseitigkeit für seine Beobachtung ist ein peinliches Herausarbeiten des Tatsächlichen und ein für die damalige Zeit verblüffend scharfes Erkennen des Wesentlichen einer Landschaft. Ihre geologische Struktur, deren Veränderung durch die Tektonik, durch die Tätigkeit der Vulkane, durch Denudation und Akkumulation wird in knappen Sätzen plastisch, natürlich noch ohne Anwendung der ja erst viel später ausgebildeten morphologischen Terminologie, umrissen. Er erreicht darin schon ziemlich früh eine sehr hohe Stufe und entwickelt sich im Laufe der Reise immer weiter. Seine Charakteristik der Mesalandschaft, gewonnen 1868 aus der Betrachtung des Magdalenentales bei Honda[2], zeichnet klar den Grundtypus, wie er später auch Hettner erschien[3], vermeidet aber noch eine umfassende Deutung, wie sie später für die Mulden des ecuatorianischen Hochlandes gegeben wird. Aber schon 1871 sucht er bei ähnlichen Beobachtungen nach dem morphologischen Gesetz. Bereits am Cayambe führt er deshalb, wenn auch zunächst nur vermutend, die glazialen Talgabelungen auf Gletscherwirkung zurück[4],

---

[1] Quito, 17. 6. 1871.
[2] Tagebuch 17. 3. 1868.
[3] Hettner, Reisen in den columbianischen Anden. Leipzig 1888. S. 189.
[4] Tagebuch 17. 3. 1871.

die ihm dann am Sara-Urcu, im Tal von Anjel-Maríapamba, zur Gewißheit wird[1], am Cerro Altar beschreibt er im Collanestal den eingetieften Taltrog sachlich völlig zutreffend als sumpfigen, breiten Grund mit im unteren Teil abgeböschten, im oberen Drittel steil abgeschnittenen Seitenwänden[2], und am Quilindaña schließlich rundet sich ihm das Bild einer großartigen, in drei Stadien verlaufenden Vereisung, deren erosive Wirkung hier durch das an der alten, unteren Eisgrenze plötzlich abbrechende und gewissermaßen frei in die Luft hinausstoßende Tal ganz besonders deutlich gegen die fluviatile abgegrenzt und damit erwiesen wird[3].

Reiss ward noch die Genugtuung, daß lange nach dem Abschluß seiner Reisen die inzwischen von Richthofen, Penck und Richter, unabhängig von ihm, ausgebaute Morphologie die Richtigkeit seiner Beobachtungen und seiner Beobachtungsmethode bestätigte, und daß er bei der Bearbeitung seiner morphologischen Resultate in den Monographien des Cotopaxi, des Quilindaña und des Antisana, in seiner Darstellung der Quitomulde[4] im Tatsächlichen fast nichts, im Formalen nur wenig zu ändern brauchte. Und wenn er der Ausdehnung des eiszeitlichen Phänomens auf die Tropen durch Sievers und Hans Meyer widersprach und eine Lösung suchte, die wir heute als etwas gekünstelt empfinden[5], so blieb er auch darin sich und seiner Auffassung des Entwicklungsgedankens nur treu. Es ist die folgerichtige Fortführung des Versuchs, alles aus den auch heute noch gegebenen Verhältnissen zu erklären und darüber nur hinauszugehen, wenn diese Erklärung unter keinen Umständen möglich ist und die Annahme eines einmaligen, wenn auch unter Umständen lange dauernden Ereignisses unbedingt erfordert. Es ist dieselbe Überzeugung, die ihn von Stübel trennte, nur hier auf das rein morphologische Gebiet angewandt, und sie bedeutet nicht nur ein Auseinandergehen zweier Theorien, sondern sie hat ihre letzten Wurzeln in den Gesetzen des Denkens selbst. Es ist der nun schon so oft entbrannte und auch in Zukunft wohl immer wiederkehrende Streit um die induktive oder die deduktive Methode nicht nur in der Geographie, sondern in den Naturwissenschaften überhaupt, der Streit darüber, wohin die Grenzsteine zwischen Natur- und Geisteswissenschaften gesetzt werden sollen. Für die Geographie haben ihn zuerst Reiss und Stübel ausgefochten, und es ist keiner Sieger geblieben, ebensowenig wie vier Jahrzehnte später in dem Streit zwischen der amerikanischen, von Davis geführten Schule und den Anhängern der hauptsächlich deutschen Richtung, in der Passarge einer der Hauptrufer ist, bisher eine von den beiden Parteien Sieger geblieben ist. Gerade der Vergleich dieser, auf sehr verwandten Gebieten geführten wissenschaft-

---

[1] Tagebuch 9. 7. 1871.   [2] Tagebuch 21. 4. 1874.   [3] Tagebuch 12. 4. 1872.
[4] Vgl. S. 9, Anm. 2 u. 4.
[5] Reiss/Stübel, Reisen in Südamerika. Das Hochgebirge der Republik Ecuador. II. 2. S. 162/163, 173/174, 187/188.

lichen Kämpfe bietet sehr viel Interessantes, und es führen manche Fäden von Stübel zu Davis hinüber. Beiden gemeinsam ist die Aufstellung eines Schemas[1], das auf die Natur angewandt werden soll und an Hand dessen eine Reihe aufgestellt wird, nur daß bei Stübel diese Reihe endlich, bei Davis dagegen unendlich und sich immer wiederholend ist. Die Schwäche beider Reihen ist, daß die Mannigfaltigkeit der Natur umfassender ist als das aufgestellte, umfassende Gesetz, ihre Stärke, daß letzten Endes auch ihr deduktives Schema auf induktiven Beobachtungen sich aufbaut. Es wird freilich auch sie zur Schwäche, wenn die induktive Kontrolle die deduktiven Ableitungen nicht dauernd reguliert. Es ist hier nicht der Ort, näher auf diese Fragen einzugehen oder sie gar zu entscheiden. Vielleicht gilt auch hier das Wort Pencks: „Die induktive Forschung braucht immer neue Impulse von deduktiver Gedankenarbeit[2]", das man mit demselben Rechte auch umkehren könnte, und ganz ähnlich, nur schärfer gegen Davis gewendet, hat es neuerdings wieder Hettner formuliert, für den „die induktive Methode die deduktiven Schlüsse nicht etwa verbannt, sondern sie gar nicht entbehren kann, sie aber im allgemeinen erst auf die induktiven Schlüsse folgen läßt[3]". Für die Bedeutung von Stübel sowohl wie von Reiss ist die Entscheidung im einen wie im anderen Sinne erst in zweiter Linie wichtig. Denn maßgebend für ihre Beurteilung ist schließlich nicht nur ihre Methode allein, so wichtig und grundlegend sie an sich ist, sondern vor allem doch die Erfolge, die sie mit ihrer oder, wenn man will, vielleicht trotz ihrer Methode erzielten. Diese aber stehen in der Geschichte der geographischen Wissenschaft bereits fest, und die Veröffentlichung dieses Nachlasses soll sie aufs neue bestätigen.

Es bleibt nur noch übrig, über die Grundsätze, die den Herausgeber bei der Verwertung des Materials leiteten, Rechenschaft abzulegen. Sein Umfang, sein Inhalt, seine Form, seine Entstehung sind bereits geschildert worden. Daraus ergab sich, daß in den Mittelpunkt einer Veröffentlichung die Briefe von Reiss an seinen Vater zu stellen waren. Die Berechtigung, sie herauszugeben, wurde gleichfalls nachgewiesen. Aber ihre Form legte zweifellos Beschränkungen auf. Hatte das, zum Teil wenigstens, schon Reiss selbst veranlaßt, die Veröffentlichung zu verhindern, so mußten die Gründe des Autors respektiert werden. Es war selbstverständlich, daß private Mitteilungen an seine Familie, die mit dem Zweck der Reise an sich nichts zu tun und für Außenstehende höchstens ein biographisches Interesse hatten, wegfallen mußten. Dadurch war

---

[1] Stübel, Die geogenetische Verschiedenheit vulkanischer Berge, Leipzig 1903, Tafel, und Die Vulkanberge von Ecuador, Berlin 1897. S. 406—408.
[2] Penck, A., Physiographie als Physiogeographie, Geogr. Ztschr. 1905. S. 255.
[3] Hettner, A., Die morphologische Forschung, Geogr. Ztschr. 1919. S. 344.

über die Hälfte der Briefe von vornherein ausgeschieden. Aber auch der verbleibende Rest mußte stark gekürzt werden. Dies wurde dadurch erleichtert, daß Persönliches und Sachliches in den Briefen bereits meistens in verschiedene Teile verwiesen und an den Anfang oder Schluß gerückt ist, so daß es ohne weiteres weggelassen werden konnte. Indes die Bedenken von Reiss gegen die Veröffentlichung galten ja nicht nur dem persönlichen, sondern auch dem noch verbleibenden sachlichen Inhalt. Es widerstrebte seiner ernsten Auffassung von wissenschaftlicher Gründlichkeit, etwas, das nicht vollständig und peinlich nach allen Richtungen hin durchgearbeitet war, der Öffentlichkeit zu übergeben. Für seine Empfindung waren das diese Briefe, die er „in der Eile und Unruhe einer Reise geschrieben, meist ganz flüchtig aufs Papier geworfen[1]" zu haben glaubte, nicht. Wie sorgsam er in dieser Beziehung zu verfahren pflegte, davon zeugen seine teilweise noch erhaltenen, immer und immer wieder abgeänderten, sachlich und formal immer aufs neue überprüften Konzepte. Diesen Einwand des Autors konnte der Herausgeber infolgedessen nicht außer acht lassen. Es ergab sich für ihn dadurch die Frage, ob er, sich streng an den Originaltext haltend, sich mit einer einfachen Herausgabe begnügen oder, im Sinne von Reiss handelnd, eine Überarbeitung und Ausfeilung vornehmen sollte. Er war sich der Gefahren, die sie mit sich brachte, und der Verantwortung, die er damit übernahm, durchaus bewußt. Wenn er es trotzdem tat, so kann er sich zu seiner Rechtfertigung darauf berufen, daß Reiss selbst diese Bearbeitung gefordert hat. „Will Schönfeld seine Zeit mit einer Herausgabe von Reisenotizen verschleudern, so bin ich ihm Deinetwegen dankbar, denn mir ist es faktisch unmöglich, meine Gedanken so zu ordnen, wie es zu einer Publikation nötig ist[2]."

Immerhin waren dieser Bearbeitung dadurch Grenzen gezogen, daß sie nicht mehr, wie es Schönfeld zugute gekommen wäre, zu Lebzeiten des Verfassers erfolgen und damit von dessen Korrektur Nutzen ziehen konnte, sondern daß sie posthum erscheint, ohne daß die Ansichten und Absichten des Autors über ihre zweckmäßigste Anlage dem Herausgeber im einzelnen näher bekannt wären. Der Gedanke an irgendwelche sachliche Änderungen blieb daher von vornherein außer Betracht. Nur da, wo offenbare Irrtümer und Versehen vorlagen, die Reiss selbst zweifellos noch verbessert hätte, ist eingegriffen worden. Das war in größerem Umfange aber nur an ganz wenigen Stellen notwendig. In der Hauptsache konnten sich diese Verbesserungen auf eine Korrektur der Höhenzahlen, die in den Briefen nur nach den vorläufigen, später genauer ausgeführten Berechnungen eingesetzt waren, beschränken.

---

[1] Pasto, 15. 9. 1869.
[2] An den Vater: Quito, 26. 2. 1870.

Maßgebend waren dabei die Zahlen, wie sie von den beiden Reisenden in den zwei in Quito erschienenen, in Deutschland wegen ihrer geringen Auflage[1] sehr selten gewordenen Höhenverzeichnissen von Colombia und Ecuador publiziert worden sind[2]. Sie sind gegenüber dem Originaltext überdies wesentlich vermehrt und auch in die Tagebuchstellen, in denen sie natürlich ursprünglich nicht standen, eingefügt worden. Abgesehen davon aber ist die Bearbeitung eine rein formale geblieben und hat sich auch in diesen eng gezogenen Grenzen sehr vorsichtig bewegt. Es wurde nur da geändert, wo es unvermeidlich war, und auch dann nur so weit, daß das Bild der Originalleistung von Reiss gewahrt blieb. Durch ein eingehendes Studium des Stiles und der Ausdrucksweise von Reiss in seinen übrigen, von ihm selbst veröffentlichten Arbeiten, wobei besonderer Wert auf diejenigen gelegt wurde, die in den Jahren der Niederschrift der Briefe oder doch kurz nachher erschienen, suchte sich der Herausgeber in die Diktion des Autors einzuleben. Ob dabei im einzelnen immer das Richtige getroffen worden ist, muß natürlich dem Urteil anderer überlassen bleiben. Es mußte auch davon abgesehen werden, die Gründe, die bei solchen Änderungen im Einzelfalle maßgebend gewesen sind, nun auch hier im einzelnen nachzuweisen, selbst wenn sie nicht, wie es sehr oft notwendig der Fall sein mußte, auf gefühlsmäßigen Wertungen, die schwer in Worte zu fassen sind, beruhten. Die Pietät gegen den Verstorbenen glaubt der Herausgeber jedenfalls nirgends außer acht gelassen zu haben.

Die Absicht der Bearbeitung war es, wie schon hervorgehoben wurde, einen vom Alltäglichen freien, zusammenhängenden, möglichst lückenlosen Reisebericht, der bisher fehlte, zu geben. Aus welchen Gründen die Briefe allein dazu nicht genügen konnten, wurde auch schon angedeutet. Das Laientum ihres Empfängers, das den Autor manches, was für den Vater ohne Interesse war, auslassen ließ, die ganz verschiedenen inneren Stimmungen, unter denen sie geschrieben wurden, und der dadurch bedingte ungleiche Wert, den sie haben, schließlich lange und wesentliche Perioden der Reise, für die sie überhaupt aussetzen, sind solche Momente. Um hier zu ergänzen und auszufüllen, wurden vom Herausgeber die noch vorhandenen Tagebücher herangezogen. Darin ist schon die Beschränkung, mit der sie benutzt wurden, ausgesprochen, denn sie völlig abzudrucken, konnte weder im Sinne ihres Schreibers noch des Herausgebers liegen, nachdem sie bereits der Autor selbst für den gleichen Zweck ausgewertet hatte[3]. Zu einer möglichst sparsamen Verwendung

---

[1] Sie wurden nur in 138 Exemplaren gedruckt: Mitteil. an den Vater, Quito 28. 6. 1871.

[2] Reiss y Stübel, Alturas tomadas en la República de Colombia en los años de 1868 y 1869. Don de los autores. Quito 1872. — Reiss y Stübel, Alturas tomadas en la República del Ecuador en los años de 1871, 1872 y 1873. Don de los autores. Quito 1873.

[3] Siehe S. 14 dieser Einleitung.

zwang zudem auch ihre Form. Sie ist, da sie ja nur dem eignen Gebrauch des Reisenden dienen sollten, gegenüber den Briefen, die immerhin für einen, wenn auch Reiss sehr nahestehenden Dritten bestimmt und dementsprechend angelegt waren, erheblich freier. Zwar ist der Grad dieser Freiheit ungemein schwankend — genauer ausgearbeitete Stellen wechseln mit solchen, in denen er seine Gedanken dispositionslos, wie sie ihm aufsteigen, niederschreibt, schließlich mit stichwortartigen Aufzeichnungen, flüchtig hingeworfenen Worten, die dem Schreiber nur als Gedächtnisstütze dienen sollten und nur für ihn verständlich waren —, aber in keinem Falle kann man von einer druckfähigen Niederschrift sprechen. War bei den Briefen die Frage einer Bearbeitung vielleicht zweifelhaft, so war sie hier unbedingt geboten. Auch für sie waren die gleichen Grundsätze maßgebend wie für die Briefe, nur mußte sie hier notwendig weitergehen als dort. Unvermeidlich waren zunächst sehr starke Kürzungen, um so aus der Fülle von Einzelbeobachtungen das Wesentliche herauszuheben, unvermeidlich auch manchmal eine etwas freiere Textbehandlung. Der durchaus eigenartige Stil der Tagebücher wurde auch dabei festzuhalten versucht.

Daß der Anteil Stübels gegenüber dem von Reiss an dieser Veröffentlichung sehr zurückgetreten ist und sehr zurücktreten mußte, ist schon erwähnt worden. Die wenigen Stellen aus den erhaltenen Briefen Stübels, die sich für eine Veröffentlichung eigneten, sind im allgemeinen unverändert gelassen worden. Die Itinerarprofile wurden nur als Quelle für die Datierung benutzt. Die ursprüngliche Absicht, wenigstens eine Probeseite aus ihnen zu geben, wurde wegen der Schwierigkeit der Reproduktion schließlich fallen gelassen.

Konnten, um das erstrebte Ziel einer möglichst lückenlosen Reisedarstellung zu erreichen, für die vorhandenen Briefe kurze, erläuternde und hinzufügende Anmerkungen aus den Tagebüchern und den Stübelschen Briefen genügen, so waren dort, wo diese ganz aussetzten, weitere Ergänzungen notwendig. Versucht wurde das wenigstens für die Hauptexpeditionen dieser Perioden, die eines allgemeineren Interesses wert sind. In erster Linie kamen dafür die von Reiss und Stübel noch selbst verfaßten, zeitlich der Reise selbst angehörenden Originalberichte in Betracht. Da diese ursprünglich spanisch geschriebenen Arbeiten fast vergessen und zudem vielfach falsch übersetzt sind, ist ihr Neudruck gerechtfertigt. Wo solche Vorarbeiten fehlten, für den Quilindaña, den Chimborazo und den Sangay, mußten Auszüge aus den Tagebüchern, für deren Bearbeitung gleichfalls die schon erläuterten Grundsätze gelten, eintreten. Für den Cotopaxi, den Cerro Hermoso und den Tunguragua lagen sie indes glücklicherweise vor.

Die erste Besteigung des Cotopaxi durch Reiss ist von ihm noch in Ecuador selbst in einem an den Präsidenten der Republik, García Moreno, gerichteten, später in dem Quitener Amtsblatt „El Nacional" veröffentlichten Briefe beschrieben worden[1]. Noch im selben Jahre erschien eine von Hartung besorgte Übersetzung davon in der Zeitschrift der Deutschen Geologischen Gesellschaft[2]. Sie wurde, da sie nur wenige, direkt an den Präsidenten gerichtete Sätze ausläßt, auch der vorliegenden Publikation zugrunde gelegt, aber nochmals mit dem spanischen Original verglichen und stilistisch überarbeitet, so daß vielfach eine ganz neue Übersetzung daraus geworden ist. Sachlich brauchte indes kaum etwas geändert zu werden.

Etwas anders verhielt es sich mit dem von G. vom Rath übertragenen zweiten Brief von Reiss an den Präsidenten, der über seine Reisen nach dem Quilotoa, dem Cerro Hermoso und dem Süden des Landes berichtet[3]. Aufgenommen wurde von ihm zunächst nur der zweite Teil, der die Expedition nach dem Cerro Hermoso und die daran anschließenden Reisen behandelt, da dem Quilotoa bereits in den Briefen ein ausführlicher Abschnitt gewidmet ist. Vom Rath geht bei seiner Übersetzung von rein geologischen Gesichtspunkten aus und hat alles, was damit nicht in direktem Zusammenhang steht, so die kulturhistorisch interessanten Beschreibungen der alten Inkabauten, gestrichen. Hier wurde der ursprüngliche Text wiederhergestellt. Aber auch sachliche Verbesserungen anderer Art wurden nötig, denn vom Rath hatte an einigen Stellen den spanischen Wortlaut völlig mißverstanden. Im übrigen konnte aber auch der vom Rath'sche Text als Grundlage des Neudrucks dienen, wenn er auch, ebenso wie der Hartung'sche, stilistisch stark umgearbeitet werden mußte.

Über den Tunguragua hat Reiss selbst nichts veröffentlicht, und auch seine Tagebücher sind hier sehr lückenhaft. Es wurde deshalb hier die Besteigung des Berges durch Stübel herangezogen, die dieser gleichfalls in einem Briefe an den Präsidenten zusammen mit einer Schilderung seiner Cotopaxibesteigung beschrieben hat[4]. Eine deutsche Übersetzung davon durch K. v. Fritsch erschien bereits 1873 in der Zeitschrift für die gesamten Naturwissenschaften[5]. Sie wurde später von Stübel selbst überarbeitet und den „Vulkanbergen von Ecuador" als Anhang beigefügt[6].

---

[1] Carta del Dr. W. Reiss a S. E. el Presidente de la República sobre sus viajes a las montañas Iliniza y Corazon, en especial sobre su ascension al Cotopaxi. Quito 1873.
[2] Ztschr. d. Dtsch. Geol. Ges. 1873. S. 71—95.
[3] Carta del Dr. W. Reiss a S. E. el Presidente de la República sobre sus viajes a las montañas del sur de la capital. Quito 1873. — Übersetzung vom Raths in der Ztschr. d. Dtsch. Geol. Ges. 1875. S. 274—294.
[4] Carta del Dr. Alphonso Stuebel a S. E. el Presidente de la República sobre sus viajes a las montañas Chimborazo, Altar etc. y en especial sobre sus ascensiones al Tunguragua y Cotopaxi. Quito 1873.
[5] Ztschr. f. d. ges. Naturwiss. XLI. 1873. S. 476—512.
[6] Stübel, Die Vulkanberge von Ecuador, Berlin 1897. S. 319—344.

Ihr auf den Tunguragua bezüglicher Teil wurde hier unverändert abgedruckt und durch Tagebuchnotizen von Reiss ergänzt.

Eine Schwierigkeit bei der Herausgabe bot die Schreibung der vielfach indianischen Namen. Der Herausgeber richtete sich zunächst dabei grundsätzlich nach der Schreibung in den bereits veröffentlichten Arbeiten von Reiss und Stübel. Wo auch diese voneinander abwichen, wurde, dem Charakter der Veröffentlichung entsprechend, meist die Schreibung von Reiss vorgezogen. Für bisher noch nirgends gedruckte Lokalbezeichnungen war die Orthographie der Tagebücher und Briefe selbst maßgebend. Auf diese Weise konnte ein kritischer Apparat vermieden werden. Für notwendig hielt dagegen der Herausgeber die Beifügung einer Anzahl von Anmerkungen, wenn sie freilich auch, um den Umfang des Buches nicht allzusehr anschwellen zu lassen, beschränkt werden mußten. Sie sollen in der Hauptsache die Verbindung mit den bereits veröffentlichten Werken von Reiss und Stübel herstellen und so diese posthume Ausgabe dem Lebenswerk beider einordnen. Deshalb ist der Hauptwert auf dieses gelegt und weitere Literatur nur beschränkt aufgenommen worden. Eine Vollständigkeit konnte nicht erstrebt und darf auch hier nicht gesucht werden. Auch hier sind die Gründe für die Aufnahme im einzelnen sehr verschiedene gewesen. Manches mag fehlen, manches überflüssig erscheinen.

Aus rein menschlichen, mit dem wissenschaftlichen Zweck des Buches nicht im Zusammenhang stehenden Gründen aufgenommen wurde schließlich der am Schluß der Reise von Reiss geschriebene Brief an Frau Escobar, die Mutter seines treuen, wenige Tage vor der Heimkehr in Rio de Janeiro gestorbenen Dieners Anjel María Escobar. Das hier aus dem Spanischen übertragene Schriftstück zeigt die rührende Sorgfalt des Reisenden für den einzigen Menschen, der ihm damals außer seiner Familie und Stübel noch nahestand, und die tiefe Melancholie, in die ihn acht Jahre entsagungsvoller, südamerikanischer Forschungsarbeit getrieben hatten. „Das Leben in Rio lastet auf mir", schreibt er verbittert. Diese Perioden tiefster Verstimmung kehrten von da an in seinem Leben regelmäßig wieder und zerrütteten langsam, aber unaufhaltsam seine Arbeitskraft. Die Abstände, in denen die Publikationen über seine Reisen erschienen, wurden im Laufe der Zeit immer größer. Er konnte mit dem regelmäßiger arbeitenden Stübel nicht mehr Schritt halten. Auch das hat vielleicht dazu beigetragen, den infolge der sachlichen Meinungsverschiedenheiten notwendigen Bruch zwischen beiden zu beschleunigen. Die nach dem Zerwürfnis von ihm allein besorgte Herausgabe ist über einen dünnen Band nicht hinausgekommen. Er war am Ende. Unter seinen hinterlassenen Papieren fand sich ein Blatt mit dem Anfang einer Besprechung von Hans Meyers Buch: „In den Hochanden von Ecuador". Aber es ist bei der Anführung des Titels und etwa zwei

Zeilen Text geblieben. Es fehlte ihm, wie er dazu schrieb, die Kraft. Es war der letzte, erschütternde Versuch wissenschaftlichen Arbeitens, der Abschluß seines wissenschaftlichen Lebens. Ein bitterer Abschluß, wenn man bedenkt, was er noch für Aufgaben vor sich sah. Hier einzugreifen und von seiner Leistung noch zugänglich zu machen, was noch zugänglich gemacht werden konnte, war eine Ehrenpflicht, die dieses Buch einlösen will.

*   *   *

Der Veröffentlichung wurden zwei Karten beigegeben. Die Skizze des Pichincha beruht auf einem Situationsplan von W. Reiss, der sich in den Briefen an seinen Vater fand. Er wurde vom Herausgeber überarbeitet und im Terrain ergänzt. Eine absolute Genauigkeit in den Details konnte bei der Flüchtigkeit der Reissschen Skizze und bei dem Mangel zuverlässiger anderer Unterlagen naturgemäß nicht erreicht und darf nicht gesucht werden. Ähnliches gilt für die Übersichtskarte der Reiserouten am Schluß. Aus technischen Gründen mußte eine bereits vorhandene Karte benutzt werden, in welche die Routen rot eingedruckt wurden. Infolgedessen weichen vereinzelt die Höhenangaben und die Schreibung der Namen in ihr von den Zahlen und der Schreibung im Texte ab. Auch die Reiseroute konnte wegen des Maßstabs (1:12000000) vielfach nur angedeutet werden. Kleinere Expeditionen wurden überhaupt ausgelassen. Für genauere Studien muß deshalb auf die Karten in den Stübelschen Hauptwerken (Vulkanberge von Colombia und Vulkanberge von Ecuador), für Peru auf den Atlas von Paz Soldan verwiesen werden.

A.
Colombia†.
(1868—1869.)

I.
Cartagena, 25. Februar 1868.

Wir liefen am 27. Januar im Hafen von Santa Marta ein. Diese Hauptstadt einer großen, selbständigen Provinz ist ein elendes Nest von vielleicht 6000 Seelen. Die Häuser, einst mit Luxus erbaut, liegen meist in Trümmern, heftige Erdbeben und die immer sich wiederholenden Revolutionen haben die Stadt zugrunde gerichtet. Immerhin aber gewähren die hellen Häuser mit ihren flachen Dächern in der grünen, von hohen Bergen (6—8000 Fuß) umgebenen Ebene einen reizenden Anblick. Sieht man auch von hier aus die mit Schnee bedeckten Riesen der Sierra Nevada nicht, so imponieren doch schon ihre in etwa 4—5 Stunden Entfernung liegenden Vorgipfel durch ihre Höhe und die wunderbare Schönheit ihrer Formen. Im Innern ist die Stadt elend; Schweine, Hunde und Aasgeier beleben hauptsächlich die breiten, geraden und mit Sand erfüllten Straßen.

In einem für hiesige Verhältnisse guten Hotel quartierten wir uns ein und mußten, da wir, um unsere Instrumente zu regulieren, den ersten abgehenden Dampfer versäumten, zwanzig Tage in dem Neste bleiben. Wir machten einen Ausflug nach Minca*[1], einer 2000 Fuß hoch gelegenen Kaffeeplantage, wobei wir Gelegenheit hatten, die wunderbare Vegetation der Wälder in diesen Bergen zu bewundern. Endlich, am 15. Februar, schifften wir uns auf einem kleinen, ganz flach gebauten Flußdampfer (einem Heckraddampfer) ein. Das Boot fährt von hier aus ein Stück über die offene See, dann aber durch Inlandsümpfe und enge Kanäle[2] nach der Mündung des Magdalenenstromes und nach dem Haupt-

---

† Anm. des Herausgebers: Sterne (*) weisen auf die am unteren Rande der Seiten stehenden, bisher unveröffentlichten Tagebuchnotizen von Reiss, Briefe Stübels usw., Zahlen auf die am Schluß des Buches im Zusammenhang gedruckten Anmerkungen des Herausgebers. Die Zählung beginnt für jeden Brief neu. Die Anmerkungen werden deshalb nach Kapiteln und Briefen zitiert (z. B. Anm. A. I. [5]).

* 8. Februar, Stübel, Itinerarprofil.

handelsplatz des Staates, nach Barranquilla. Die Fahrt von zirka 18 Stunden ist prachtvoll, bald geht es über meilenbreite Seen, bald durch enge, schmale Rinnen, so daß die Äste der Bäume von beiden Seiten in das Schiff hereinreichen. Tausende der reizendsten Wasservögel beleben die Sümpfe, kleine Papageien ziehen in Scharen durch die Wälder, und das Wasser selbst wimmelt von Fischen und Kaimans. Was aber unbedingt dieser Fahrt den höchsten Reiz verleiht, das ist der ungeheuer üppige Pflanzenwuchs, begünstigt durch Hitze und Feuchtigkeit. Große Wälder des Manglebaumes[3], dessen Luftwurzeln den Stamm über die Wasserfläche erheben, dehnen sich weithin aus, so daß man glaubt, festes Land zu sehen, wo in Wirklichkeit nur Sumpf und Wasser den Untergrund bildet; schwimmende Wasserpflanzen bedecken auf weite Erstreckung hin die Fläche, wie Wiesen erscheinend. Wir konnten uns nicht satt sehen an diesen herrlichen Bildern, und doch sahen wir alles zur ungünstigsten Zeit, denn seit Monaten hatte es nicht geregnet: es ist jetzt Sommer hier, und erst im März, wenn der Regen eintritt, gewinnt die Vegetation ihre ganze Pracht.

In Barranquilla[4] fanden wir bei den dort ansässigen Deutschen die gastfreieste Aufnahme und wurden mit Liebenswürdigkeiten überschüttet. Den Bemühungen unserer Landsleute hatten wir es zu verdanken, daß wir schon nach 3 Tagen Pferde und Führer erlangen konnten, um einen Ritt nach Cartagena zu unternehmen. Das Interessanteste der Gegend waren hauptsächlich jene durch Humboldt[5] berühmt gewordenen Schlammvulkane, die jedoch noch nie genauer untersucht worden waren. Am 18. Februar ritten wir von Barranquilla nach dem nahe der Küste gelegenen Tubará, dann von der Höhe herab am nächsten Tage westwärts gegen das Meer nach Saco und wieder am nächsten Tage längs der Küste hin nach der Halbinsel von Galera Zamba. Zwei Tage verbrachten wir in den elendesten Verhältnissen in einem kleinen Negerdorf La Boca, um von dort aus die nahegelegenen Schlammvulkane zu untersuchen*. Es gelang uns, die Gase aufzufangen[6]. Dann brachte uns

---

* Reiss, Tgb. 21. 2. 1868. Die Volcancitos der Ciénaga del Tigre auf Galera Zamba: Eine schmale Sanddüne erstreckt sich in weitem Bogen in das Meer gegen die weit vorspringende Punta de Galera Zamba und umschließt so eine Lagune von großer Ausdehnung. Die Volcancitos sind so vom Lande nicht zugänglich. Man fährt von La Boca aus über den Kanal, dann geht es durch dichtes Gestrüpp mit dem Buschmesser in der Hand einen niederen Hügel hinauf. Nahe dem Gipfel verschwinden die Bäume, man gelangt auf ein breites, kahles Terrain, das mit Ton, Erde und vielen fremden Gesteinsstücken bedeckt ist. Eine Anzahl verdorrter und verfaulter Bäume liegen darauf, 8—10 Fuß tiefe Rinnen sind durch den Regen eingegraben. Den Gipfel bildet ein Plateau von 134 Schritt Länge, umgeben von einem ca. 15 Fuß hohen Walle, der nach Westen offen ist. Am oberen Ende des Plateaus liegen zwei kleine Hügel, von denen Schlammströme, einige Zoll bis 1—2 Fuß breit und bis 12 Schritte lang, in viele ungleichmäßige Stücke zersprungen, ausgehen. Das Ganze gewährt einen eigentümlichen

ein zwölfstündiger Ritt, ununterbrochen durch Wald führend, nach Cartagena, der einstigen Hauptstadt der ganzen spanischen Besitzungen in Südamerika. Diese so kurz geschilderte Reise war sehr anstrengend, da wir den ganzen Tag von früh bis abends in der glühendsten Sonne zubringen mußten, ohne ordentliche Nahrung und des Nachts in der Hängematte schlafend, die tagsüber als Satteldecke diente. Wie sahen wir aber auch nach diesem fünftägigen Ritt, auf dem wir kein Gepäck mitnehmen konnten, um Raum für die Instrumente zu gewinnen, aus! Schwarz verbrannt wie die Indianer, beschmutzt und zerrissen ritten wir in die Stadt ein.

II.
Honda, 20. März 1868.

In Cartagena, dieser einst so blühenden, jetzt aber sehr armseligen Stadt*, blieben wir nur zwei Tage. Dann bestiegen wir abermals unsere Pferde und setzten unsern Weg fort nach Turbaco. Hier, zirka 6 Stun-

---

Anblick. Schlammströme, Wall und der Boden der Hochfläche bestehen aus brauner Erde, die beiden kleinen Kegel aus silbergrauem Schlamm, nur die frischen Ergüsse sind dunkel. Die äußere Neigung der Kegelwände beträgt wohl über 40^0. Das Gas brennt nicht. Aufgefangen wurde es aus dem kleinen, südlichen Kegel. — 22. 2. 1868: Schlammsprudel der Ciénaga de Tatuma auf Galera Zamba: Wir fahren wieder über den Kanal. Von der Ciénaga aus steigt man nur ganz wenig bis an den Fuß des Kegels, der auf einen Umkreis von 400 Schritt im Umfang alles zerstört hat. Der Kegel ist am Gipfel geschlossen. Macht man mit dem Buschmesser eine Öffnung, so quillt zuerst Salzwasser, dann dunkler Schlamm hervor, es entwickelt sich jedoch kein Gas. Der Gipfel zeigt auch nicht die Spur eines Kraters, der ganze Berg scheint aus einer kompakten Masse zu bestehen. Früher soll dieser Kegel kanonenschußähnliche Explosionen gehabt haben. Die ganze Erscheinung beschränkt sich offenbar auf alluviales Terrain und scheint in Verbindung mit den Ciénagas zu stehen. Wenige Schritte von diesem Volcan entfernt liegt im Gestrüpp ein zweiter von ganz anderer Gestalt. Es ist ein flacher Dom von mehreren hundert Schritt Durchmesser, bestehend aus kahlen, nach allen Richtungen zersprungenen Erdmassen. Auf dem Gipfel liegt eine Einsenkung von ca. 40 Schritt Durchmesser, die mit hartem Ton erfüllt ist und über der sich etwa 20 kleine Kegel von 3—4 Fuß Höhe erheben. Zwölf sind noch tätig und bilden kleine Boccas von 3—4 Zoll Höhe.

* Reiss, Tgb. 24./25. 2. 1868: Cartagena ist rings von Wasser umgeben, teils von den Wassern der Bai, teils von denen der Ciénagas, die sich durch einen Kanal zwischen die Stadt und die Vorstadt Yimema einschieben. Es ist eine alte Stadt von echt spanischem Habitus, mit engen Straßen und zum Teil hohen Häusern, deren Dächer nicht flach sind, sondern mit Ziegeln belegt. Die größeren besitzen fast alle einen Aussichtsturm. Diese Türme, oft halb in maurischem Geschmack, geben im Verein mit den vielen Klöstern und Kirchen der Stadt einen ganz eigentümlichen Charakter. Die Kirchen, meistens Steinbauten, mit zum Teil originellen, aber nicht schönen Fassaden, haben wenig Bemerkenswertes. Alle Klöster und auch mancher große Palast sind zerfallen, ebenso die Festung, ein prachtvoller alter Bau mit breiten Wällen, Bastionen und Kasematten, alles aus großen Quadern erbaut. Die Straßen, sandig, mit Überresten von Trottoirs, sind meist in der Mitte gepflastert. Zur Zeit der Spanier muß dies alles sehr schön in Ordnung gewesen sein. Jetzt ist alles dem Untergang nahe.

den von Cartagena, liegen abermals unbedeutende, aber durch Humboldts Schilderung berühmt gewordene Schlammvulkane[1]. Hat man die ähnlichen Bildungen von Galera Zamba gesehen, so verdient Turbaco gar keinen Besuch mehr, denn dort ist nichts zu sehen als eine mit hartem Schlamm bedeckte, kahle Stelle im Walde, aus welcher an verschiedenen Punkten Gase, mit Schlammresten gemischt, entweichen. Den Zweck unseres Besuches erreichten wir vollkommen, denn es gelang uns, eine Reihe von Röhren mit dem Gase zu füllen, so daß es später der Untersuchung unterworfen werden kann[2].

Von Turbaco aus brachte uns ein zweitägiger Ritt nach Barranquilla zurück. Der Weg ist reizend an einigen Stellen, an anderen aber entsetzlich ermüdend. Einige niedere Bergketten werden überstiegen, prächtige Mulden wechseln mit hübschen Aussichtspunkten. Die Ortschaften aber, mit Ausnahme der schon nahe am Magdalena gelegenen Städte Sabanalarga und Soledad, sind elend, und der Ritt über den Sand des Magdalenenflusses bietet keinerlei Interesse.

Am 28. Februar abends langten wir wieder in der Stadt an, und bereits am 1. März sollte ein Dampfer den Fluß hinaufgehen. Die Abfahrt wurde aber verschoben, da die englische Post noch nicht eingetroffen war und der Strom so wenig Wasser führte, daß alle Schiffe mit Ausnahme eines einzigen in dem oberen Teile des Flusses lagen, ohne nach Barranquilla herabkommen zu können. Denn ist auch der Magdalena ein majestätischer Strom von kolossaler Breite, so ist doch sein Bett an vielen Stellen so seicht, daß jetzt, am Ende der trockenen Jahreszeit, nicht einmal die nur 4½ Fuß tief gehenden Dampfer ihn befahren können. Am 2. kam die Nachricht, daß einer der größten Dampfer der Dampfboot-Gesellschaft im oberen Teile des Flusses gescheitert sei, und nun mußte ein Schiff abgesandt werden, um die Rettung dieses Bootes zu versuchen. Am 3. morgens schifften wir uns in Barranquilla mit nur wenigen Passagieren auf dem zirka 70 Schritt langen und zirka 25 Schritt breiten Dampfer ein. Er war ähnlich gebaut wie der, mit dem wir von Santa Marta nach Barranquilla fuhren, enthielt aber Kajüten zum Schlafen.

Der Strom bei Barranquilla — denn Barranquilla selbst liegt an einem kleinen Seitenarm — ist unübersehbar breit, aber so voller Inseln, daß der Eindruck der Größe wesentlich abgeschwächt wird. Soll ich einen Vergleich wagen, so möchte ich diesen Teil des Flusses mit den seeartigen Erweiterungen an der Rheinmündung, etwa bei Dordrecht, vergleichen. Der Flußarm, den wir befuhren, mochte jetzt, beim niedersten Wasserstand, wohl die doppelte Breite des Rheins bei Mannheim besitzen. Langsam wälzt sich das trübe, schmutzige Wasser zwischen den niedrigen, bewaldeten Ufern hin. Zur Regenzeit aber ist alles überschwemmt, die Inseln verschwinden, und eine unermeßliche, mehrere Stunden breite, braune Wasserfläche dehnt sich dann hier aus.

Zwölf Tage lang fuhren wir gegen den Strom. Anfangs ging es rasch vorwärts. Dann aber kamen die seichten Stellen. Im Zickzack über den Fluß hin und her kreuzend, mußten wir tiefes Wasser suchen; bald konnten wir nur mit halber Kraft fahren, bald mußten wir ganz still liegen, um durch ein Boot den Fluß sondieren zu lassen*. Zwei-, auch dreimal des Tages wurde am Ufer angelegt, um Holz einzunehmen, das an vielen Stellen für den Gebrauch der Dampfboote aufgestapelt liegt. An Holz ist kein Mangel, denn von Barranquilla an bis wenige Stunden vor Honda fuhren wir durch einen ununterbrochenen Wald. Auf beiden Seiten des Flusses, Tag für Tag, nichts wie Wald und immer wieder Wald! Und was für ein Wald! Bäume, 60, 80 und noch mehr Fuß hoch recken ihre Blätterkronen über ein undurchdringliches Unterholz. Alle möglichen Bäume stehen durcheinander, wunderbar blühend und verbunden durch üppig rankende Lianen[4].

Ich sage, 12 Tage lang fuhren wir durch Wald, durch ununterbrochenen Wald, denn mit Ausnahme von Remolino und Magangué im unteren Teile des Flusses gibt es bis Honda keinen Ort mit gemauerten Häusern. Alle bestehen aus niederen, mit Palmblättern gedeckten Hütten, deren Wände aus gespaltenem Bambusrohr geflochten sind, und die meisten dieser auf unseren Karten mit fetten Lettern gedruckten Orte bestehen kaum aus ein oder zwei Gebäuden. Felder oder bebautes Land sieht man nur in seltenen Fällen; meist liegen die Anpflanzungen vom Fluß entfernt. Aber auch wo sie an den Strom herantreten, bilden sie keine Unterbrechung des Waldes, denn jeder Bauer, wenn man die Kerle hier so nennen kann, holzt, wo immer es ihm beliebt, ein Stück Wald ab und pflanzt Platanos (Bananen) an: ein solches Ding nennen sie ein Platanal. Sehr schön heben sich diese Pflanzungen mit ihrem lichten Grün zwischen dem rings wie Mauern aufragenden Wald ab. Unendlich viel Bananen werden hier gezogen, das ganze Volk lebt eigentlich nur von diesen Früchten, von denen 2—300 Stück von uns oft zu 30 Kreuzer gekauft wurden.

Das Tierleben ist nur in einzelnen Teilen des Flusses interessant. Am zahlreichsten sind die Kaimans. Zu Dutzenden liegen sie auf den Sandbänken ausgestreckt oder genießen am Lande ihre Ruhe und schlafen mit weitaufgerissenem Rachen. Nächst diesen eigentümlichen Wasserbewohnern spielen die Wasservögel eine Hauptrolle: da sind Hunderte von Enten und Tauchern in allen Farben, die ruhig Schuß für Schuß in

---

* Reiss, Tgb. 9. 3. 1868: Der Magdalena bewirkt fortwährend große Veränderungen in seinem Bett, da die Ufer aus losem Sand und feinem Schlamm bestehen, die dem Wasser keinen Widerstand leisten. Heute werden Inseln gebildet und morgen andere weggeführt. So zog früher die Schiffahrt durch den Arm bei Mompos, der heute unbrauchbar ist[3], bei Remolino wurde eine breite Sandbank angelegt, so daß der Ort heute an einem kleinen Seitenarme liegt, während er noch vor 4 Monaten am Hauptflusse lag.

ihre Mitte empfangen, ohne an Flucht zu denken. Fast komisch wirkt es, wenn solch ein langbeiniges Tier auf einem vorstehenden Zweige sitzt und nach Fischen ausschaut. Prächtig sind die weißen Reiher und ihnen nahe verwandte Arten. Geht man an Land, so gerät man in einen undurchdringlichen Wald, wimmelnd von Schmetterlingen. Aber nirgends Singvögel! Große prachtvoll gefärbte Papageien ziehen laut schreiend paarweise über den Fluß. An Affen soll dieser Wald sehr reich sein: wir haben jedoch nur wenige gesehen.

Je höher wir flußaufwärts kamen, um so mühsamer wurde die Fahrt. Bald waren es riesige Baumstämme, bald Sandbänke, die uns aufhielten, bald mußten wir auf dieser, bald auf jener Seite einer Insel vorüber. Aber immer bleibt sich die Szenerie gleich, nur wird der Wald immer schöner und üppiger. Eine ungeheure Ebene dehnt sich zu beiden Seiten des Flusses aus. Bald sehen wir in der Entfernung die Berge Antiochias, dann die von Santander auf der anderen Seite des Flusses. Bei Nare treten diese Berge nahe heran. Dann aber folgt wieder Ebene und nichts als Ebene, bis dann endlich nahe Honda die Vorhügel der Bogotáberge sichtbar werden. Jetzt bekommt die Gegend Leben; die Hauptschwierigkeiten des Flusses sind überwunden, der Kapitän, ein liebenswürdiger Deutscher, den seine Pflicht die ganze Zeit auf dem oberen Deck beim Steuermann festhielt, kommt herunter, um sich der gelungenen Fahrt zu freuen. Da plötzlich ein heftiger Stoß und ein lautes Krachen: das Schiff war mit voller Kraft auf einen unter dem Wasser gelegenen Baumstamm aufgefahren. „An den Strand!" brüllt der Kapitän, und in wenigen Minuten liegt das Schiff fest auf dem Sand. Die Sache war glücklich abgegangen, denn mit großer Gewalt strömte das Wasser durch fünf Öffnungen in den Schiffsraum[5]. Im Nu stand das Wasser vier Fuß hoch, die ganze Ladung war durchnäßt, auch ein Koffer und eine Kiste von mir. Mit Mühe und Not wurde das Leck gestopft und der Raum leergepumpt. Um aber wieder von der Sandbank loszukommen, brauchten wir Feuerholz. In der Nähe war keines zu bekommen. Es wurde also ein Boot nach dem 5 Stunden entfernten Conejo gesandt, um einen glücklicherweise dort liegenden Dampfer zu holen. Den nächsten Morgen erhielten wir Holz und fuhren in Gemeinschaft mit dem anderen Dampfer ab, da zerbrach etwas am Kessel, und kaum konnten wir Conejo erreichen. Post und Passagiere gingen auf den anderen Dampfer über, der die Reise fortsetzte, wir aber mit unseren Sachen blieben an Bord und gelangten zwei Tage später endlich nach Honda, dem Endziel unserer Flußreise.

Honda, wunderbar schön am Fuße steiler, an vielen Stellen nur mit Gras bewachsener Hügel, ähnlich denen der Sächsischen Schweiz, gelegen[6], ist am Zusammenfluß mehrerer Gewässer erbaut. Tiefe, steile Täler münden hier aus, die in den Boden des Magdalenentales eingegraben

Honda. Santana.

sind*. Die beiden, über 10—12000 Fuß hohen Kordilleren, die Anden und die Bogotáberge, sind sichtbar, und zwischen ihnen breiten sich niedere Plateauländer mit steil aufgesetzten Bergen aus. Am herrlichsten ist der Anblick der Anden, wenn klarer Himmel die hohen Schneeberge des Tolima und Ruiz erkennen läßt.

III.
Bogotá, 16. Mai 1868.

Von Honda aus machten wir einen Ausflug nach den **Minen von Santana****[1]. Wir liehen uns zu diesem Zweck Maultiere und ritten über

---

* Reiss, Tgb. 16. 3. 1868: Tal des Rio Gualí: Quer durch die Stadt reitend, verfolgen wir den Rio Gualí und steigen noch zwischen den Häusern auf die hohe Terrasse auf der rechten Seite dieses Flusses. Bald zeigen sich über ihr noch eine zweite und eine dritte. Alle sind auf dem rechten Ufer breit, auf dem linken schmal. Diese Alluvialterrassen sind ausschließlich aus Trachytgeröll gebildet. Sehr selten sieht man Sandsteine dazwischen, was wohl in dessen leichter Zerbrechlichkeit seinen Grund haben mag. Sie sind mit hohem Riedgras bestanden, und nur hier und da wachsen einige Büsche, an den Gehängen jedoch steht üppiger Wald. Nach etwa $\frac{3}{4}$ Stunden gelangen wir an den Fuß einer steilen, nahezu Ost-West streichenden Felskette. Hier wenden wir uns mehr links. Drei Gebirgsketten, aus nahezu horizontalen Schichten gebildet, mit steilen Felswänden und flachen Gipfeln, aber oft in abenteuerliche Formen zerrissen, ziehen hier gegen den Gualí herab, die durch den Alluvialschutt erfüllten Täler begrenzend. Sie sind nur Inseln in dem Alluvialland und flußaufwärts hören sie bald auf, so daß man sie, ohne aufzusteigen, auf den Terrassen umgehen kann.

** Reiss, Tgb. 17. 3. 1868: Weg nach Santana: Wir reiten bis in die Nähe von Mariquita, steigen dann in reizendem Wald rasch ab zu einem vielfach gewundenen Bach, dessen Bett wir circa sechsmal kreuzen, dann abermals in die Höhe auf das Plateau. Es ist hier nur schmal und auf unserer rechten Seite steigen allmählich die bewaldeten Hügel alter Gesteine gegen Santana auf, an deren Fuß in tiefem Bett der Rio Guamo fließt. Das Plateau dehnt sich hier weit gegen Süden, die Orte Guayabal und Méndez tragend. Steil, auf furchtbar schlechten Wegen klimmen wir empor, durch Glimmer- und Tonschiefer, die oft rot und gelb zersetzt und von dunklen Quarzgängen durchzogen sind. Es ist die Serra de San Juan. Um 12 Uhr sind wir in San Juan. Höher und höher steigen wir. Die Tonschiefer verschwinden und fast horizontale Sedimentschichten mit Tonzwischenlagen treten auf, dann wieder Tonschiefer. Der Ort Santana schließt sich jetzt unmittelbar an San Juan an. Man übersieht von hier aus die ganze Magdalenaebene und kann nun deutlich erkennen, wie alle die einzelnen Bergrücken mit ihren oberen Rändern sanft, fast unmerklich gegen den Magdalena abfallen. Es ist ganz klar, daß einst das weite Magdalenatal von diesen Schichten erfüllt war, daß dann später viele Täler und Schluchten nach allen Richtungen hin von dem seinen Lauf ändernden Magdalena sowohl als auch von seinen Nebenflüssen eingegraben wurden; noch später wurden dann wieder diese Täler durch fast rein trachytische Alluvialgerölle erfüllt, in welche dann ebenfalls die Taleinschnitte neu eingesenkt werden mußten[2]. — 18. 3. 1868: Santana: Die Grube von Santana liegt in einer wunderschönen Talschlucht des Rio Morales, eines Zuflusses des Rio Guamo. Der angestaute Fluß treibt das Wasserrad des Förderschachtes. Von diesem geht das Erz zum Teil zum Stampfwerk, das dicht dabei liegt, zum Teil auf einer Eisenbahn weit hinab zum Pochwerk und dann wieder herauf zu dem hinter dem Schacht liegenden Schmelzofen. Das gerichtete Erz wird zwischen

die von steilen Bergen durchzogene Magdalenaebene. Drei Stunden etwa von Honda kamen wir nach Ceiba, dem Landgut eines Deutschen, Herrn Clemens, und statt ein einfaches Frühstück und eine kurze Rast zu finden, mußten wir hier den ganzen Tag bleiben, um die Gartenanlagen, Zuckerplantagen, die Schnapsbrennerei usw. anzusehen. In Santana selbst lernten wir Herrn Treffry kennen, einen gebildeten und mit den geologischen Verhältnissen des Landes sehr vertrauten Mann. Durch ihn aufmerksam gemacht, gelang es uns, eine nicht unbeträchtliche Sammlung fossiler Pflanzen zu erlangen, die, von ihm verpackt, jetzt in Honda steht und unserer übrigen Kisten harrt, um nach Mannheim zu gehen.

Zurückgekehrt nach Honda, versuchten wir Maultiere zur Reise nach Bogotá zu erlangen, da wir aber mit den Besitzern uneins wurden, gab uns ein Deutscher, Herr Weckbecker[3], sechs Maultiere, um uns und unsere Sachen weiterzubefördern. Fünf Tage brachten wir auf dem Wege nach der Hauptstadt zu, wenn man einen schändlichen und oft furchtbar steilen Maultierpfad so nennen darf. Anfangs im Magdalenentale hinziehend, durchwandert man prachtvolle Wälder, dann aber geht es immer steiler und steiler in die Höhe, immer großartiger wird die Aussicht auf das schöne, breite Flußtal und die gegen Westen zu liegenden himmelanragenden Berge der Hauptkordillere. Hoch über die Wolken erheben sich die schön geformten Schneeberge, deren vulkanische Natur ihnen in unseren Augen einen besonderen Reiz verlieh. Nachmittags um 1 Uhr waren wir von Pescaderias, einem kleinen Orte gegenüber Honda, weggeritten, so daß es für uns unmöglich wurde, das gewöhnliche Nachtquartier, das Städtchen Guaduas, zu erreichen. Wir mußten also die Nacht am Abhange der Berge in einer elenden, einzelstehenden Hütte zubringen, hatten aber dafür den Vorteil, die Aussicht bei Abend- und Morgenbeleuchtung zu genießen. Leider war beide Male der tiefere Landesteil in dicke Wolken gehüllt. Die Regenzeit hatte begonnen, und klare, schöne Aussichtstage gehören, solange sie anhält, zu den Seltenheiten.

Als wir des Morgens früh an dem Berggehänge emporstiegen, rückten langsam die Wolken von unten nach; bald waren wir in dichten Nebel gehüllt, bald brach die Sonne mit Macht hindurch. Die Abnahme und die Veränderung der Vegetation ließen uns einzig und allein erkennen, daß wir uns höheren und kälteren Regionen näherten. Gerade aber als wir den höchsten Punkt des Weges erreichten, zerriß die Wolkendecke: wie auf einem Wartturm stehend, blickten wir hinab nach dem 4000 Fuß tiefer liegenden Magdalena. Steil fallen anfangs die Berge, deren Kamm wir erstiegen, gegen den Strom zu ab, tiefer unten legt sich ein sanfteres, von vielen Tälern und Schluchten zerrissenes Gehänge

---

Granitsteinen, die aus Stücken zusammengesetzt und mit einem eisernen Reifen umgeben sind, gemahlen. Das Metall geht nach Bogotá in die Münze, ein Teil nach England. Gewonnen wird gediegenes Silber, Silberglanz und Schwefelkies.

an, das allmählich nach der Ebene des Magdalenenstromes verläuft. Mit dichtem Walde sind die Abhänge bedeckt, in dem die vereinzelt liegenden Rodungen mit hellen Feldern und niedlichen, mit Palmstroh gedeckten Häusern ein idyllisches Bild gewähren. Zwischen herrlichem Grün windet sich das braune, schlammige Wasser des Magdalena dahin, viele Inseln umschließend. Jenseits des Flusses dehnt sich, langsam gegen Westen ansteigend, die Ebene aus, durchzogen von einer Reihe steil abgeschnittener, auf ihrem Gipfel ausgedehnte Plateaus tragender Bergreihen, den Überresten einer höheren älteren Flußebene, deren Trachyttuffschichten einst den Raum bis zu der östlichen Kordillere hoch erfüllten. Und über dieser Ebene erheben sich dann die Berge jener Kordillere bis weit über die Grenze des ewigen Schnees.

Nur wenige Augenblicke waren uns zur Betrachtung vergönnt; dann schlossen sich die Nebel, und weiter mußten wir ziehen. Aber nur einige Schritte entfernt entrollte sich vor unsern Augen ein anderes, wenn auch nicht so großartiges, so doch lieblicheres Bild. Das Gebirge war überschritten, und vor uns öffnete sich das an grünen Matten reiche, muldenförmige Tal von Guaduas, in dessen Grunde, an die gegenüberliegenden Felswände angelehnt, das Städtchen Guaduas reizend gelegen ist. Auf halsbrecherischen Wegen ging es gerade hinab durch den in der Nähe keineswegs gewinnenden Ort hindurch und an der andern Talseite wieder hinauf nach dem Alto del Raizal, dann abermals hinab in ein kleines Tal und wieder in die Höhe nach dem Alto del Trigo[4], dem höchsten Gebirgskamm vor Bogotá. In Honda befanden wir uns zirka 700 Fuß (200 m) über dem Meere, der schöne Aussichtspunkt (El Salto, Sarjento) erreicht 4500 Fuß (1343 m), Guaduas liegt nur 3300 Fuß (1036 m) über dem Meere, der Alto del Trigo aber erhebt sich bis zu 7400 Fuß (1928 m). Hier gedeihen schon ganz andere Pflanzen als im Magdalenatale; vor allem sind die Baumfarne auffallend, deren abenteuerliche Formen wir hier an großen 15, 20 und mehr Fuß hohen Exemplaren studieren konnten. Auch die Gesteine werden hier andere, denn während bisher der ganze Weg über Sandstein führte, besteht der Alto del Trigo aus dunkeln, oft ganz schwarzen Schiefern. Es war schon nahe bei Sonnenuntergang, als wir seine Paßhöhe erreichten, weshalb wir unseren Maultiertreiber beauftragten, mit den Lasttieren auf dem steil nach Villeta abwärts führenden Wege vorauszugehen, während wir uns noch aufhielten, um einige Beobachtungen zu machen. Da aber inzwischen die Nacht einbrach, so mußten wir, wollten wir nicht den Anblick der Gegend verlieren und einen wegen der daselbst vorkommenden Versteinerungen* besonders interessanten Teil des Weges in der Dunkel-

---

* Reiss, Tgb. 27. 3. 1868: Steil führt der Weg hinab, immer über Kalkschiefer. Bald zeigen sich einzelne Ammoniten, Stücke und Abdrücke derselben. Aber erst unterhalb Petaquero, dem Nachtquartier unserer Maultiere, finden sich Versteinerungen in

heit zurücklegen, in dem ersten besten Hause bleiben*, und waren so genötigt, ohne irgendwelche Hilfsmittel zu nächtigen.

Der dritte Tag der Reise begann mit einem nicht enden wollenden Hinabklettern nach dem nur ca. 2600 Fuß (813 m) hoch gelegenen, netten Städtchen Villeta. Von dort aber beginnt die eigentliche Arbeit, die Ersteigung der Bogotáberge. Hier zum ersten Male windet sich der Weg an den Bergen entlang: es geht in steilem Zickzack in die Höhe, auf eine Art, die man in Europa für unmöglich halten würde. Rasch gelangt man so von dem warmen Villeta in kühlere Regionen; die Vegetation wird ganz europäisch, die Formen der Berge und Täler sind unbeschreiblich schön. Höhen, welche bei uns kahl und ohne Pflanzenwuchs erscheinen würden, prangen hier im üppigsten Grün. Vereinzelte Häuser liegen überall am Wege verstreut, und kleine Ortschaften sind in den tiefen Tälern und an den Abhängen der Berge sichtbar.

Die Nacht überraschte uns, ehe wir die Höhe erreicht hatten, und abermals mußten wir in einem einzelstehenden Gehöfte übernachten**. Hier trifft man schon Einrichtungen für Reisende, die ersten Anzeichen der Annäherung an die Hauptstadt. Ein dreistündiger Ritt durch ein reizendes Hochlandstal brachte uns am nächsten Tage nach dem Alto del Roble, einem Einschnitt in den Bergen der Bogotá-Ebene (9000 Fuß, 2755 m). Überraschend ist der Anblick der viele Stunden weit ausgedehnten Ebene nach so beschwerlichen Ritten über hohe Gebirgsmassen[6]. Hier, bei El Roble, beginnt die Fahrstraße, die nach der Hauptstadt führt. Bauerngehöfte zwischen Kartoffelfeldern, Korn und Weizen, die ausgedehnten Wiesenflächen, alles erinnert an die nordische Heimat, nur die Menschen in ihrem eigentümlichen Kostüm wollen nicht dazu passen. In Facatativá (2586 m), einem kleinen Städtchen am Beginn der Ebene***, ließen wir die Maultiere. Das Gepäck auf einem Ochsen-

---

größerer Menge, und zwar nicht in den Schichten selbst, sondern in Konkretionen derselben. Es ist merkwürdigerweise dichter und dunkelblauer Kalk, innen aber meist grau und mergelig zersetzt, viele Ammoniten und Bivalven enthaltend. Auch Bruchstücke größerer Ammoniten treten auf, die auf Tiere von $\frac{1}{2}-1$ Fuß Durchmesser schließen lassen[5].

* Ocovo (1598 m). — Reiss, Tgb. 27. 3. 1868, und Stübel, Itinerarprofil.

** Chimbe (1808 m). — Reiss, Tgb. 27. 3. 1868, und Stübel, Itinerarprofil.

*** Reiss, Tgb. 28. 3. 1868: Facatativá liegt in einer fast vollständig flachen, $\frac{1}{2}-2$ Stunden breiten Ebene, die von der tiefer liegenden Bogotá-Ebene durch mehrere Sandsteininseln abgetrennt ist. Es ist ein schwarzer, moorig ausschauender Boden, hauptsächlich mit Gras bewachsen, ohne Baum, auf dem einzelne Gehöfte mit gut bestellten Feldern liegen. Der Ort ist sehr elend, mit niederen Häusern, einer großen, kahlen Plaza und einer elenden Kirche. Das ganze Nest besitzt vier zweistöckige Häuser, davon sind zwei unvollendet. Alle Häuser sind mit Schilf gedeckt, aus Lehm oder ungebrannten Steinen erbaut. Ganze Straßen sind ohne Fenster. Überall herrscht entsetzlicher Schmutz, wie denn alles, auch der Mensch, hier schmutziger ist als unten. Immerhin zeigen ein Telegraphenbureau (der Telegraph kommt von Ambalema), ein Gerichtshaus, ein gutes Hotel und einige Häuseranschriften schon die Annäherung an die Hauptstadt.

karren, wir zu Pferde, so durchzogen wir am folgenden Tage auf einer nicht allzu schlechten Chaussee die Ebene. Einen ganzen Tag brauchten wir noch, um Bogotá (2611 m) zu erreichen. Die Lage der Stadt am Fuße furchtbar steiler, schön geformter Sandsteinfelsen, von denen zwei zu beiden Seiten einer Talschlucht gelegene Höhen die weithin leuchtenden Kapellen Guadelupe und Monserrate tragen, ist über alle Begriffe schön. Bei sinkender Sonne einreitend, genossen wir das zauberische Bild der am Berge in die Höhe sich ziehenden Stadt mit der alles überragenden Kathedrale und den vielen Kirchen bei der besten Beleuchtung. Es war ein Sonntag; der Bogotáner Philister promenierte vor der Stadt. Seit Monaten, seit unserer Abreise von St. Nazaire, sahen wir zum ersten Male wieder einen Menschen in schwarzem Zylinderhut[7].

Erst nach acht Tagen fanden wir ein für unsere Verhältnisse passendes Haus. Es enthält ca. 20 Zimmer, alle zu ebener Erde, um zwei Höfe geordnet. Dort wohnen Stübel und ich als alleinige Insassen, umgeben von unsern Sammlungen und Instrumenten und einigen geborgten Apparaten. Dort war es auch, wo ich kurz nach unserm Einzug krank wurde und unter Stübels und eines englischen Arztes Pflege wieder genaß. Hier wie überall öffneten uns meine Empfehlungen die besten Häuser; durch Handlungsreisende wußte man bereits, daß wir durch Bismarck empfohlen waren. Deutsche und Engländer wetteifern in Aufmerksamkeit, selbst der englische Gesandte machte uns einen Besuch und hat uns jetzt nach meiner Wiedergenesung dem Minister vorgestellt, an den ich vom preußischen Konsul in Barranquilla einen offiziellen Brief hatte. Bei unserer Ankunft ließ sich diese Vorstellung nicht machen, da gerade in diesen Tagen ein neuer Präsident die Regierung übernahm.

Auf Ansuchen wurde uns von der Regierung die Sternwarte übergeben, auf daß ich dort meine Beobachtungen machen kann[8].

IV.

Bogotá, 17. Juni 1868.

Die ersten guten Tage der nun eintretenden, sogenannten trockenen Jahreszeit (hier in Bogotá regnet es zum mindesten einmal am Tage) benutzten wir, um den berühmten Fall von Tequendama zu besichtigen[1]. In strömendem Regen verließen wir die Stadt, nach Süden uns wendend, und erreichten in wenigen Stunden den kleinen Ort Soacha (2552 m). Hier, dicht am Südende der hier nur von niederen Bergen umgebenen Hochebene, verbringt man gewöhnlich die Nacht, um dann des Morgens in aller Frühe nach dem Falle aufzubrechen; denn nur bis gegen 9 Uhr kann man auf einen klaren Blick rechnen, da später die vom Magdalenatale aufsteigenden Wolken die enge Talschlucht ganz erfüllen. Herrlich schön war der Morgen; die in ihren Formen an griechische Gebirge erinnernden Höhen der Hochebene ließen in der klaren Luft alle Einzelheiten des kahlen Abhanges erkennen. So rasch wie möglich suchten wir an den Fall zu gelangen, — aber — in Neugranada hat alles seine Schwierigkeiten. Hier kamen sie vom Rio Bogotá. Dieser Fluß wird durch den Zusammenfluß aller jener kleinen Bäche gebildet, die von den steilen Bergen das Wasser nach der Ebene führen. In der trockenen Zeit ist er unbedeutend, in der Regenzeit aber tritt er an vielen Stellen über die niederen Ufer, das Land weithin überschwemmend. Große Seen werden so gebildet und der in Schlangenwindungen die Ebene durchziehende Fluß hat dann, namentlich bei seinem Austritt auf das steile Gehänge gegen das Magdalenatal zu, eine starke Strömung. Oft mußten wir über überschwemmte Wiesen reiten, ehe wir bei dem Haus Canoas an die Brücke über den Fluß kamen. Sie war jedoch im Dezember eingestürzt; man fährt deshalb in Booten über, daher der Name „Canoas" für diesen Punkt. Da aber auch diese zerbrochen waren, mußten wir die Überfahrt auf einer Balsa (Floß) machen, die, etwa so groß wie der Tisch eines Eßzimmers, aus dicht zusammengebundenem Schilfgras bestand. Das ganze Ding ist so schwach, daß kaum die Ladung eines Maultieres auf einmal übergefahren werden kann. Die Passagiere werden einzeln übergesetzt, vielleicht noch mit einem Sattel oder sonst einem kleinen Gepäckstück. Die Überfahrt selbst wird mittelst eines über den Fluß gespannten Seiles bewerkstelligt, an dem der Fährmann mit den Händen weitergreift. Pferde und Maultiere müssen schwimmen. Daß eine solche Passage für vier Menschen und zwei Maultiere viel Zeit erfordert, ist einleuchtend.

Nun verließen wir die Ebene, stiegen über niederes Hügelland mehr und mehr an und kamen dann in prachtvollen Wald. Hier blieben die Tiere zurück; zu Fuß ging es nun immer steil abwärts; bald hörte man das Donnern und Brausen des Wassers, heftige Windstöße bewegten die Äste der Bäume, aber noch immer sah man nichts vom Falle, bis wir endlich, aus dem dichten Buschwald heraustretend, auf eine Felsplatte im oberen Niveau des Flusses gelangten. Das Wasser braust hier (ca. 25 Schritt breit) zwischen Hügeln von 6—800 Fuß Höhe über ein felsiges Bett, die ganze Talsohle erfüllend. Üppiger Wald bedeckt die Abhänge, Baumfarne, Schlinggewächse und niederes Gestrüpp bilden das Unterholz. Aus diesem engen Bett stürzt über eine senkrechte Wand die ganze Wassermenge plötzlich hinab auf eine etwa 20—30 Fuß tiefer liegende Terrasse und von da in weitem Bogen, zu Schaum aufgelöst, nach der 137 m tiefer liegenden Talschlucht.

In welchem Kontrast stehen die Wände dieser Schlucht zu dem abgerundeten, bewachsenen Gehänge der höheren Bergteile! In senkrechten, aus nahezu horizontalen Sandsteinschichten gebildeten Wänden umgeben die Felsen einen weiten Zirkus. Auf den Vorsprüngen und Absätzen der

Gesteinsschichten stehen reizende Palmen, und auch die Schuttmassen am Fuß sind mit üppigem Grün bekleidet. Zu Staub aufgelöste Wasserteile steigen als feine Regenwolken aus der Tiefe empor, bei zunehmender Höhe an Masse abnehmend, meist als kleine Wölkchen vom Wind auf große Entfernungen entführt. Ist der Anblick vom oberen Rand des Falles schon sehr schön, so bietet doch eine mehr seitliche Ansicht einen noch großartigeren Eindruck. Das Wetter war bei diesem ersten Besuche keineswegs günstig. Dichte Wolken lagerten in der engen Schlucht, und nur von Zeit zu Zeit war uns ein freier Blick vergönnt. Aber gerade hierin lag ein großer Reiz, da so der Phantasie Spielraum blieb und der Fall größer erschien als später bei hellem Sonnenschein.

Von oben hatten wir ihn gesehen, um ihn aber auch von unten aus zu überschauen, mußten wir drei Tage lang hart arbeiten. Auf weiten Umwegen und auf furchtbar steilen, steinigen Wegen umgingen wir die hohen Berge auf der rechten Seite des Rio Bogotá. Die Berge, auf deren Rücken die Hochebene von Bogotá liegt, fallen hier in steilen, fast 1000 m hohen Felswänden ab, an deren Fuß dann niederes Bergland sich anlegt. Der obere Punkt des Tequendama liegt in einer Höhe von 2356 m, San Antonio, woselbst wir die Nacht zubrachten, 1468 m hoch. In wenigen Stunden stiegen wir aus der Tierra fria, dem Lande des Hafers, des Kornes und der Kartoffel, durch die Tierra templada (Kaffee) bis an die Grenze der Tierra caliente, dem Lande der Palmen, Bananen usw. hinab. Durch prächtigen, üppigen Wald führt der Weg, Schlingpflanzen in unzähliger Menge umranken die 80—100 Fuß hohen, schönen Bäume. Es ist ein erquickendes Gefühl, nach monatelangem Aufenthalt auf der baumlosen Hochebene wieder einmal einen tropischen Wald zu durchstreifen, zumal gerade hier die Vegetation üppig sich entfaltet, gefördert durch die aus dem heißen Magdalenatal aufsteigenden Dünste, die am Abhange der kalten Hochebene zu Wolken und feinem Regen verdichtet werden.

Von San Antonio aus an den Fuß des Falles führt kein Weg, und der sonst gebräuchliche Zugang über die Steine des Bachbettes war uns durch den hohen Wasserstand abgeschnitten. Mit Hilfe zweier Indianer und unserer Diener mußten wir einen Pfad durch den dichten Wald schlagen. Langsam, Schritt für Schritt, vorrückend, brauchten wir Stunden, um nur ein kleines Stück zurückzulegen. Bald ging es steil am Abhang hinan, bald ebenso steil hinab; bald sperrten schroffe Felsen, bald herabgestürzte Erdmassen das Weitergehen, und mehr denn einmal mußten wir wieder weit zurück, um von neuem an einer andern Stelle unser Glück zu versuchen. Überall verwickelte sich der Fuß in Lianen, rissen scharfe Stacheln schmerzende Wunden. Hier kam noch die Steilheit des Abhanges hinzu, um die Schwierigkeit zu vermehren. Bergauf die Finger fest in die weiche Dammerde gedrückt, mit aller Muskelanstrengung sich emporschnellend nach einem günstig stehenden Gestrüpp oder Bäumchen, stürzte man nicht selten wieder hinab, da der Baum hohl und morsch zu Staub und Erde in der Hand zerfiel. Aber auch kräftige Stämme wichen oft unter dem Gewicht eines Mannes, denn nur wenig Halt bietet die geringe Schicht Dammerde auf den harten Sandsteinfelsen. Bergab ging es besser. Auf den Hosen Schlitten fahrend, gleitet man leicht und rasch auf der nassen schlüpfrigen Erde hinab. Eine solche Fahrt ist nur den Kleidern gefährlich, denn der dichte Pflanzenwuchs verhindert einen Sturz in die Tiefe.

Nachmittag nach 2 Uhr langten wir nahe dem Falle an und mußten hier, ohne seinen Fuß erreicht zu haben, umkehren, da unsere Führer durch nichts zu bewegen waren, weiter auf dem durch den Wasserstaub äußerst schlüpfrigen Boden vorwärts zu gehen. Aber den ganzen, majestätischen Anblick genossen wir in unmittelbarer Nähe. Von oben gesehen erscheint es, als flösse der Bach von dem hohen Falle aus ruhig zwischen den Felswänden dahin; erst hier unten erkennt man, daß Kaskade auf Kaskade folgt und das Wasser in tobendem Gebrause rasch nach der Tiefe strömt.

Schwer ermüdet langten wir in dunkler Nacht in San Antonio wieder an. Heute wie gestern genossen wir dabei die prachtvolle Aussicht auf die Schneeberge der Zentralkordillere, den Páramo de Ruiz und den Tolima. Von großer Höhe aus gesehen, bieten diese ca. 30 Stunden entfernten Berge einen unbeschreiblichen Anblick. So hoch über den Wolken erscheinen diese Gipfel, daß man sich nur mit Mühe überreden kann, wirklich Berge vor sich zu sehen.

Von San Antonio aus überschritten wir des andern Tages den Fluß*, ritten auf seinem linken Ufer nach der Hacienda de Tequendama empor und dann abwärts weiter nach Soacha. Am folgenden Morgen kehrten wir zurück nach dem Fall, um ihn von der linken Seite von oben herab zum letzten Male zu sehen. Ähnlich wie beim ersten Besuch standen wir hier senkrecht über dem Abgrund auf einem frei vorspringenden Felsen. Wir konnten unsern Weg im Grunde des Tales erkennen und alle Eindrücke nochmals rekapitulieren.

Nahe diesem Punkte liegen einige Kohlengruben[2], die, hier wie auf der andern Seite des Falles, in den fast horizontalen Schichten betrieben werden. Die Flöze sind gut und ca. 3 Fuß dick, aber mühsam abzubauen und nicht sehr rentabel, da die Kohle auf Maultieren 2 Stunden weit gebracht werden muß, ehe die Fahrstraße nach Bogotá erreicht wird, und Bogotá, eine Stadt von 40000 Einwohnern, von denen vier Fünftel arm sind, braucht wenig Kohlen. Anderer Absatz ist nicht vorhanden.

Am 13. abends langten wir wieder in Bogotá an.

---

* Auf der Brücke von La Ciénaga (1532 m) — Reiss, Tgb. 12. 6. 1868.

V.
Bogotá, 15. August 1868.

Am 21. Juni verließen wir abermals die Stadt. Diesmal war es unsere Absicht, die berühmte natürliche Brücke, die Puente de Pandi, zu besuchen. Um aber nicht hin und zurück denselben Weg machen zu müssen, beschlossen wir auf dem Hinweg über Usme (2780 m) und Pasca (2145 m) nach Fusagasugá (1718 m) zu gehen, ein Weg, der nach der Karte wenig weiter erschien als die direkte, in einem Tag zurückzulegende Straße nach diesem Orte. Unsere Karawane bestand wie bei der Tequendama-Expedition aus uns beiden, zwei Peones (Maultiertreiber), von denen der eine die Barometer, der andere das Gepäck zu besorgen hatte, und einem Lasttier mit unsern Betten und sonstigen Geräten. Früh um 8 Uhr ritten wir vom Hause ab, nach Süden zu über die Bogotá-Ebene hin, bogen dann nach etwa zweistündigem Ritt in ein von den Ostbergen kommendes Tal ein und verfolgten dieses aufwärts. Mittags 12 Uhr erreichten wir das Dorf Usme (2780 m), ein kleines, elendes Nest, das bedeutend höher liegt als Bogotá. Hier erfuhren wir, daß wir bis nach Pasca noch einen Páramo, d. h. eine fast vegetationsleere Hochfläche von mehr als 10000 Fuß Höhe zu überschreiten hätten.

Bis gegen 6 Uhr abends stiegen wir langsam im Tale in die Höhe. Die Vegetation nahm mehr und mehr ab, die Felder verschwanden fast gänzlich. Endlich bei eintretender Dunkelheit erreichten wir ein einzelnes Haus, die Hacienda „el Hato" (3121 m). Hier aber fanden wir keine gastfreundliche Aufnahme. Mit Mühe und Not gelang es uns, Obdach gegen den strömenden Regen zu finden und für Tiere und Menschen Essen aufzutreiben. Die ganze Nacht hielt der Regen an, so daß am Morgen die Wege in einen einzigen, schlüpfrigen Morast umgewandelt waren. Ein Führer mußte von hier mitgenommen werden, denn Wege fehlen auf den Páramos. Mühselig und langsam stiegen die Mulas über den schlüpfrigen Boden an den Talgehängen entlang nach dem höchsten Rücken der Berge. Bäume und Büsche gibt es hier nicht mehr, dafür aber tritt eine eigentümliche Pflanze auf, der sogenannte Frailejón[1], dessen große, lanzettförmige, dicht weißbehaarte Blätter auf dem schwarzen, oft mannshohen Strunk einen eigentümlichen Anblick gewähren, zumal wenn auf stundenweit ausgedehnten Flächen kein anderes Gewächs zu sehen ist. Bald führte unser Weg über hohe Rücken, bald durch niedere Einsenkungen. Der Boden ist ein wahrer Sumpf, alle Berge sind kahl und doch sieht man keine Felspartie, da alles von dicker, kotiger Dammerde bedeckt ist. Diese Páramos[2] sind bei den Einwohnern sehr gefürchtet. Die höchsten Teile des Gebirges bildend, sind sie den Winden stark ausgesetzt, fast fortwährend in Wolken gehüllt, und eine grimme Kälte herrscht hier in der Regel. Es war der erste Páramo, den wir überschritten, und gleich zum Beginn sollten wir seine Schrecken kennenlernen. Von morgens 6 Uhr bis nachmittag 1 Uhr blieben wir in dieser Höhe (3722 m) fortwährend in Wolken gehüllt, die fast unausgesetzt uns mit strömendem Regen übergossen. Dabei blies ein eisiger Wind; die Finger wurden steif, daß wir kaum die Hand öffnen konnten, die Mulas zitterten vor Frost, und trotz Kautschukdecken drang überall die Feuchtigkeit durch.

Ohne viel von den beiden Seen zu erblicken, welche in dieser Höhe liegen, gelangten wir gegen 1 Uhr an das obere Ende des nach Pasca hinabführenden Tales. Obgleich dichte Wolken die Schlucht erfüllten, konnten wir uns doch bald überzeugen, daß hier ein furchtbar steiler Abstieg vor uns lag. Zwar hatte uns schon die Versicherung des Führers, daß an Hinabreiten gar nicht zu denken sei, auf schlechte Wege vorbereitet, eine so gräßliche Steintreppe hatten wir aber doch nicht erwartet. In unglaublich kurzer Zeit gelangt man auf solchen Wegen aus der kahlen Páramo-Region herab in die prachtvollsten Wälder voll von Baumfarren, Lianen und bald auch palmenartigen Gewächsen. Die Üppigkeit dieser **Hochtalvegetation** überrascht immer wieder von neuem, nie kann man sich satt sehen an diesem Reichtum schöner und schön gruppierter Formen. Hatten wir oben auf dem Páramo bei 5⁰ C von der Nässe gelitten, so sollten wir hier erfahren, daß alles bisher nur ein Vorspiel zu einem wirklich tropischen Regen war. In dichten Massen stürzte das Wasser herab. Der Grund des engen, meist ziemlich vertieften Weges diente einem reißenden Bache als Bett, durch den wir mühsam unsern Weg auf den schlüpfrigen Steinen suchen mußten. Endlich wurde der Talgrund flacher, schon hofften wir unsere Tiere wieder besteigen und schneller das Nachtquartier erreichen zu können, da erklärte der Führer, daß nun der eigentlich schlimme Teil des Weges beginne und wir Mühe haben würden, noch vor Nacht aus dem Walde zu kommen. Und wirklich hatten wir bald Gelegenheit, uns zu überzeugen, daß bei eintretender Dunkelheit an ein weiteres Fortkommen nicht mehr zu denken war. In dem engen, von dichtem Walde beschatteten Tale sammelte sich in dem unteren, flacheren Teile alles Wasser an; der Boden, eine fette Tonmasse, wurde dicht durchtränkt und bildete einen zähen, unergründlichen Morast. Bei jedem Schritt glitten Tiere und Menschen aus. Um einigermaßen einen sicheren Tritt für die Tiere zu ermöglichen, sind quer über den Weg schmale, parallele Gräben gezogen, in welche das Maultier zuerst den Vorder- und dann den Hinterfuß setzen muß. Diese Gräben, anfangs ganz flach, werden mehr und mehr ausgetreten, bis sie nach und nach eine solche Tiefe erlangen, daß bei jedem Tritt das Maultier mit dem Bauche auf die dazwischenliegenden Rippen stößt[3]. Die Rinnen und Löcher sind mit Wasser und Schlamm erfüllt, und oft ist der Weg eine breite Pfütze, denn der ursprünglich schmale Pfad wird allmählich zur breiten Straße erweitert, da jeder versucht, an der Seite der Schlammasse vorüber sich durch den Wald zu winden. An allzu sumpfigen Stellen, namentlich da, wo schon einige Maultiere versunken sind, sind Knüppeldämme aus armdicken, ca. 4 Fuß langen Stämmen gebaut, über welche die Tiere mit unsicherem Schritt hinweggehen. Aber auch diese Knüppeldämme werden allmählich vom Sumpfe bedeckt, das Holz fault, und jeder Tritt kann in unergründlichen Kot führen. Nachdem wir ein gutes Stück Weg durch diese Schlammasse zu Fuß zurückgelegt hatten, beschloß ich, meine Mula zu besteigen, denn das Gehen im großen Regenmantel, den viele Pfund wiegenden Reithosen (Samarros) und den angeschnallten, langen Sporen mit zollangen Rädern ist, zumal in diesem Gelände, sehr beschwerlich. Das Reiten auf solchen Wegen bietet aber auch seine Unannehmlichkeiten; es ist mehr ein fortwährendes Stürzen in die tiefen Schlammlöcher, und man begreift oft kaum, wie eine Mula sich aus ihnen herausarbeiten kann.

Bis über den Kopf mit Kot besudelt, langten wir endlich des Abends spät in Pasca an. Es ist ein kleiner, netter Ort, ca. 1500 Fuß tiefer als Bogotá in einem schönen Tale, am Zusammenfluß zweier rauschender Bergbäche gelegen (2145 m).

Wir hatten wie gewöhnlich die schlechteste Jahreszeit zum Besuch des Páramo gewählt, denn in jenen hohen Regionen ist jetzt Winter (Regenzeit), während die Hochebene von Bogotá und die tieferen Täler sich eines sogenannten Sommers erfreuen. Für einen Fremden ist es aber ganz unmöglich, die richtige Jahreszeit zu einer Reise zu finden, denn oft auf wenige Stunden Entfernung liegt Winter und Sommer nebeneinander.

Am 23. Juni ritten wir im Tale hinab bis zu dessen Einmündung in das weite große Tal von Fusagasugá (1718 m). Der Ort ist das Baden-Baden Neugranadas. Fehlen hier auch die warmen Quellen und die Spielbank, so ist nichtsdestoweniger dieses Städtchen von jeher von den Bewohnern Bogotás mit Vorliebe als „Sommeraufenthalt" gewählt worden. Während der Monate Juni, Juli und August herrscht nämlich in Bogotá ein eigentümliches Wetter. Heftige Winde führen fortwährend dichte Wolken von den Ebenen des Orinoco über die Berge, und ein feiner Regen fällt fast ständig auf die Hochebene nieder. Sonne, Mond und Sterne sieht man während dieser Zeit fast nie. Dabei ist es kalt, und die überall eindringende Feuchtigkeit erzeugt ein unheimliches, unangenehmes Gefühl[4]. Dieser Zeit sucht auszuweichen, wer immer kann, und da die warmen, tieferen Täler um diese Zeit schon von Regen verschont sind, wandern die besseren Familien aus, „para temperar", d. h. um sich auszuwärmen. Und gewiß verdient Fusagasugá die ihm gewidmete Vorliebe, denn ohne heiß zu sein, bietet es doch ein Klima, in dem Bananen und Palmen gedeihen; auch die Lage ist prachtvoll. Ein weites, von schön geformten, viele tausend Fuß hohen Bergen umgebenes Tal zieht von Nordosten nach Südosten hinab. Der von Geröllablagerungen erfüllte Grund bildet eine langgestreckte Ebene (mesa), in der mehrere Bachbetten bis zu 300 und 400 Fuß tief eingeschnitten sind. Schöne Wiesen, Zuckerrohr- und Maisfelder umgeben den Ort, bis an dessen Häuser die Wälder an den Bergen herabreichen. An den Talhängen, auf den Ebenen und in den Talschluchten liegen zwischen Orangenbäumen die kleinen Landhäuser verstreut[5].

Noch an demselben Tage ritten wir an dem Ostgehänge des Tales weiter durch tiefe Seitentäler und über hohe Rücken hin nach dem Orte Pandi, dessen Plaza (941 m) wir erst um 9 Uhr abends erreichten.

Zu einem ordentlichen Schlafen sollten wir nicht gelangen, denn bis spät in die Nacht erklangen Gitarre und Tiple (eine Art Bratsche), und schon um 3 Uhr morgens erweckte uns Trommelwirbel, Pfeifenklang und wahnsinniges Glockengeläute, begleitet von dem durchdringenden, oft wiederholten Schrei: „Hi San Juan!" Es war der Festtag des heiligen Johannes des Täufers, das populärste Fest im ganzen Lande. Mit dem Schrei „San Juan" begrüßt man sich, und der Angerufene gibt ihn als Antwort zurück. In der Nacht des Festes fließt das Wasser geheiligt, und jung und alt, Männlein und Weiblein ziehen mit Lichtern und Lampen nach dem nächsten Bache, um in Gemeinschaft ein orgienartiges Bad zu genießen. Vor Tagesanbruch kehren alle zurück, und nun geht's zu Pferd. Wer einen Sattel und ein Maultier hat, darf nicht zurückbleiben. Alle jungen Männer des Ortes und viele Muchachas (Mädchen) vereinigen sich auf der auch dem kleinsten Dorfe nicht fehlenden Plaza, jagen in Karriere durch die Straßen, kehren zurück zu der Tienda (Kneipe), einen Schnaps zu nehmen, jagen dann von neuem durch die Straßen und so fort, bis die Dunkelheit dem Vergnügen ein Ende macht. Wehe dem Hahne, der sich an diesem Tage auf der Straße sehen läßt. Im Galopp vorbeisausend, beugt sich der Reiter zur Erde, erfaßt das unglückliche Tier, schwingt es im Triumph über dem Haupt, und, aufgenommen von der ganzen Reiterschar, beginnt nun eine wilde Jagd, deren Ziel und Zweck ist, den Hahn den Händen des Glücklichen zu entreißen. Es ist ein eigentümliches, malerisches Schauspiel, die halbwilden Gestalten mit fliegenden Ruanas auf den aufgeregten Pferden unter lautem Geschrei hin und her jagen zu sehen. Besonders gut nehmen sich die Mädchen aus mit den weiten Gewändern, dem aufgelösten Haar und dem von Eifer geröteten Gesicht. Dieses Hahnenspiel, wie wir es in Pandi sahen, ist ein Überbleibsel alter Gebräuche, denn eigentlich — und dies geschieht noch an vielen Orten — muß ein Mädchen mit verbundenen Augen einem bis an den Hals begrabenen Hahn den Kopf abschlagen, zur Erinnerung an die Enthauptung des Johannes. Das Fest hat durchaus keinen kirchlichen Charakter. Die Kirche bleibt geschlossen, dafür wird aber die Nacht hindurch getanzt und getrunken und der folgende Tag als „San Pedro" in gleicher Weise gefeiert.

Wir genossen hier die liebenswürdige Gastfreundschaft einer Calentana (Bewohnerin der heißen Lande). Mit Freude beobachteten wir das ruhige Walten der etwa 30 Jahre alten Frau, die einen Schwarm netter Kinder, die Haushaltung, einen Schnapsladen und uns, ihre Gäste, besorgte, während ihr Mann, den ganzen Tag in der Hängematte liegend, sich dem Nichtstun widmete. Welchen Kontrast bildet eine solche Gestalt gegen die schmutzigen Bewohner der Hochlande. Hier, im warmen Klima, ist Reinlichkeit ein dringendes Bedürfnis, dort in der Tierra fria kommen die Menschen nur bei Regenwetter mit dem Wasser in Berührung, denn weder äußerlich noch innerlich mögen sie einen Stoff anwenden, der nach Aussage der Priester erst der kirchlichen Weihe bedarf. Die dunklen, schweren, wollenen Stoffe der Hochebene strotzen von Schmutz bei Mann und Weib, ein weißes Hemd gehört zu den Seltenheiten; Ruß, Fett und alle Überreste der Küche haben längst diese Farbe verdunkelt. Im warmen Lande herrscht blendend weiße Wäsche; die Männer in Leinenhosen und weißen Hemden, die Frauen und Mädchen in schneeweißen, weit ausgeschnittenen, mit schwarzer Litze besetzten Hemden, langem, faltenreichen Gewand und glänzend gesträhltem Haar. Trüber Himmel und Kälte macht die Menschen mürrisch, Sonne und Wärme heiter und lebensfroh, und fast scheint es, daß ein bestimmter Wärmegrad dazu gehört, um in Bewegung und Redeweise jene unnachahmliche, von uns Nordländern so sehr bewunderte Grazie zu erzeugen, die fast allen Bewohnern warmer Länder eigen ist.

Von Pandi ritten wir langsam nach Süden durch zwei hübsche Täler, bis wir nach etwa ¾ Stunde in das von schroffen Felswänden begrenzte Tal des Suma Paz gelangen. Suma Paz heißt eigentlich der höchste, fast fortwährend mit Schnee bedeckte Gipfel der Ostkordillere[6]; der Fluß, der in wildem Lauf von diesen Höhen sich ergießt, führt nach ihm den Namen Rio Suma Paz. Im obern Teil seines Laufes fließt er in einem weiten Tale, das gegen unten zu allmählich sich verengert, bis es beim Eintritt in das Hauptthal von Fusagasugá nur noch eine enge Schlucht darstellt. Hier beim Orte Pandi ist diese Schlucht an ihren oberen Rändern etwa 30 Fuß breit und nahezu 300 Fuß tief; mehrere große Steinblöcke, gegeneinander sich klemmend, bilden eine natürliche Brücke. Der Einschnitt, von reicher Vegetation umgeben, mit den senkrecht wie mit dem Messer abgeschnittenen Wänden, dem wilden, rauschenden Wasser in der Tiefe, bietet ein Bild, so verschieden von allen andern Wasserläufen, daß namentlich für den Geologen seine Untersuchung von höchstem Interesse ist*[7]. Im Grunde dieser in ewigen Dämmerschein gehüllten Schlucht leben eigentümliche Nachtvögel[8]. Ein Schuß in die Tiefe hallt

---

* Reiss, Tgb. 24. 6. 1870. — Die Schlucht von Pandi verdankt ohne Zweifel einem rückwärts schreitenden Falle ihren Ursprung.

donnerähnlich in nicht enden wollendem Grollen fort, die lichtscheuen Vögel aufschreckend. Mit widerlichem, hundertfach wiederholtem Gekrächze fliegen sie wie gespenstische Gestalten hin und her. Nur auf stundenlangen Umwegen ist es möglich, durch das Wasser an den Fuß dieser Felswände zu gelangen, ähnlich wie beim Tequendama. Für uns bot eine solche mühsame und gefährliche Expedition kein Interesse.

Zurückgekehrt nach dem Orte Pandi, besichtigten wir nahe dem Orte einen großen, am Bergabhange liegenden Steinblock mit sogenannten Hieroglyphen der alten Indianer, eine „piedra pintada⁹". Wir sollten arg enttäuscht werden. Eine Fläche von wenigen Quadratfuß ist mit roten, unregelmäßigen Zeichen beschmiert, unter denen einfache Linienverzierungen, wie sie sich auch auf den Tonwaren jener Zeit finden, am häufigsten sich wiederholen. Allerdings ist auch das Bild einer Sonne und eines Skorpions vorhanden, doch deuchte uns das Ganze mehr als das Geschmier irgendeines Töpferlehrlings, denn als die Urkunden alter geologischer Umwälzungen, wie dies die neugranadensischen Gelehrten behaupen. Aus geologischen Gründen glauben sich nämlich diese Herren berechtigt, die gewaltsame Entleerung eines großen Sees an dieser Stelle anzunehmen. Die Hieroglyphen sollen dieses Ereignis bildlich darstellen, die Sonne bedeute die Fruchtbarkeit des einst mit Wasser bedeckten Landes, der Skorpion das Auftreten der Landtiere, eine Reihe der geradlinigen Ornamente stelle geschwänzte Frösche dar, welche nach ihrer Annahme in der Indianerzeichensprache eine große Wasseransammlung versinnbildlichen. Die übrigen, selbst diesen Genies unverständlichen Zeichen beziehen sich auf das Detail des Naturereignisses, und namentlich diese dienen zur unzweifelhaften Beglaubigung der richtigen Deutung der alten Zeichensprache.

Am 25. Juni kehrten wir im strömenden Regen nach Fusagasugá zurück. Den 26. ritten wir dann auf der direkten Straße wieder nach der Hochebene. Der Weg ist gut (d. h. bei uns würde man ihn für abscheulich erklären), die Szenerie prachtvoll; bisher hatten wir noch nirgends solche schöne Waldungen gesehen wie hier. Bis hinauf zur Hochebene führt der Weg steil durch Wald in die Höhe, dann gelangt man plötzlich auf das flache Land, und bald erreichten wir Soacha. Am 27. früh langten wir wieder in Bogotá an. Tiere und Menschen bedurften der Ruhe.

VI.

Ambalema, 17. September 1868.

Stübel verließ am 24. August Bogotá, um trotz allem Widerraten die Reise nach den Llanos de San Martin anzutreten*. Ich schied

---

* Über die Gründe der Trennung von Reiss vgl. Stübel an F. Reiss (Vater): Popayan, 29. 5. 1869. — Unsere gemeinschaftliche Reise hat, wie Ihnen nicht unbekannt geblieben

am 26. von dem uns so heimisch gewordenen Haus und der für uns so angenehmen Stadt, um, so Gott will, nie wieder dahin zurückzukehren. Gegen Osten führte mein Weg, für mehrere Stunden dieselbe Straße entlang, die wir vor Monaten bei unserem Einzuge verfolgt hatten. Damals betraten wir bei El Roble, nahe Facatativá, die Hochebene, jetzt wollte ich sie nahebei, bei **Boca del Monte** (2642 m), verlassen, um durch das weite Tal des Rio Bogotá den Magdalenenfluß zu erreichen.

Nach scharfem Ritt gelangte ich gegen 3 Uhr an das Ostende der Hochebene. Niedere Hügel begrenzen hier den durch ein tiefes, steiles, nach Südosten hinabziehendes Tal gebildeten Einschnitt. Dicke Wolkenmassen lagerten in ihm gerade in der Höhe des Passes, so daß der aufsteigende Luftstrom sie nach der Hochebene hereintrieb und wir von Zeit zu Zeit in dichte Nebel gehüllt wurden. Der Anblick des Tales, wenn auch schön und großartig, läßt sich doch keineswegs mit den durch üppigen Pflanzenwuchs ausgezeichneten Tälern vergleichen, welche von der Hochebene nach Süden zu die Gewässer abführen (Täler von Pasca, Fusagasugá, Tequendama). Ein breiter, guter Weg führt im Zickzack die steile Wand hinab, und bald gelangt man durch hübschen Wald in den rasch abfallenden Talgrund. Es fehlen hier die prächtigen Baumfarne, und erst tiefer unten wird die Vegetation reicher. Die Straße war auffallend belebt: ganze Züge von Maultieren, mit Melasse beladen, Reiter und Reiterinnen kamen uns in großer Zahl entgegen. Die Nacht verbrachten wir in einem einzelnen Hause in der keineswegs angenehmen Gesellschaft von ca. 30—40 Maultiertreibern.

Vor der Sonne machten wir uns wieder auf den Weg, passierten bald den kleinen Ort **Tena** (1350 m), berühmt und berüchtigt durch seine großen Zuckerpflanzungen und die Willkür der reichen Landbesitzer[1]. Hier vereinigt sich der kleine Bach, in dessen Talschlucht wir herabgekommen waren, mit dem Rio Bogotá. Dieser führt auf der Hochebene auch den Namen Rio Funza, stürzt dann über den Tequendamafall herab, aus dessen enger Schlucht hervortretend er in Vereinigung mit mehreren wasserreichen Seitenflüssen ein weites, mit Geröllmassen ausgefülltes Tal durchströmt. Mehrere übereinander gelegene Plateaus werden durch

---

sein wird, unvorhergesehenen Fügungen zufolge eine wesentliche Änderung erfahren, nicht nur insofern, als das eigentliche Ziel, die Sandwich-Inseln, nach 1½ jähriger Wanderung noch immer unerreicht geblieben ist, als auch darin, daß das „gemeinschaftlich" äußerlich seine Bedeutung verloren zu haben scheint. Sie dürfen nicht glauben, daß die freundschaftliche Zuneigung und Achtung, welche ich für Ihren Herrn Sohn stets haben werde, eine Änderung erfahren hat, als wir den Umständen Rechnung trugen und verschiedene Wege in Südamerika einschlugen, Wege, welche uns nur noch von Zeit zu Zeit zusammenführen. Für die leichtere Erreichung unserer Zwecke, da, wo dieselben etwas auseinandergehen, für die Ersparnis an Zeit, für die Wahrung individueller Auffassungen und endlich auch wegen der beschränkten Reisemittel, die man hierzulande trifft, war es notwendig, den Reiseplan in dieser Art zu modifizieren.

diese alten, jetzt wieder vom Fluß durchschnittenen Gerölle gebildet[2]; auf dem höchsten liegt der Ort La Mesa (1258), der selbst in Deutschland als Städtchen angesehen werden müßte. Er ist eine der Haupthandelsstationen für den inneren Verkehr. Drei Tage in der Woche wird hier großer Markt abgehalten, und Hunderte von Maultieren kommen aus dem oberen Teil des Magdalenatales mit Kakao und anderen Produkten der Tierra caliente beladen hierher, während von der Hochebene das Salz von Cipaquirá und Getreide der kalten Klimate herbeigeführt werden. In La Mesa findet der Austausch statt; ein reges Leben herrscht infolgedessen hier, und Wohlhabenheit verrät das Aussehen der Häuser und Bewohner.

Am 28. setzte ich meine Reise fort, immer auf guter Straße dem Laufe des Rio Bogotá folgend. Über die Geröllplateaus hinabsteigend, gelangt man bald nach Anapoima (676 m) und dann direkt hinab an den Fluß selbst an seiner Vereinigung mit einem breiten, reißenden Seitenfluß, dem Rio Apulo (420 m). Von nun an führt der Weg an ihm entlang, hinab nach dem ziemlich bedeutenden Orte Tocaima (408 m). Etwa 100 Fuß über dem hier 70 Schritt breiten Flusse, auf einem Geröllplateau gelegen, genießt es eine wahrhaft tropische Hitze[3]; das Tal ist mehrere Stunden breit, die Ebene am Fluß mit niederem Gebüsch umgeben, und gegenüber dem Ausgang des Tales in den Magdalena erhebt sich eine hohe Gebirgskette, so daß erfrischende Winde fast ganz abgeschnitten sind. Der kälteste Punkt in der Nacht zeigt immer noch 23° C, in Bogotá dagegen 8—10°. Die große Hitze läßt die Nähe des schönen Flusses doppelt angenehm erscheinen. Schon mit Tagesgrauen beginnt die Wallfahrt nach dem Bad, und erst die finstere Nacht macht dem Getriebe am Strande ein Ende. Hunderte von Menschen jeden Alters und Geschlechts plätschern zu allen Tageszeiten in der kühlen Flut. Aber außer diesem schönen Bade besitzt Tocaima noch einige milchig getrübte, sogenannte Schwefelquellen, die natürlich keinen Schwefel enthalten, aber ihm die Ehre und Annehmlichkeit verschafft haben, zum Aufenthaltsort aller Aussätzigen gewählt zu werden.

Am 29. August das Tal von Tocaima verlassend, folgten wir anfangs einem kleinen Seitenbache, überstiegen dann eine steile, hübsch bewaldete Kordillere (835 m), um nach dem direkt in den Magdalena sich ergießenden Rio Seco zu gelangen. Die Nacht blieben wir in dem nur aus 6—8 Häusern bestehenden Orte Casas viejas (324 m) und gelangten am 30. August, dem Rio Seco folgend und oftmals den Fluß überschreitend, in ca. 2 Stunden hinab an den Magdalena nahe dem kleinen Orte Guataquí. Von hier am Strome entlang bis hinab nach Ambalema dehnen sich weite, aus Geröllen vulkanischer Gesteine gebildete Ebenen aus*. Mit ganz

---

* Reiss, Tgb. 30. 8. 1868. — Schon nahe Guataquí treten in der Magdalena-Ebene mächtige Trachytgerölle auf, die alle abgerollt sind, dann helle Trachyttuffe, bedeckt

niederem Gebüsch bedeckt, oder als Grasweiden für Vieh benutzt, böten sie das günstigste Terrain für den Tabakbau. Aber gerade in dem zwischen Guataquí und Ambalema gelegenen Teil erschwert der fast vollständige Wassermangel auch diese Kultur. Stundenlang reitet man in der glühendsten Sonnenhitze, ohne ein Haus zu sehen, ohne einen Tropfen Wasser zu finden. Kein Baum schützt vor der fast senkrecht stehenden Sonne, kein Lüftchen regt sich. Um wenigstens der ärgsten Hitze auszuweichen, brachten wir einige Stunden in einem Canei, d. h. einem von Tabakbauern bewohnten Hause, zu.

Eine solche Hütte, oft 20—30 Schritte lang, besteht einfach aus einigen in den Boden gerammten Pfählen, die ein leichtes, mit Palmblättern gedecktes Dach tragen; nur wenige besitzen zwischen den Hauptpfählen ein Gitterwerk von gespaltenem Bambusrohr, die meisten haben nur eine Art niederer Brustwehr aufzuweisen, um das Eindringen der Tiere zu verhindern. Ein ganz kleiner Teil des Hauses ist von dem großen Raum durch eine Bambuswand abgetrennt, um als Schlafgemach der Frauen zu dienen. Rings um den großen Raum läuft eine niedere Bank aus Bambus, in der einen Ecke liegen einige große Steine, auf denen ein großer und ein kleiner Tontopf als einzige Kochgeräte stehen. Zwischen den Steinen wird Feuer angemacht. Noch ein wichtiges Möbel fehlt nie: ein riesiger Tontopf ohne Fuß, der in der Regel in einer Holzgabel ruht. Es ist das Wassergefäß, in dem das vom Magdalena geholte Naß seinen Schmutz absetzen soll. Unter dem Dache ist an Schnüren der Tabak zum Trocknen aufgehängt, und einige ungegerbte Ochsenhäute liegen als Betten auf dem Boden.

Neu gestärkt setzten wir unsern Ritt nach Ambalema fort. Abends 6 Uhr langten wir an unserm Bestimmungsort an, hatten aber noch den Fluß zu passieren, ehe wir an der wohlbesetzten Tafel in dem großen Etablissement von Frühling und Göschen in deutscher Gesellschaft und bei deutschem Bier uns von den Strapazen des Tages erholen konnten[4].

Am 2. September früh waren wir bereits wieder unterwegs, um eine passende Fläche für meine trigonometrischen Messungen zu finden, da ich von hier aus die Höhe der Schneeberge der Zentralkordillere bestimmen wollte. Etwa 3 Stunden von Ambalema fanden wir auch einen geeigneten Platz. Mein Diener blieb mit den Signalstangen am einen Ende der ca. 3000 m langen Basis zurück, während wir uns an das andere Ende begaben. Reißende Flüsse und steile Berge* sperrten uns den direk-

---

von Quarz- und Schiefergeröll, zwischen dem nicht selten Granit sich findet. Aus diesen horizontalen Lagen ragen die steil gegen Osten einfallenden Konglomeratschichten als schroffe, aber kleine Inselberge heraus, ähnlich wie bei Honda.

* Reiss, Tgb. 3. 9. 1868: — Die Berge bei Tasajeras sind die Reste der vom Rio Lagunilla und anderen Flüssen zernagten, hohen Plateaus, die merkwürdigerweise an ihrem Westende nicht mit der Kordillere zusammenhängen, sondern von dieser durch

ten Weg. Fünf Stunden mußten wir reiten und 4—5 Bäche und einen breiten Fluß durchqueren. Und doch war alle Arbeit umsonst, obgleich ich 3½ Tage in einem elenden Haus voll Ungeziefer liegen blieb (Tasajeras).
Ohne Resultat kehrte ich am 6. September nach Ambalema zurück, da sich eine Schiffsgelegenheit zur Fahrt nach Honda finden sollte. Aber auch hierin ging es mir schlecht, und ich war gezwungen, in einem ausgehöhlten Baumstamm die 7 Stunden lange Reise zu unternehmen*. Von Bequemlichkeit ist in diesen Kanus gar keine Rede, da man gerade nur so viel Platz hat, um sich halb liegend, halb sitzend darin niederzukauern. In der einmal eingenommenen Stellung muß man mehr oder weniger die ganze Zeit verharren, da wegen der großen Schmalheit des Bootes ein Umschlagen durch irgendwelche unvorsichtige Bewegung sehr leicht herbeigeführt wird. Die Sonne brannte dabei mit fürchterlicher Gewalt, die Hitze war unerträglich. Am 10. September ritt ich über die weite Magdalena-Ebene wieder zurück, kam des Abends spät nach Rastrojos und langte am nächsten Tage gegen Mittag in Ambalema wieder an. Während dieser Reise war mehrmals die ganze Zentralkordillere klar und hell sichtbar, so daß ich beschloß, einen neuen Versuch einer Höhenmessung zu unternehmen. Abermals ließ ich mein Instrument durch all die Flüsse transportieren, abermals setzte ich mich den Bissen der Moskitos, Garrapatas (Läuse), Ameisen, Flöhe usw. aus, und abermals kehrte ich voll Wunden und Beulen unverrichteter Sache zurück. Neun Tage hatte ich bei diesen Versuchen verloren, ohne auch nur das kleinste Resultat zu erzielen.

VII.

Manizáles, den 11. Oktober 1868.

Am 19. September brachen wir von Ambalema auf, um das nur ca. 6 Stunden entfernte Städtchen Lérida (343 m) zu erreichen. Dort mußte ich vier Ochsen mieten, so daß wir erst am 21. September unsere

---

eine niedere Ebene getrennt sind. Allmählich sich senkend, verlaufen diese der Mesa de los Palacios bei Honda ähnlichen Hügel gegen den Magdalena. Nach Norden zu werden sie höher, bei La Ceiba ihre größte Höhe erreichend.

* Reiss, Tgb. 8. 9. 1868: — Fahrt nach Honda: Die Ufer sind anfangs auf der linken Seite niedrig, dann rücken die hohen Plateaus heran und bilden Felsen, auf die dann wieder flache Strecken folgen. Hier und da treten auch inselartige Bergstücke der steil gegen Osten einfallenden Sandsteine auf. Auf dem rechten Ufer halten sich die hohen Berge meist in geringer Entfernung, ihrem Fuß ist eine Ebene vorgelagert wie bei Guataquí. Ca. 2—3 Stunden oberhalb Honda tritt der Fluß ganz in das Sandsteingebirge ein, das auf dem rechten Ufer sehr steil abgeschnitten erscheint, während auf dem linken der Fall der Schichten die Abhänge bedingt. Daß der Fluß hier in die Sandsteine einschneidet, kommt daher, daß die vulkanischen Gerölle hier ebenso hoch, zum Teil noch höher auflagern als diese.

Reise fortsetzen konnten. Die weit ausgedehnte Magdalena-Ebene verlassend, stiegen wir auf schlechten Wegen die ersten aus Granit, Hornblendeschiefer, Gneis und Tonschiefer bestehenden Abhänge der Zentralkordillere hinan. Prachtvolle Blicke bieten sich von einzelnen höheren Punkten aus auf das weite Magdalenatal mit dem netten Lérida im Vordergrunde. Oft auf und ab steigend gelangten wir gegen 6 Uhr abends nach La Honda (1088 m), einem einsamen Dorfe in einem tiefen, dicht mit Wald und Bambusgestrüpp bestandenen Tale.

Am nächsten Morgen marschierten wir nur ca. 2 Stunden bis Líbano*, denn unsere Führer mußten sich Provisionen herrichten für den Aufenthalt in den unbewohnten Berghöhen. Dieser Ort, der letzte hier am Abhang (1591 m), bietet ein eigentümliches Bild. Noch vor kaum zwei Jahren stand hier der dichteste Wald. Heute ist schon eine große Fläche abgeholzt. Etwa 20 Blockhäuser stehen unregelmäßig zerstreut an den weiten, rechtwinklig sich kreuzenden Straßen; eine große Plaza in der Mitte des Dorfes bietet wie die Straße und die Felder ein Bild wilder Verwirrung: überall ragen riesige Baumstümpfe aus dem Boden empor, gefällte Stämme sperren den Weg: kurz, hier wiederholen sich alle jene uns von der nordamerikanischen Besiedelung so bekannten Verhältnisse.

Am 23. September ging es weiter, bis nahe an die obere Vegetationsgrenze immer durch dichten Wald. An einen Weg war gar nicht zu denken: man wand sich zwischen den Baumstämmen durch und hieb mit dem Messer lästiges Gesträuch ab; in einer Reihe gingen die Tiere hintereinander. Der Boden, mit mächtigen Humus- und Erdschichten bedeckt, ist in dieser Waldregion, namentlich zur Regenzeit, auf mehrere Fuß Tiefe durchweicht. Entsetzliche Kotlöcher, enge, nur ca. 3—4 Fuß breite, mit Kot erfüllte Hohlwege, dann wieder querüberliegende Baumwurzeln oder gestürzte Bäume machen diesen Gebirgsübergang zum schlechtesten in ganz Colombia. Mit den Ochsen kommt man nur langsam fort. Wir mußten die Nacht in Pajonales, einer jetzt verlassenen Weide mitten im Walde, bleiben (2469 m). Glücklicherweise fanden wir einen kleinen Strohschuppen vor, der uns und den Sätteln Schutz vor dem grimmigen Regen gewährte. Auch den 24. September zogen wir noch langsam durch Wald, auf unwegsamen Wegen. Unser ganzes Sattelzeug ging dabei in Stücke. Wir übernachteten in Sabanalarga, einem verlassenen Hause (3186 m).

Am 25. September endlich verließen wir den Wald und gelangten in

---

* Reiss, Tgb. 22. 9. 1868. — Líbano liegt auf einer nahezu kreisförmigen, ziemlich ebenen Fläche von ca. ½—¾ Stunde Durchmesser, wohl dem Boden eines einstigen Sees, ringsum von 400—500 Fuß, an einigen Stellen 1000 Fuß hohen Hügeln umgeben. Alles ist so bewaldet, daß es unmöglich ist, die Gesteine zu bestimmen. — Eine Anzahl Indianergräber, jedes Grab aus vier großen Schieferplatten bestehend und 8—12 Fuß lang, sind über die Ebene verstreut.

die Region der Gebirgskräuter und Gesträuche. Auch an diesem Tage wurde nur wenig Weg zurückgelegt. Wir verbrachten die Nacht unter einem vorspringenden Fels, der sogenannten Cueva de las Peñitas (4086 m). In ihr sank das Thermometer auf 2⁰ C.

Der 26. September war der für die Tiere mühsamste Tag. Über dichte Grasnarben aufsteigend, gelangt man plötzlich an die fast senkrechte und wohl ¾ Stunde im Durchmesser haltende Wand eines Kesseltales*. Ca. 1000 Fuß geht es hinab, dann quer durch den Kessel und auf der andern Seite abermals 1000 Fuß in die Höhe. Wir sind hier dicht an der Grenze des ewigen Schnees. Die ungeheuren Schneemassen der Mesa nevada de Hervéo sind nahe über uns[2]. Die Bäche führen alle Gletscherwasser; aber es ist sauer und mit Alaun und Eisenvitriol gesättigt. Der höchste Paß des Gebirges war nun bald überschritten. Wir übernachteten in einem engen Tal abermals unter dem Vorsprung eines ungeheueren Lavastromes, in der sogenannten Cueva de Nieto (4038 m).

Da den Führern der Proviant ausgegangen war, wurde am 27. September nach Manizáles, dem nächsten Ort, gesandt, um Fleisch, Maisbrot und Schokolade zu holen. Zwei Tage war ich auf diese Weise zur Untätigkeit verdammt, denn die noch bei mir gebliebenen Führer litten an rheumatischen Schmerzen. Überhaupt bekamen wir alle in dieser Höhe bei der geringsten körperlichen Anstrengung Schlingkrämpfe und heftiges Kopfweh.

Am 29. September endlich konnte ich meine Untersuchungen beginnen. Die ganze ungeheure Schneemasse wurde im Norden, Westen und Süden umgangen. Prachtvolle Gletscher bieten sich überall zur Untersuchung dar. Die mächtigen Lavaströme, die weiten Sandflächen (Arenales) erschweren aber den Marsch[3]. Gegen 3 Uhr nachmittags

---

* Reiss, Tgb. 26. 9. 1868. — Über Gras und an Frailejóns vorbei gelangen wir an den steilen Abfall des Derrumbo. Er ist ein Kesseltal, in das fünf bis sechs Bäche, zum Teil in Wasserfällen, aus dem Schnee, der sich bis in den Grund des Tales herabzieht, herabbrausen. Von dort stürzen sie steil nach einem ca. 100—150 Fuß tieferen Plateau, nach dem sich gleichfalls eine Fülle von Bächen ergießt, hinab und strömen dann in enger Schlucht zum Rio Lagunilla. Die hohen, steilen Felsen der Umrandung sind aus Trachyt gebildet[1], auf der Südseite stehen sie als Masse an, im Norden sind sie in eine Reihe von Strömen aufgelöst, die, zwischen 50 und 300 Fuß dick, steil herabfallen. Zwischen sie sind Block- und Sandschichten eingeschaltet. Der Boden des Tales und die Abhänge bestehen aus Schutt, aus dem in wilden Formen die Trachytmassen aufragen. In der Mitte steht eine feste Lavamasse an, die, wie es scheint, aus fünf Strömen zusammengesetzt ist. Die Südseite ist in kleine Hügel aufgelöst, zwischen denen sich kleine Tümpel mit saurem, grünem, aber klarem Wasser angesammelt haben. Der 2—3000 m breite Kessel kann unbedingt als der Beginn einer Valle del Bove-Bildung aufgefaßt werden. Seine Entstehung erklärt sich einfach durch die Wirkung der sauren Dämpfe, die das Gestein zersetzen. Durch die reißenden Gewässer des schmelzenden Schnees wird es dann losgerissen, dämmt die Bäche an und bildet Seen, die sich schließlich durch Dammbruch entleeren und furchtbare Schlammassen usw. hinabführen.

gelangten wir zur Olleta, dem einzigen erkennbaren Ausbruchskegel an der Seite des Berges (4900 m); aber auch dieser ist erloschen*. 4900 m, also 90 m höher als der Montblanc, hatten wir heute erreicht.

Den Morgen des 30. September brachte ich, müde und mit dem Ordnen der gesammelten Gesteine beschäftigt, in der Höhle zu; des Nachmittags besuchte ich nochmals das Kesseltal, um saures Wasser aufzusammeln.

Obwohl am 1. Oktober das Wetter günstiger schien, konnte ich von meinen fünf Begleitern nur zwei bewegen, wenigstens einen Versuch zur Besteigung der Schneemassen zu machen. Bereits um 8 Uhr betraten wir die Schneefelder. Überall mußten Stufen eingeschlagen werden, und bald ließen mich, nach einigen mißlungenen Versuchen, rasch in die Höhe zu gelangen, auch die beiden Führer im Stiche. Ich war nun ganz allein, hatte aber den richtigen Weg. Nach mancherlei Arbeit und Mühe gelangte ich bis gegen 400 Fuß unterhalb des Gipfels. Hier aber überfiel mich ein solches Schnee-, Hagel- und Regenwetter, daß an weiteres Vordringen nicht mehr zu denken war. Oft bis über die Hüften durch den Schnee brechend, gelangte ich endlich, nachdem ich über vier Stunden allein auf dem Schnee marschiert war, wieder zu meinen vor Nässe und Frost zitternden Begleitern.

Am 2. Oktober brachen wir wegen vollständigen Mangels an allen Lebensmitteln von der Höhle auf. Im strömenden Regen ging es hinab nach dem Tale des Cauca. Dieser Weg ist noch viel schlechter als der auf der Magdalena-Seite und oft wirklich wegen der Abgründe gefährlich. Die Vegetation aber ist wundervoll. 4 Uhr nachmittags erreichten wir Frailes, das erste Haus am Abhang (2525 m) und von da am 3. Oktober in drei Stunden den erst vor 20 Jahren gegründeten Ort Manizáles (2135 m)[4].

VIII.

Popayan, 9. November 1868.

Am 16. Oktober endlich konnte ich von Manizáles aufbrechen. 2½ Tage brauchte ich, um am Abhang der Kordilleren entlang nach Cartago[1] im Caucatal (912 m) zu gelangen. Am 18. Oktober, dem Tag meiner Ankunft dort, erschreckte ein ziemlich heftiges Erdbeben die Bewohner um so heftiger, als es gerade zur Zeit stattfand, zu welcher die ganze Bevölkerung in der Kirche versammelt war. Die Messe mußte auf den freien

---

* Reiss, Tgb. 29. 9. 1868. — Die Olleta liegt gerade am Südwestende des Páramo, der von ihr aus in einem steilen Schneefeld abfällt, und gewährt eine prachtvolle Aussicht auf die kleinen, nach dem Tolima zu gelegenen Schneeberge. Die Abhänge des Berges sind mit Sand und Schutt bedeckt, aus dem an vielen Stellen große Blöcke herausragen. Auf dem Gipfel findet sich eine kleine, vielleicht 100—120 Fuß tiefe, mit Schnee und Eis erfüllte Kratereinsenkung. Dämpfe sieht man nirgends aufsteigen.

Plätzen beendigt werden, da das Volk in wilder Hast aus den Kirchen sich drängte*[2].

Am 21. Oktober verließ ich Cartago, um in Naranjo (935 m) nach Mammutknochen zu forschen; leider war es vergebens. Am 22. Oktober langte ich dann in Paila (941 m) an, da unser Marsch durch die infolge der heftigen Regen stark angeschwollenen Flüsse sehr verzögert wurde, am 23. in Tuluá (993 m), am 24. in Buga (960 m). Der ganze Weg führt in einem ebenen, oft 6—8 Stunden breiten Tale hin, auf dessen Ost- und Westseite hohe schöne Gebirge sich erheben, teilweise bis zum ewigen Schnee aufragend. Leider habe ich wenig davon gesehen, da fortwährend dicke Wolken die Kordilleren bedeckten[3]. In Buga blieb ich den Sonntag und marschierte am 26. Oktober nach Palmira (1011 m), dem Hauptsitz der Tabakkultur im Caucatal, am 27. weiter nach Cali (1014 m), einem Haupthandelsplatz, von dem aus der Weg nach dem Südseehafen Buenaventura führt, am 31. Oktober nach Paso de la Bolsa am Cauca (981 m) und am 1. November nach Quilichao (1073 m). Hier blieb ich abermals einige Tage, um die vielen und sehr reichen Goldwäschen und Bergwerke zu untersuchen**[4]. Überall im Caucatal ward ich auf das freundlichste und gastfreieste aufgenommen; in allen Ortschaften erhielt ich Häuser zur Verfügung gestellt. Die geachtetsten Personen der Städte drängten sich um mich; oft hatte ich 20—30 Personen um mich versammelt, die meinen Beobachtungen zuschauten.

Am 8. November langte ich endlich in Popayan an. Das fortwährende Reiten in heißem Klima hatte mich stark ermüdet.

IX.

Popayan, 28. Februar 1869.

Nur wenige Tage hielt ich mich in Popayan auf, kaum genügend, um die Vorbereitungen für neue Unternehmungen zu treffen. Popayan

---

* Reiss, Tgb. 18.—20. 10. 1868. — Cartago liegt in dem hier vielleicht 4—5 Stunden breiten Caucatal am Rio de la Vieja. Der Fluß fließt, hier etwa 50 m breit und 4 Fuß tief, braun und in vielen Windungen dahin und bildet eine Insel, die bei Hochwasser überschwemmt sein soll, was ein Steigen des Wassers um 15 Fuß bedingen würde. Die Stadt ist rings von niederen Hügeln umgeben, die aus feinen Sandschichten gebildet und mit Gras, hier und da mit Gesträuch und Bäumen bewachsen sind. Sie hat lange, schöne Straßen und mehrere große Plätze, die sich alle im rechten Winkel schneiden und mit Gras bestanden sind. Unter der Bevölkerung gibt es sehr viel Mischlinge und Schwarze.

** Reiss, Tgb. 2. 10. 1868. — Die Goldwäschen finden sich in einer Alluvialablagerung, die, öde Hügel bildend, weit in die Ebene vorspringt. Grellrote Tone, vielfach durch Erdstürze und Wasserrisse aufgeschlossen, bilden diese Formation, die sich längs der Kordillere in nahezu horizontalen Schichten 3—4 Stunden hinzieht, oft in einer Mächtigkeit von 150 und mehr Fuß aufgeschlossen, ohne daß die unterlagernden Felsen sichtbar wären. Bis zu einer Höhe von wohl über 1000 Fuß reichen diese Schichten an den Bergen hinauf. Das Gold wird in den Wasserrissen gewaschen.

(1741 m), im oberen Teile des Caucatales gelegen, wie etwa Basel am Ende der Rheinebene, wird gegen Osten zu beherrscht von dem bis zum ewigen Schnee aufsteigenden, vulkanischen Berge Puracé (4700 m), dessen schön geformter, kegelförmiger Gipfel durch heftige Ausbrüche in den Jahren 1849—52 zerstört wurde. Statt eines kolossalen Schneeberges trifft man jetzt einen breiten, abgestumpften Rücken, dessen höchster Gipfel kaum 200 Fuß Schnee aufzuweisen hat[1]. Humboldt im Jahre 1801[2] und später Boussingault[3] in den 30er Jahren haben den Berg besucht, leider aber keine genügende Beschreibung und noch viel weniger eine Abbildung uns überliefert, so daß es jetzt kaum mehr möglich ist, sich einen richtigen Begriff von den eingetretenen Veränderungen zu machen*.

Zunächst begab ich mich nach dem kleinen Indianerdorf Puracé (2648 m), eine Tagereise von Popayan entfernt, um von dort aus die Expedition nach dem Gipfel zu organisieren. Puracé liegt bereits an den Abhängen des mächtigen Berges in einem engen, von vielen tausend Fuß hohen Felswänden umschlossenen Tal, in dessen Grund die Bäche abermals über tausend Fuß tiefe Betten wie mit dem Messer eingeschnitten haben. In prachtvollen Fällen stürzen die Wasser in den Schluchten über die dunklen Lavamassen hinab. Auf einem kleinen Plateau dehnen sich der Ort und die auffallend gut gehaltenen Felder der Indianer aus[4]. Die Schönheit der wilden Szenerie läßt sich nicht mit Worten schildern. Wenige Schritte in einer von der großen Plaza abführenden Straße genügen, um unversehens zu einem etwa 1500 Fuß tiefen Abgrund zu gelangen, in dem man den Hauptfluß des Tales, den etwas weiter unten mit dem Cauca sich vereinigenden Rio San Francisco, brausen sieht. Das Wasser dieses Flusses wie aller Nebenbäche ist sauer und ätzend, und selbst der Wasserstaub des schönen, ca. 400 Fuß hohen Falles des heiligen

---

* Aparicio Rebelledo an W. Reiss: Popayan, 4. 10. 1869. — Heute 2½ Uhr früh erfolgte eine großartige Eruption des Vulkans Puracé. Der Vulkan entsandte Feuerbomben und Blitze nach allen Richtungen hin, bald aber sah man nur noch eine prächtige, sehr dichte Rauchsäule, und der Himmel verfinsterte sich. Eine Viertelstunde nach ihrer Bildung begann ein reichlicher Aschenregen, der bis zum nächsten Morgen früh 8 Uhr anhielt. Gegen 4 Uhr morgens hörte man ein starkes Geräusch vom Cauca her. Ich stieg zu Pferde und gelangte bei Tagesanbruch an die Brücke. Der Fluß führte sehr dicken Schlamm, imprägniert mit Schwefel. Die Flut erreichte mehr als 4 m Höhe über den gewöhnlichen Wasserstand und führte sehr große Steine mit. An verschiedenen Punkten sah sie Blöcke von über 100 Arrobas (10000 kg) Gewicht und von 3—4 m Durchmesser zurückgelassen. Während des Aschenregens am Morgen konnte man kaum atmen wegen des Schwefels, mit dem die Atmosphäre und die Asche durchsetzt waren. Den ganzen Tag veränderte sich die Rauchsäule nicht. Vor der Eruption fand ein kleines Erdbeben statt, das aber so schwach war, daß nur wenig Menschen es bemerkt haben.

Dazu Reiss: In der Nacht vom 3. zum 4. Oktober hörte ich am Azufral de Túquerres, etwa 40 Stunden entfernt vom Puracé, zwei Explosionen. Am 5. früh konnte ich von demselben Punkte aus den Puracé sehen, aber keine Rauchsäule erkennen.

Antonio besitzt diese Eigenschaft in so hohem Maß, daß ein nur kurzer Aufenthalt an seinem Fuß genügt, um stundenlanges Brennen in den Augen zu erzeugen. Der Rio Vinagre (Essigfluß) und der Rio Vinagrito werden nämlich teilweise gespeist durch Quellen des Berges Puracé, welche durch saure vulkanische Dämpfe mit Schwefelsäure und Salzsäure geschwängert sind. Boussingault hat nach eingehenden Analysen und Schätzungen gefunden, daß die Menge freier Säure, welche diese Bäche führen, im Laufe des Jahres bei weitem die Menge der Säuren übersteigt, welche ganz Europa in derselben Zeit produziert[5].

Vom Orte Puracé führt ein für Pferde gangbarer Weg bis nahe an den Gipfel des Berges, da ein nicht unbeträchtlicher Handel mit dem hier nie fehlenden Schnee nach Popayan betrieben wird, wo ein mit Fruchtsäften und Zucker gemischter Schnee von der ganzen Bevölkerung mit Leidenschaft und tagtäglich genossen wird. In ca. sechs Stunden gelangt man, anfangs durch Wald, dann über ausgedehnte Grasflächen reitend, nach dem kahlen, mit grauer Asche bedeckten Kegel. Aller Pflanzenwuchs verschwindet hier unter der in den Jahren 1849—52 ausgeworfenen Asche, die mehrere Fuß hoch den Boden bedeckt. Die Abhänge sind äußerst steil, meist über 30° geneigt und von unzähligen kleinen Wasserrissen durchfurcht, zwischen denen schmale, schroffe Leisten wie Rippen am Berg hinauflaufen. Dieser oberste Teil des Puracé läßt sich mit keinem der vulkanischen Gebirge vergleichen, welche zu sehen ich bis jetzt Gelegenheit hatte, und um so eigentümlicher erscheint dieser steile Aschenkegel, als er einem alten, aus flach geneigten Lavaströmen[6] gebildeten Gebirge aufgesetzt ist, in desssen weite Taleinschnitte sein Fuß hinabreicht[7]. Die Asche ist so fein, daß bei Regenwetter eine weiche, leicht bewegliche Kotmasse sich bildet, auf der der Fuß wie auf weicher Seife ausgleitet. In 4400 m Höhe ließ ich am Fuß eines alten Lavafelsens unser Zelt aufschlagen, ca. zwei Stunden oberhalb des nächsten Holzes und ca. 300 Fuß unterhalb des hier weit herabreichenden Schnees, von dem wir unser Wasser zu beziehen hofften.

Wie eine ungeheure, von unzähligen Strebepfeilern gestützte Wand erhob sich vor uns der letzte Teil des Berges. Vergebens bemühte ich mich, von hier aus die Lage des Kraters zu erspähen. Aber nach halbstündigem Steigen, auf dem ca. 200 m über dem Zelt emporragenden Kamm anlangend, befanden wir uns an seinem Rande. Weit und tief, nahm er den ganzen oberen Teil des Berges ein. Über 30° war der schlüpfrige Abhang geneigt, an dem wir aufgestiegen waren, und mit über 60° Neigung stürzten die Kraterwände in die Tiefe. Der Kraterrand ist so schmal, daß nur ganz schwindelfreie Personen ohne Gefahr auf ihm entlang gehen können. 550 m beträgt der Durchmesser von Osten nach Westen am oberen Rande bei 230 m Tiefe. Den Grund füllt ein kleiner, grüner See. Fortwährend lösten sich Gesteinsblöcke von den steilen Wänden und stürzten mit Krachen und Poltern hinab. Nahe dem See entweicht am Nordabhang zischend ein kleiner Dampfstrahl. Zwei ähnliche Fumarolen werden am äußern Abhang, ungefähr in derselben Höhe, angetroffen*[8]. Der von uns erstiegene Rand war schneefrei, aber im Süden erhob sich über dem Kraterrande eine flache gewölbte Schneekuppe, der höchste Gipfel des Puracé, Ochacayó genannt. Da es meine Absicht war, den Berg trigonometrisch zu vermessen, so steckte ich nahe dem Zelte eine kurze Standlinie ab. Das Wetter war indes so ungünstig, daß wir während elf Tagen fast ununterbrochen in dichte Wolken gehüllt blieben und ich schließlich das Feld räumen mußte, ohne meine Absicht vollständig erreicht zu haben, denn das ausgezeichnete, mir vom Präsidenten des Staates geliehene Zelt konnte dem fortdauernden Regen nicht widerstehen, zumal fast fortwährend ein orkanartiger Wind die Zeltwände rüttelte. Er war so stark, daß die gegen 2 Fuß langen, eisernen Pflöcke, mit denen das Zelt am Boden befestigt war, aus dem Boden herausgerissen wurden. Holz konnte nur in sehr geringer Menge aus der großen Entfernung geholt werden und wollte bei dem Wind und der Nässe nicht brennen. Des Nachts bildete sich ein dicker Eisüberzug auf den Zeltwänden. Es war eine trostlose Existenz, noch erschwert durch die Mutlosigkeit der Führer, die durchaus nicht in dieser Höhe aushalten wollten. Alle zwei Tage wurden von Puracé aus neue Indianer gesandt, aber mehr denn einmal brannte die ganze Gesellschaft durch, uns unserem Schicksal überlassend**.

Ehe ich den Berg verließ, wollte ich noch einen Versuch wagen, den höchsten Gipfel zu erreichen. So erstieg ich denn am letzten Tage nochmals den Kraterrand; nach Osten zu den Krater umgehend, gelangte ich bald in den Schnee. Der viele Regen und die innere Wärme des Berges

---

* Reiss, Tgb. 18. 11. 1868. — Die Bocca am Nordwestabhang des Berges stößt ständig, manchmal stärker, manchmal schwächer, wie eine Dampfmaschine, so daß wir sie fortwährend im Zelte hören, mit großer Gewalt einen Dampfstrahl aus, der aus einer Art kleinen Kegels am schlammigen Berghang in einer Stärke von 2 Zoll Durchmesser emporgeschleudert wird. Er hat eine Temperatur von $86,5^0$ R, die dem Siedepunkt des Wassers in dieser Höhe entspricht. Das Terrain ringsum ist fest zusammengebacken und mit einer dicken Schwefelkruste überzogen. — 19. 11. 1868. Die zweite Fumarole liegt mehr nach Südwesten am Abhang und vielleicht etwas tiefer als die erste in einer kleinen Schlucht, die zum Rio Vinagre hinabführt und mehrere Lavaströme aufweist. Geringe Mengen schwefliger Dämpfe steigen dort auf.

** Stübel an Reiss: Popayan, 6. 5. 1869. — Zweimal bin ich vom Dorfe nach dem Vulkan hinaufgestiegen und habe 5 Tage und 4 Nächte, teils in der Höhe von 4395, teils in der Höhe von 3800 m bei unaufhörlichem Unwetter verbracht. Keine Stunde war ohne Regen und Sturm. Mit Zurücklassung sämtlicher Lasten mußten wir schließlich eine förmliche Flucht von unserem Zeltstandort ergreifen. Die Peones waren zu jedem Dienst unfähig, und die Indianer kamen nicht nach oben. Nachmittags 4 Uhr hatten wir $+ 0,8^0$ Temperatur. Es wäre vergeblich gewesen, längere Zeit auf dem Páramo auszuhalten, da sich das Wetter bis jetzt um kein Haar gebessert hat.

hatten ihn in jenen unangenehmen Zustand der Weichheit und Nässe versetzt wie bei Tauwetter in Europa. Vier Stunden lang watete ich darin, bis an die Hüften versinkend, und mußte schließlich ca. 20—25 m vom Gipfel umkehren, denn ich war so von Kälte durchdrungen, daß ich kaum noch gehen konnte. Bei diesem Besuch konnte ich zum erstenmal erkennen, daß auf der Ostseite des Kegels, von hohen Schneeabstürzen begrenzt, ein zweiter Krater sich ausdehnt, aber weitere Beobachtungen verhinderten auch diesmal wieder die dichten Wolken. Beim Aufsteigen nach dem Kegel genoß ich ein eigentümliches Schauspiel. Gegen Osten waren die Berge wolkenfrei, im Westen erhoben sich wie eine Mauer dichte Nebelmassen aus dem tiefen, warmen Lande. Mein Schatten projizierte sich in riesiger Gestalt auf dieser Nebelwand, der Kopf umgeben von einem in den Regenbogenfarben schillernden Heiligenschein[9].

In wenigen Stunden gelangt man vom Dorfe Puracé nach dem in einem anderen, gleichfalls vom Puracé-Gebirge herabkommenden Tale gelegenen Ort Coconuco (2314 m). Während aber Puracé auf einem Plateau hoch über dem Flußbett liegt, ist Coconuco im Grunde des hier etwas erweiterten Tales auf einer schönen Alluvialfläche erbaut. In einem altspanischen Landhause, inmitten eines mit dunklen Zypressen bepflanzten Gartens, schlug ich mein Quartier auf. Im Ort war Kirchweih: Bürgermeister und alle Bewohner bis zum ärmsten Tagelöhner herab waren wochenlang in der empörendsten Trunkenheit. Nur mit Mühe konnte ich die nötigen Peones erlangen, um mein Gepäck nach dem eine Tagereise entfernten und hochgelegenen Paletará bringen zu lassen, von wo aus ich meine Messungen des Puracé zu vollenden gedachte.

Der Weg, zu schlecht für Lasttiere, führt im Tal entlang, das auf beiden Seiten von 3—4000 Fuß hohen, aus mächtigen Lavaströmen gebildeten Felswänden begrenzt wird, über die an vielen Stellen die Bäche, in Schaum aufgelöst, herabstürzen. Hoch am Abhange entspringt eine heiße Quelle, in der ähnlich wie in Karlsbad das Wasser in einem hohen Sprudel aufwallt, noch höher eine lauwarme Quelle in einem prächtigen, wie zum Baden gemachten Bassin und im Grund des Tales eine schwache Salzquelle. Bald verläßt der Weg das Tal und führt an dem Gehänge in die Höhe durch dichten Wald nach den weiten Grasflächen von Paletará in etwa 3000 m Höhe (2989 m). Wir sind hier ganz nahe dem höchsten Rande der Kordillere und dem Ursprung des Rio Cauca, der als schmaler Bach an dem Hause der Hacienda vorbeifließt.

Die Hochfläche Paletarás liegt auf der Südseite des Puracé, und von hier sah ich zum erstenmal und zu meinem großen Erstaunen, daß dieser Berg, dem ich so viele Tage gewidmet, nur der westlichste Gipfel einer langgestreckten vulkanischen Gebirgskette ist, an deren Ostende ein viel schönerer und regelmäßigerer Kegel, der Pan de Azucar, steht.

Diese bisher fast völlig unbekannte Kette habe ich nun vermessen*[10]. Nach fünf Tagen traf ich wieder in Coconuco ein und kehrte von dort direkt über den Alto del Pesar (2660 m), von dem man die schönste Aussicht auf den Berg Puracé und die umliegenden Täler hat, nach Popayan[12] zurück. Vier Wochen hatte ich zu diesem auf einige Tage berechneten Ausfluge gebraucht!

Selten, nur bei ganz klarem Wetter, sieht man den Puracé von der Stadt aus, seltener aber noch den weiter entfernten Vulkan Sotará, einen Berg, der wegen seiner schroffen, abgestumpften Kegelform sehr auffällt. Er galt für unersteiglich. Ich wollte den Versuch wagen. Zunächst aber lähmte ein heftiger Fieberanfall sechs Wochen lang meine Tätigkeit.

Die Zeit meines Krankseins war die Zeit der Feste für Popayan: Weihnacht und Drei Könige. Das Hauptfest von beiden und das eigentümlichste für Popayan ist das der Drei Könige. Am Vorabend sprengen Scharen phantastisch geschmückter Jungen auf aufgeputzten Pferden von drei verschiedenen Seiten in die Stadt; ihnen folgen Lasttiere mit Säcken, deren Aufschrift: Gold, Weihrauch und Myrrhen, die Geschenke und das Gepäck der drei Könige verkünden. Am Morgen des Festtags, ja schon in der Nacht ziehen die Indianer der Umgegend ein, mit kleinen Pfeifen einen Höllenlärm vollführend. Dann kommen die drei Könige, jeder von einem Adjutanten und zahlreichem Gefolge begleitet. Die

---

* Reiss, Tgb. 2. 12. 1868. — Das flache Hochland von Paletará ist rings von Bergen umgeben, die sich aber nur im Nordosten bis zur Schneegrenze erheben. Auf dieser Seite liegen die Gipfel des Puracégebirges. Von NW. nach SO. dehnt es sich auf mehrere Stunden Länge aus, nach SW. in Terrassen, den Pajonales, zum Weide- und Sumpfland Paletarás abstürzend und durch breite Täler gegliedert. Das bedeutendste von ihnen ist das des Rio Blanco, an dessen Mündung in den Cauca die Hacienda de Paletará liegt. Gekrönt wird diese Gebirgsmasse durch eine Reihe bedeutender Gipfel. Ganz im NW. erhebt sich zuerst über den gemeinsamen Abhang ein steiler Vorhügel, dann folgt der breite, mit Schnee bedeckte Puracé, an dessen Abhang sich der zweite, kleinere Krater anlehnt, der auf einigen Zacken Schnee aufweist. Eine Reihe abgerundeter, nicht in die Schneeregion aufragender Stöcke schließen sich an, über die steil wie ein Turm eine Felszacke emporragt. Ein tiefer, nur einige Schneeflecke aufweisender Sattel trennt diese Berge von dem prachtvoll geformten, steilen Pan de Azucar, dem höchsten und letzten Gipfel des Massivs. Von ihm aus senkt sich der Abhang gegen die gesamte Kordillere.

Alle diese Gipfel gehören, wie gesagt, zu ein und derselben Bergmasse, die ich als Puracégebirge bezeichnen will. Codazzi nennt sie Páramo nevado de Coconuco. Sie bildet ein selbständiges Ganzes und scheidet sich scharf von der übrigen Kordillere. Ihr gegenüber, nahe im Osten der Hacienda über die Berge des linken Cauca-Ufers emporragend, erhebt sich der schroffe, breit abgestumpfte Kegel des Sotará, der jetzt nur auf Augenblicke zu sehen ist und dann als dunkle Silhouette erscheint.

Bei allen diesen Bergen ist die Schneegrenze keineswegs, wie bei Humboldt[11], gerade abgeschnitten, sondern der Schnee reicht in Streifen weit am Abhange herab, und nur die höchsten Teile sind mit einem gleichmäßigen Schneemantel bedeckt. Nur der Puracé und der Pan de Azucar weisen solche Schneemassen auf, aber auch bei diesen beiden Bergen lassen sich dunkle Felspunkte bis weit in den Schnee hinauf verfolgen.

Könige tragen Krone und Zepter, sind in schwere, goldgestickte Samtgewänder gekleidet und halb orientalisch aufgeputzt; die Adjutanten haben nahezu französische Uniformen und Heroldstäbe. Auf der Plazuela de San Francisco treffen die drei Könige zusammen. Es entspinnt sich ein Dialog, und es wird der Beschluß gefaßt, die Adjutanten an den König Herodes zu senden, um Nachricht über den neugeborenen König zu erlangen. Herodes sitzt einstweilen auf einem auf der Plaza aufgeschlagenen Theater unter einem Thronhimmel auf seinem Throne, im Schlafrock, gestickten Hauskäppchen, Samtkniehosen und Goldsandalen, das Gesetzbuch und eine riesige Krone vor sich. Jetzt nahen die Adjutanten zu Pferde. Herodes sendet seinen Zeremonienmeister ihnen entgegen, vier Adjutanten (kleine Jungen in Soldatenuniform) besetzen, mit gezogenen, riesigen Säbeln bewaffnet, die vier Ecken des Theaters. Herodes zieht sich zurück, um seinen Königsmantel, ein wirklich kostbares Kleidungsstück, umzuhängen, setzt die Krone auf und empfängt die Abgesandten. Der Reihe nach richten diese mit lauter Stimme ihren Auftrag aus. Herodes entschließt sich, die Könige zu empfangen. Die Gesandten entfernen sich und Herodes benutzt diese Zeit, um wutentbrannt einen Monolog auf das Publikum herabzudonnern, dessen Endresultat der berühmte Beschluß des Kindesmordes ist. Dann erlangen die Könige Audienz und führen Zwiesprache. Zuletzt besteigt die ganze Gesellschaft wieder die Pferde, um mit Musik und Feuerwerk (bei Tage) unter Führung eines als „helleuchtender Stern" verkleideten Kindes nach einer auf einem Hügel hinter der Stadt gelegenen, „Belem" (Bethlehem) genannten Kapelle zu ziehen, wo das neugeborene Jesuskind, „niño Dios", in Gestalt einer Holzpuppe die Geschenke empfängt und mit Geduld die ihm zu Ehren abgebrüllten Hymnen hinnimmt. Damit schließt das eigentliche Fest. Diese Aufführungen werden alle Jahre wiederholt, und zwar sind es in Versen geschriebene Dramen, die in hochtrabendem Tone von den guten Handwerksleuten hergeleiert werden.

Mit Mühe hatte ich mir Zwang auferlegt und war, dem Rate des Arztes folgend, in der Stadt geblieben. Gegen Ende Januar aber konnte ich nicht mehr widerstehen. Am 20. zog ich aus nach dem Sotará. Gegen Süden langsam ansteigend, durchschreitet man eine Reihe von Tälern, deren erstes dem Cauca und somit dem Atlantischen Ozean tributär ist, dann aber gelangt man an die Quellflüsse des Patía, der sein Wasser nach dem Stillen Ozean führt.

Der Weg bietet wenig Interessantes. Paispamba, ein hochgelegener Ort (2550 m), wird passiert, bemerkenswert wegen des schönen Blicks auf den Sotará, der als ein schroffer, 760 m hoher Kegel einem 3700 m hohen, aus altem Ausbruchsgestein (Diabas)[13] gebildeten Gebirge aufgesetzt ist. Aber um zu diesem Berge zu gelangen, müssen wir noch einmal herab in das tiefe und weite Tal des Rio Quilcacé (2091 m). In der

Hacienda de Sotará (2228 m) boten sich mir dieselben Schwierigkeiten wie überall. Ich konnte zunächst keine Peones auftreiben.

Trotz Regen und Sturm unternahm ich am nächsten Tage die **Besteigung***. Etwa eine Stunde ging es bergab, dann gelangten wir an den wirklichen Fuß des Kegels. Dort aber begann eine Heidenarbeit. Zwar bietet die Besteigung keine eigentlichen Schwierigkeiten und noch viel weniger Gefahr; es ist aber an und für sich in dieser Höhe mühsam, bergauf zu gehen, und nun gar 760 m eines oft über 35° geneigten, zum Teil mit Gras bewachsenen, zum Teil mit Sand bedeckten Abhanges. Drei Stunden brauchten wir bis zum Gipfel und kletterten dann hinab in den Krater**. Auf der Westseite hatten wir den Berg erklommen, auf der Ostseite stiegen wir hinunter und hatten so den halben Berg an dem Gehänge zu umgehen. Meine Führer verzweifelten, sie hielten sich für rettungslos verloren, denn nur auf Augenblicke konnten wir das umgebende Land durch die Wolken erblicken. Endlich nach zwölfstündigem anstrengenden Marsch, fortwährend in strömendem Regen, gelangten wir wieder zu unserm Zelt.

Wie ein Turm erhebt sich der Sotará über die Abhänge der Zentralkordillere. Man blickt gegen Norden hinab in das warme Caucatal bis nördlich von Buga, gegen Südwesten und Süden in das glühende Patfatal. Gegen Nordosten begrenzen die Schneeberge bei Puracé und Coconuco den Horizont, nur überragt von dem ungeheuern Huila (5750 m)[14]. Im Osten und Südosten ziehen die abenteuerlichen Trachytzacken auf dem Rücken der Kordillere bis gegen Pasto, dessen dampfender Vulkan wie eine mächtige Gebirgsinsel sich zwischen den hohen Ketten der Zentral- und Westkordillere erhebt. Noch weiter im Süden ragen die vulkanischen Kegel von Túquerres, der Cumbal und der Chiles auf, diese beiden mit hohem Schnee bedeckt.

---

* Reiss, Tgb. 24. 1. 1869. — Der Sotará besteht aus zwei Hauptteilen, einem niederen, mit Felsen gekrönten Vorhügel und dem sich dahinter und darüber erhebenden Hauptgipfel. Die Abhänge sind im Norden und Osten furchtbar steil, nur auf der Südwestseite scheint die Besteigung möglich. Dort ist alles mit Gras bewachsen, nur nahe dem Gipfel treten Felsen hervor. Einige Wasserrisse ziehen herab, die in das tiefe, schroff eingeschnittene Tal des Rio blanco münden. Die Codazzische Karte ist hier ganz falsch. Der Sotará muß viel weiter nach Osten gerückt werden, so daß er mit dem Puracé und der Paletaráfläche in eine Linie fällt, wodurch auch die Quellflüsse des Rio Quilcacé eine Erweiterung erfahren.

** Reiss, Tgb. 25. 1. 1869. — Um 12 Uhr erreichen wir den Nordwestrand des Gipfels, einen langgestreckten, mit feinem Sand bedeckten, fast ebenen Kamm, der gegen Nordosten zu langsam ansteigt. Von ihm senkt sich der Hang sogleich mit ca. 36° Neigung nach einer spaltartigen Kratereinsenkung, die im Süden und Südosten von hohen, schroffen, wild ausgezackten Felsen begrenzt wird. Auf unserer Seite ist der Abhang mit Gras und Sand bedeckt, aus dem aber auch hier überall die Felsen herausragen. Der Grund der Schlucht ist mit Schutt und Blöcken erfüllt. Nirgends finden sich Spuren von Fumarolen.

Am 1. Februar traf ich wieder in Popayan ein, wo auch nach wenigen Tagen Dr. Stübel seinen Einzug hielt*. Er hatte nach unserer Trennung die Orinoco-Ebene besucht, war dann nach Bogotá zurückgekehrt und, das Magdalenatal aufwärts verfolgend, nach dem Huila gelangt, dessen Schneekuppe er ersteigen wollte. Fieberanfälle veranlaßten ihn, das Unternehmen einstweilen aufzugeben und nach Popayan überzusiedeln, um dort etwas der Ruhe zu pflegen.

Am 9. Februar verließ ich abermals Popayan. Wir wollten neuentdeckte, vulkanische Schwefelablagerungen besichtigen. Gegen Norden führte unser Weg. In sechs Stunden gelangten wir nach dem kleinen Ort Silvia (2536 m). Von dort aus wurde gerade ein neuer Weg über die Kordillere gebaut. Verschiedene Richtungen waren versucht worden, und bei einer dieser Explorationen hatte man heiße Quellen und Fumarolen am Ostabhang der Zentralkordillere entdeckt. Am Rio Piendamó entlang ritten wir durch ein schönes, fruchtbares Tal, dessen Seitenwände von fast senkrecht abgeschnittenen, oft über 3000 Fuß hohen, vulkanischen Tuffmassen, die dem Traß des Brohltals ähneln, gebildet werden, bald folgt dann der Wald, und hier mußten wir den gebahnten Weg und die Pferde verlassen. Acht Indianer nahmen das Gepäck auf, und durch den Wald aufsteigend gelangten wir bald an die untere Grenze der Pajonales (große Grasflächen) und auf die Hochflächen, die hier den Rücken der Kordillere bilden. Hier erklärten meine Führer, daß ihnen weder Richtung noch Weg bekannt sei, da sie alle vor etwa zwei Jahren ein einziges Mal hier vorbeigekommen seien. Ich mußte also nach einem Führer zurücksenden und konnte erst am nächsten Tag den Marsch über die Kordillere nach dem Ursprung des Rio Coquiyó fortsetzen. Hier, am Ostabhang der Kordillere, gelangten wir gleich in Wald, konnten aber, dem alten Pfade folgend, noch ein Stück talabwärts bis zum ersten Azufral gelangen. Ein solcher Azufral, wie es deren mehrere hier gibt, ist ein kahles, mit abgestorbenen Baumstämmen bedecktes Stück Land, mitten im Urwald, auf welchem Schwefelwasserstoff und Kohlensäure aus allen Fugen des Bodens entweichen. Der Anblick ist überraschend und hat etwas Geisterhaftes durch den Kontrast zwischen dem dichten, in vollem Leben stehenden Walde und den toten abgebleichten Stämmen.

Hier wurde abermals das Zelt aufgeschlagen, denn es mußte ein Pfad durch den Wald geschlagen werden, einen Wald, der so dicht ist, daß ich mit vier Mann nach zweitägiger harter Arbeit ein Stück Weg eröffnet hatte, zu dessen Zurücklegung wir drei Stunden gebrauchten. Dabei führte dieser Pfad keineswegs immer auf dem Boden entlang, sondern auf lange Strecken ging es über die Wipfel des Gebüsches, und selbst einen breiten Bach passierten wir hoch in den Ästen, ohne auch nur eine Spur des

---

* 4. Februar. — Stübel, Itinerarprofil.

Wassers an dieser Stelle sehen zu können. Auf andern Strecken wandelten wir zwar auf festem Boden, aber zwischen den Wurzeln mächtiger Bäume. Auffallend ist der Mangel aller lebenden Wesen. Kein Vogel, kein Tier ist sichtbar, mit Ausnahme unausstehlich lästiger Stechfliegen und Schnaken.

Über Silvia kehrten wir dann nach Popayan zurück.

X.
Pasto, 13. Mai 1869.

Zwei Wege führen von Popayan nach Pasto, der eine, kürzere und mehr begangene geht durch das heiße und ungesunde Patíatal, der andere und fast doppelt so lange, der sogenannte „Camino de los Pueblos", geht am Abhang der Kordillere entlang, fast immer in gesunden und kühlen Regionen sich haltend. Der erste ist der bei weitem bequemere, denn über die Hälfte der Zeit reitet man in dem von Norden nach Süden verlaufenden Patíatal auf Alluvialebenen entlang, während der zweite, quer durch die tiefen Täler der Zentralkordillere führend, entsetzlich mühsam und anstrengend ist. Um von beiden etwas zu genießen, ritt ich von Popayan hinab in das Patíatal, bis nahe zu dem Ort El Bordo[1] (ca. 700 m über dem Meere), dann aber stieg ich hinauf nach dem Orte Bolívar (1727 m), um so auf den oberen, gesunden Weg zu gelangen.

Das schönste Wetter begünstigte den ersten Teil meiner Reise. Glühend brannte die Sonne in dem baumlosen, ebenen Talgrund; die Hitze war für uns, die wir noch den Tag vorher in kühlen, hohen Regionen zugebracht hatten, fast unerträglich. Die Folgen des raschen Klimawechsels konnten nicht ausbleiben. Mich faßte das Fieber gleich bei der Rückkehr in die Kordillere, noch ehe wir den Ort Bolívar erreicht hatten. Da aber der Anfall nur einen Tag dauerte, kümmerte ich mich nicht weiter darum und setzte meinen Weg nach Pasto zu fort. Oft hatten wir an einem Tage zwei bis drei Flüsse zu überschreiten, die in engen Betten zwischen 300—1000 m hohen Abhängen dahinfließen. Dabei sind die Wege hier nicht für den Transport großer Gepäckstücke geeignet, so daß oft mehrmals an einem Tage meine Tiere abgeladen und meine Kisten von den Maultiertreibern durch die Engpässe getragen werden mußten. Acht Tage, nachdem ich Popayan verlassen hatte, langte ich im Tale des Rio Mayo an. Als nördliche Grenze der weit ausgedehnten Inkaherrschaft ist der Fluß berühmt geworden[2].

Schon in Popayan hatte man mir von den Bimssteinablagerungen dieser Gegend gesprochen, aber alle meine Erwartungen wurden weit übertroffen. Ich fand ein großes und weites Tal durch mehrere tausend Fuß hohen Bimssteinschutt vollständig erfüllt und in diesem leicht zerreiblichen Material die Flüsse und Bäche wieder bis zu ihrem ursprünglichen Niveau eingeschnitten, so daß nur in kleinen Terrassen das Bimssteinplateau noch erhalten ist[3]. Woher diese Ausbruchsmaterialien stammen, wußte niemand zu sagen. Die Bewohner des hier gelegenen Ortes La Cruz (2440 m) sprachen zwar von drei Vulkanen, aber hier nennt man jeden hohen Berg, zumal wenn von Zeit zu Zeit der Gipfel mit Schnee bedeckt ist, einen Vulkan. Alle Nachrichten, die ich über den Bau der hohen Kordillere einsammeln konnte, liefen darauf hinaus, daß eine Expedition nach diesen Gipfeln äußerst schwierig, ja vielleicht unmöglich sei. Dichter Wald bedeckt auf viele Stunden weit die Abhänge, und die höchsten Teile des Gebirges sind das ganze Jahr so sehr mit Wolken bedeckt, daß niemand die genaue Lage der drei Vulkane anzugeben vermochte. Nicht einmal über die Namen konnten sich die Leute einigen. Es blieb mir also nichts übrig, als auf gut Glück einen Versuch der Ersteigung zu machen. Mit 15 Lastträgern für mein Gepäck und die Nahrungsmittel rückte ich von La Cruz aus. 25 Tage wanderten wir in den Bergen umher, und während dieser ganzen Zeit hatten wir, mit Ausnahme von drei Tagen, unsern Weg mit dem Buschmesser in der Hand zu bahnen. Zwölf Tage lang waren wir im dichten Wald und zehn Tage auf den kahlen, nur mit niederem Gestrüpp und stachligen Pflanzen bewachsenen Hochgebirgsflächen*. Dabei war das Wetter äußerst ungünstig, nicht ein einziger Tag verging ohne Regen.

Mit vieler Mühe, vielem Zeit- und Geldverlust habe ich aber meinen Zweck erreicht. Die Untersuchung der Berge war im höchsten Grad interessant, da hier sich im großartigen Maßstabe vulkanische Ausbrüche ereignet haben, wie wir sie bisher nur im kleinen in Europa kannten, Ausbrüche, als deren Typus Santorin bezeichnet werden kann. Der Páramo de las Ánimas (4242 m)**, der Cerro de las Petacas

---

* Reiss, Tgb. 27. 3. 1869. — Von einem hohen Felsvorsprung am Cerro de las Petacas genießen wir stundenlang den Anblick der weiten und tiefen Täler, die gegen Osten von einer hohen Kordillere begrenzt werden. Dort soll abermals ein Vulkan (die Picos de Fragua) sich erheben. Dichter Wald wechselt mit hohen, mit Frailejón bestandenen Páramoflächen, und den Vordergrund bilden die schroffen Felsen des Cerro de las Petacas. Gegen Norden sind durch eine Wolkenlücke in blauer Ferne die Berge der Westkordillere um Popayan sichtbar, ganz nahe die Berge um Almaguer und Bolívar. Der Anblick dieser prachtvollen, nie von eines Menschen Fuß betretenen Landschaft ist tief ergreifend. Das Echo hallt minutenlang wider, im Kreise umherlaufend. Ein Kondor nähert sich bis auf wenige Schritte, die fremden Eindringlinge zu betrachten. In der tiefen Stille tönt nur das Rauschen der Wildbäche herauf.

** Reiss, Tgb. 21. 3. 1869. — Der Páramo de las Ánimas ist ein nicht sehr hoher, von Norden nach Süden langgestreckter, scharf ausgezackter Rücken, über den einzelne Felsen emporragen. Im Süden des Berges, durch einen kleinen Fluß von ihm getrennt, erhebt sich eine schroffe, aus kolossalen Trachytmassen bestehende Kuppe, die steil nach einem östlichen Zufluß des Rio Mayo abfällt. Auf der Nordseite, vom Berg durch eine Ebene getrennt, zieht sich ein niederer, aber steiler Rücken nach Westen.

22. 3. 1869. — Gegen 8 Uhr breche ich mit drei Begleitern nach dem Páramo auf.

(4059 m)* und der Páramo de Tajumbina (4125 m)** sind große vulkanische Gebirge, die zum Teil aus ganz frischen Lavamassen bestehen, zum Teil aus älterem, schon sehr zersetztem Gestein gebildet sind[4].

Die Untersuchung der Vulkane von La Cruz hat mir hier im Lande große Berühmtheit verschafft. Mein Ruf ist bereits bis Quito gedrungen, und ich kann an keiner Hütte anhalten, in kein Dorf einreiten, ohne daß die Bewohner mir entgegenkämen und mich mit „mi Doctor" anreden. Hier in Pasto vereinigten sich gleich bei meiner Ankunft die Honoratioren, um mir eine meines „Distinción" würdige Wohnung zu verschaffen. Die Schüler des Colegio, einer Art Universität[5], besuchten mich en masse, geführt von ihren Professoren; der Bischof sandte seinen Sekretär, sich mit Krankheit entschuldigend. Drei Tage lang war ich von morgens bis abends von Besuchern belagert. Große Hoffnungen setzten die Bewohner Pastos in meine Kenntnisse. Seit vier Jahren war der dicht bei der Stadt gelegene Vulkan in fortwährender Tätigkeit. In der letzten Zeit besonders hatte sich die Gewalt der Ausbrüche so gesteigert, daß die nahe der Stadt befindlichen Wälder durch die dahin geschleuderten glühenden Steine in Brand geraten waren. Das Getöse der Explosionen und die sie begleitenden Windstöße waren so stark, daß man oft an Erdbeben glauben konnte, und daß sich mehr denn einmal die

---

Wir überschreiten die Frailejónfläche am Fuß und gelangen bald in einen niederen Buschwald, der den unteren Teil des Berges bedeckt. Nahe einem besonders auffallenden Einschnitt erreichen wir den Rückenrand der Südsüdwestseite und blicken hinab in einen steilen, von hohen Felsen umgebenen, engen Kraterspalt, dessen westlicher Ausmündung der Einschnitt des Randes entspricht und auf dessen Grund eine kleine Lagune liegt. Er geht nach Osten zu in eine tiefe Schlucht über, in der ein kleiner Bach nach einer größeren Lagune hinabfließt. Alles ist verwachsen und auf der Südseite mit kolossalen Blöcken bedeckt, die aus einem Sattel zwischen den beiden höchsten Gipfeln herabkommen. Am ganzen Berge liegen die Lavamassen wirr übereinandergehäuft, oft schlackig und von Erkaltungsspalten durchsetzt.

* Reiss, Tgb. 26. 3. 1869. — Der Cerro de las Petacas erhebt sich im Norden des Páramo de las Ánimas und fällt steil und schroff in das Mayotal ab. Ein Felsrücken, am oberen Rande des Tales entlangführend, leitet zu ihm über. Sein höchster Gipfel, gegen Nordosten gerückt, scheint unersteiglich zu sein. Der Berg ist offenbar alt. Das trachytische Gestein seiner schmalen, von Nordwesten nach Südosten hinziehenden Mauer ist sehr zersetzt, grobkörnig und von der Farbe eines dunklen Rehbraun.

** Reiss, Tgb. 16. 4. 1869. — Nahe dem Páramo de las Ánimas verläuft die Kordillere ziemlich eben, dann folgt gegen Süden, nach dem Tajumbina zu, eine Reihe schroffer Zacken. Über einem langgestreckten, bewaldeten Grat, der gegen den Rio Tajumbina sich herabsenkt, erhebt sich dann schroff und steil ein Rücken, von dem aus die Bergmasse des Tajumbina, breit von Nordwesten nach Südosten gestreckt, zum ersten Gipfel (4124 m) aufsteigt. Durch eine Senkung davon getrennt, folgt dann im Osten der zweite Gipfel, der Pico de la Caratosa, der wohl 4200 m Höhe erreichen mag (4125 m). Der Berg erscheint von Südwesten aus vollständig kegelförmig. Von der nach Süden sich fortsetzenden Kordillere, die weiterhin im Vulkan Doña Juana gipfelt, ist er durch einen tiefen Sattel getrennt.

allerdings schlecht verschließbaren Türen der Häuser und Zimmer öffneten. Ich sollte nun den Vulkan untersuchen, ein Urteil über die Gefahr abgeben, in der die Stadt sich befand, oder aber nach der Meinung des gemeinen Volkes entweder den Vulkan verstopfen oder zum wenigsten den darin wütenden Teufel zähmen. Leider entsprach ich den Erwartungen schlecht, denn statt gleich den Berg zu besteigen, legte ich mich in mein Bett und beschäftigte mich, statt den Teufel zu fangen, mit der Heilung eines hartnäckigen Fiebers. Da aber der Vulkan sich vom Tage meiner Ankunft an ruhig verhielt — nur zwei- oder dreimal konnte man den Donner der Explosionen hören und nur einmal die Dampfsäule sehen —, so gab das bereits zu dem Glauben Veranlassung, daß allein meine Anwesenheit die Wut des Berges schon in Schranken halte.

XI.

Pasto, 20. Juli 1869.

Am 17. Mai ritt ich im schändlichsten Wetter, fast fortwährend in Wolken und Regen, zwei Tage lang bis zu dem auf der entgegengesetzten Seite des Vulkans von Pasto[1] gelegenen Örtchen Consacá. Sechs Tage konnte ich hier in einem von Orangen- und Bananenhainen umgebenen Landhause der Ruhe genießen, denn so lange brauchte ich, bis ich durch Versprechungen, Überredung und Androhung harter Gefängnisstrafen von seiten der Behörden die nötigen Peones zusammenbringen konnte, die ich haben mußte, um meine Erforschung des noch nie eingehend untersuchten und doch so äußerst interessanten Vulkans vornehmen zu können.

Die wenigen Beschreibungen, welche wir bis jetzt von dem Berge besitzen, schildern ihn als einen steilen Kegel mit einer großen Kratereinsenkung auf dem Gipfel; ja Boussingault geht so weit, zu behaupten, dieser ganze Kegel bestände aus lose übereinander gehäuften Blöcken[2]. Wie bei den meisten Vulkanen, namentlich wenn sie schwer von Europa aus zu erreichen sind, so hat man auch hier sich begnügt, nach einem flüchtigen Besuch eine Schilderung des ganzen Berges zu geben. In Wirklichkeit hat man es hier aber keineswegs mit einem einfachen Kegel, sondern mit einem großen Gebirge zu tun, dessen weit in die Tierra caliente reichender Fuß viele Ortschaften trägt, und dessen Inneres von tiefen und weiten Kesseltälern durchschnitten ist.

Die hohen, nahezu von Norden nach Süden verlaufenden Gebirgsrücken der Zentral- und Westkordillere trennt in diesem Teil Amerikas das tiefe, heiße Patíatal. Es beginnt nahe Popayan, verläuft erst nach Süden und durchbricht, sich plötzlich gegen Nordwesten umwendend, dann die Westkordillere, da im Süden hohe alte Gebirgsmassen die beiden Kordillerenarme verbinden und den Gewässern das weitere Vordringen nach Süden verwehren. Auf einem der von diesem hohen Lande gegen das tiefe Patíatal verlaufenden Rücken³ fanden die vulkanischen Ausbrüche statt, die nach und nach das hohe, gegen Osten und Norden kegelförmig abfallende Gebirge bildeten, welches früher als El Pasto bekannt war, dann den Namen El Galera empfing und jetzt von den halbgebildeten Colombianern als Volcan de Pasto bezeichnet wird. Die Ausbrüche fanden keineswegs in der Mitte des schmalen, alten Gebirgsarmes statt, sondern sie sind etwas östlich auf die Seite gerückt. Infolgedessen wurden hier die Laven usw. zu einem steilen Kegel aufgebaut, während nach allen anderen Seiten die Ausbruchsmaterialien nur oberflächlich das alte Gebirge bedecken. An dem steilen Ostabhang liegt in einem hohen, durch Flußablagerungen ausgeebneten Tale die Stadt Pasto in 2544 m Höhe, 7700 m vom höchsten Gipfel des Berges entfernt. Nach Süden zu verbindet sich das vulkanische Gebirge mit den von der hohen Kordillere herabkommenden Rücken, während gegen Westen langgestreckte Abhänge nach dem sehr tiefen Guaitaratal auslaufen. Dort liegt der Ort Consacá, etwa 12500 m vom höchsten Gipfel entfernt in 1658 m Höhe. Gegen Norden ist, wie gegen Süden, die neue Lava auf die alten, hohen Rücken aufgesetzt. Die steilen Abhänge gegen Pasto und Jenoi (2482 m) sind kaum vom Wasser durchfurcht, während die langgestreckten Gehänge gegen Consacá und La Florida (2155 m) von sehr tiefen Schluchten zerschnitten werden⁴. Die bedeutendste von ihnen ist das Tal des Rio Consacá, das als enger Einschnitt in einem reizenden, flachen Lande, welches am Westfuß der hohen Berge bis zum Rio Guaitara sich ausdehnt, sein Wasser diesem wilden Gebirgsfluß zuführt. In seinem mittleren Teile ist es von hohen, bewaldeten Bergen umgeben, und im Innersten des Gebirges wird es zu einem weiten, von kahlen, fast senkrechten Bergen umgebenen Kesseltal, dessen Umwallung die höchsten Gipfel des ganzen Gebirges trägt⁵. 4264 m erreicht der höchste Punkt dieser Umwallung, während der Grund des Tales nur in 2865 m liegt, so daß also die Felswände eine Höhe von ca. 1400 m erreichen.

Im Hintergrunde dieses etwa 3000 m im Durchmesser haltenden Kessels erhebt sich nun ein neuer schwarzer Ausbruchskegel bis 4180 m*.

---

* Reiss, Tgb. 27. 5. 1869. — Der eigentliche Vulkan von Pasto bildet einen unregelmäßigen Kegel, der gegen Osten sehr steil, gegen Süden und Südosten flacher abfällt. Am Gipfel erhebt sich an der Südseite eine hohe Zacke, gegen Osten ist er tiefer eingesenkt. Der Dampf entsteigt ihm in dicken Wolken. Die von ihm ausgehenden Lavaströme ziehen sich in mehreren Armen die steilen Abhänge hinab und vereinigen sich unten zu einem mächtigen Strom, der sich, mit kleinen, in konkaven Wellen angeordneten Blöcken bedeckt, im Tale fortsetzt. Er ist hier zwischen aus mächtigen Schollen bestehende Seitenwälle — oft sind es zwei bis drei — eingesenkt. Einige kleine Fumarolen, die geruchlos sind und eine Temperatur von 45⁰ haben, entsteigen ihm. Ca. 10 Fuß tiefe, kleine Löcher von 5—6 Schritt Durchmesser sind wohl alte Explosionskrater. Unterhalb der Lava sind die Bachbetten ganz von Erde und Schutt erfüllt, die von den Gewässern herabgeführt worden sind. Der Anblick ist schaudererregend. Der Boden, in den die Wasser abermals

Häufig schon hatten seine Ausbrüche Schrecken und Angst bei den Bewohnern der naheliegenden Ortschaften verbreitet. Seit dem Jahre 1832 verhielt er sich ruhig, bis plötzlich am 2. Oktober 1865 eine furchtbare Eruption, begleitet von entsetzlichem Donnern, einsetzte[6]. Zu ungeheurer Höhe stieg die Dampf- und Aschensäule über den Gipfel empor. Ausbruch folgte nun auf Ausbruch, oft 2—3 im Tag. Selbst in Tumaco am Stillen Ozean wurden die Wirkungen beobachtet. Namentlich die Feldfrüchte litten durch die feinen Aschenfälle, und die Tiere des Waldes, erschreckt und durch die Aschendecke aller Nahrung beraubt, kamen bis zu den Wohnungen der Menschen herab. Ungeheure Blöcke glühenden Gesteins wurden weit über die äußern Abhänge des ganzen Berges geschleudert. Die Grasflächen am obern Abhang und selbst die tiefer gelegenen Wälder wurden entzündet und erhöhten durch ihren Feuerschein den Schrecken über die Katastrophe. Nach und nach beruhigte sich der Vulkan etwas, doch zeigten die häufigen Bramidos (unterirdische Getöse) und die aufsteigende Dampfsäule den Bewohnern Pastos noch die Tätigkeit des Berges. Von Pasto aus kann man nicht in das Innere der Caldera sehen, der Ausbruchskegel bleibt daher unsichtbar; von Consacá aus aber vermochte man fortwährend das „Brennen" des Berges zu beobachten: wie in Feuerströmen bewegte sich die glühende Lavamasse am Berge herab in das Consacátal, die Wälder im Innern der Caldera wurden ein Raub der Flammen, und entsetzliche Schlammfluten erfüllten mehr und mehr die tiefe Schlucht des Flusses. Mit Beginn des Jahres 1869 ließen neue heftige Ausbrüche eine vermehrte vulkanische Tätigkeit erkennen. Schon dachte man daran, die Stadt Pasto zu verlegen, um der Gefahr auszuweichen, doch wollte man noch meinen Rat hören. Wie einem Messias sah man daher meiner Ankunft entgegen, und so verdankte ich dem Vulkan die gute, schon beschriebene Aufnahme.

Von Consacá aus drang ich mit 16 Peones in das Kesseltal ein. Bei schlechtem Wetter, das alle Arbeiten fast unmöglich machte, lagerte ich sechs Tage am Fuß des Kegels auf einem mächtigen Lavastrom[7], dicht unter dem unteren Ende eines gewaltigen Schlammstromes, und überschritt dann den Abhang des im Ausbruch befindlichen Kegels. Nach drei Wochen langten wir endlich wieder in Pasto an. Nur drei oder vier

---

tiefe Furchen eingegraben haben, erscheint wie durch riesige Pflugschare aufgewühlt. Große Gesteinsblöcke ragen daraus hervor, und hohe Schutt- und Blockwälle begrenzen diese Flutbetten, deren Material meist auf einmal herabgeführt wurde. Sie erklären sich dadurch, daß die Auswurfprodukte des Kegels die vielen kleinen Quebradas des Berges verstopfen und so Wasseransammlungen hervorrufen. Bedenkt man, was für kolossale Wassermassen in der tropischen Regenzeit so aufgestaut werden können, so wird die Bildung dieser Fluten nicht mehr überraschen. Das Wasser richtet ohne Zweifel bei den Ausbrüchen des Berges mehr Verwüstungen an als das Feuer. Immerhin sind die Wälder an den Abhängen angesengt und zum Teil verkohlt. Überall herrscht ein eigentümlicher Geruch, wie er beim Verbrennen feuchten Holzes entsteht.

Tage blieb ich in der Stadt und begab mich dann abermals auf die Westseite des Berges, um eine trigonometrische Aufnahme vorzunehmen. 18 Tage lang mußte ich in meinem Zelt liegen, ehe mir die Arbeit gelang[8]. Auf der Nordseite den Berg umgehend, gelangte ich dann nach Jenoi, einem kleinen Ort dicht bei Pasto. Von dort stieg ich abermals nach dem Berge auf und gelangte diesmal bis in den Krater, dessen Gase ich glücklich aufsammelte. 24 Stunden danach fand ein Ausbruch statt, dessen Dampfsäule 4600 m hoch sich über den Berg erhob, also die absolute Höhe von 8800 m erreichte. Drei meiner Zeltstationon, in welchen ich sechs Nächte verbracht hatte, wurden dabei von 3—4 Kubikfuß großen, glühenden Blöcken bedeckt. Jetzt steht es bei den Eingebornen fest, daß ich genau weiß, wann Ausbrüche stattfinden, denn wie hätte ich sonst gewagt, so nahe dem Berg zu schlafen, und wie hätte ich so genau die Zeit finden können, mich in Sicherheit zu bringen!

Am 7. Juli kehrte ich nach Pasto zurück und einige Tage später traf Dr. Stübel von Popayan hier ein*. Stübel hatte eine harte Reise durch das Patíatal hinter sich[9], und auch ich hatte in zwei Monaten nur elf Tage unter Dach und Fach geschlafen.

XII.

Túquerres, 10. Oktober 1869.

Nachdem ich mich von meiner zweimonatigen Wanderung an den Gehängen des Volcan de Pasto in der Stadt ausgeruht, meine Sammlungen usw. geordnet und Vorbereitungen für weitere Untersuchungen getroffen hatte, beabsichtigte ich zunächst, den etwas fabelhaften See zu besuchen, der nahe bei Pasto auf dem Rücken der Zentralandenkette liegt. In wenigen Stunden sollte man von Pasto aus das Ufer des Sees erreichen, und doch konnte ich, trotz mehrmonatigen Aufenthalts in der Stadt, keine befriedigende Auskunft darüber erhalten. Von dem vielbetretenen Wege nach Sebondoi und den Quellflüssen des Amazonasstromes aus hatten wohl manche Bewohner der Stadt den See gesehen, aber niemand konnte etwas über seine wirkliche Lage und Ausdehnung sagen. Aber gerade diese vollständige Unkenntnis behagt dem wahren Colombianer, dessen abenteuerliche Phantasie, nun an keinerlei Schranken gebunden, sich in den unwahrscheinlichsten Märchen ergehen kann, ohne befürchten zu müssen, irgend etwas zu erfinden, was seinen Landsleuten unglaublich erschiene. Das Wasserbecken sollte hoch über Pasto in ca. 3000 m Höhe liegen, eine Länge von 16—20 Stunden haben und eine solche Breite, daß das jenseitige Ufer nicht erkennbar sei. Große Vulkane sollten an seinen Ufern sich erheben, ja einem von ihnen, dem Cerro

---

* 14. 7. 1869. — Stübel, Itinerarprofil.

Patascoi, wurde ein Ausbruch zugeschrieben, bei dem der größte Teil der Stadt Pasto durch ein Erdbeben zerstört worden sei, während am Ostabhange der Kordillere große Waldstrecken durch den Sturz der Bäume sich gelichtet hätten. Während aber alle „Pastosen" darin einig waren, daß der Cerro Patascoi den Ausbruch gehabt habe, so herrschte doch große Uneinigkeit in den Ansichten, wo dieser Berg eigentlich liege. In der auf Regierungsbefehl von Perez herausgegebenen Geographie Colombias[1] wird der Cerro Patascoi als gleichbedeutend mit dem Bordoncillo an das Nordende des Sees verlegt, so daß der Weg von Pasto nach Sebondoi, dem ersten Indianerdorf am Ostabhang des Gebirges, über seine Gehänge führen müßte. Die Indianer von Sebondoi aber verlegen den Berg an das Südende des Sees, weit entfernt vom Bordoncillo[2].

Am 4. August verließen wir Pasto. Alle wohlberitten, legten wir in kurzer Zeit den Weg nach dem ca. drei Stunden entfernten Indianerdorf Laguna (2788 m) zurück. Dort sollten uns 18 Träger erwarten, um unser Gepäck (Instrumente und Nahrungsmittel) weiterzubefördern, denn schon so nahe der Stadt hört jeder, selbst für Maultiere gangbare Weg auf. Trotz der abgeschlossenen Verträge war natürlich keiner der Peones an Ort und Stelle. Wort- und Vertragsbruch sind hier an der Tagesordnung und gelten für einen Beweis von Schlauheit und Verstand, während jeder ehrliche Mann für „dumm" gehalten wird[3]. Mit Mühe gelang es uns endlich, gegen zwölf Uhr mittags die Karawane in Bewegung zu setzen. Der Weg von Pasto bis zum Ort Laguna führt durch den für hiesige Verhältnisse gut angebauten Valle de Atris, auf dessen weiten Flächen eine Reihe von Indianerdörfern zerstreut liegen, deren blendend weiße Kirchen weithin sichtbar sind. Sie haben alle eine große Ausdehnung, da die Hütten, zwischen den Feldern zerstreut, über die ganze Gemarkung ausgebreitet sind.

Von Laguna aus führt der Weg sehr bald am Abhang der dicht bewaldeten Berge aufwärts, die, wie man schon von Pasto aus sieht, die Umwallung des flachen Tales bilden. Anfangs ist der Fußpfad nicht schlecht, bald aber folgt man dem Bette eines ziemlich starken Baches, im Wasser watend oder von Stein zu Stein springend. In Wolken gehüllt erstiegen wir den letzten Teil der Höhe. Um vier Uhr nachmittags war sie erreicht, und wir standen über dem See. Zu unsern Füßen dehnte sich eine weite, von abgerundeten Waldbergen umgebene Wasserfläche aus, deren Südende durch einen vorspringenden Bergrücken uns verdeckt war. In mannigfachen Buchten und Windungen dringen die Ufer zwischen die Höhen ein, rings umgeben von tiefen, mit dichter Vegetation bedeckten Sümpfen. Nur auf wenige Augenblicke konnten wir den Anblick genießen, dann verhüllten dichte Wolken die Aussicht, und ein eisiger Regen zwang uns zum Rückzug in unsere Zelte.

Trübe und regnerisch brach der nächste Tag an. Wir stiegen hinab an das Nordgestade, wo eine elende, zerfallene Baracke den Rest einer jetzt verlassenen Ansiedelung darstellt*. Cochapamba (2783 m), so heißt diese Landschaft, erhebt sich nur wenig über den Wasserspiegel (2749 m), ist aber von dessen Ufern durch undurchdringliche Sümpfe getrennt. Der Name ist indianisch: „Pamba" heißt Ebene, „Cocha" See. Der See wird deshalb einfach als Cocha bezeichnet. Die spanischen Eroberer nannten ihn, seiner großen Ausdehnung wegen, Mar dulce, ein Name, der heutzutage fast völlig in Vergessenheit geraten ist[4].

An einem günstigen Platze**, wo der Wald bis dicht an das Ufer reichte und kein Sumpf die Annäherung an das Wasser erschwerte, mühten wir uns sechs Tage lang ab, eine tragfähige und doch bewegliche Balsa (Floß) anzufertigen, eine Arbeit, die nur mit Hilfe des in großer Menge hier wachsenden Schilfes gelang, da die frisch gefällten Bäume zu schwer waren, um für sich allein diesen Zweck zu erfüllen. Aber als wir uns definitiv einschiffen wollten, erhob sich mit aller Macht der hier fast fortwährend herrschende Ostsüdost-Wind. Der See schlug heftige Wellen, und der uns gerade entgegenwehende Sturm nötigte uns bald, die Wasserfahrt aufzugeben und unsern Weg am Westufer des Sees entlang nach Süden fortzusetzen. Das bot aber auch seine besondern Schwierigkeiten. Langgestreckte Rücken laufen von dem die tiefe Einsenkung umgebenden Gebirgszuge[5] nach dem Wasser zu aus, bedeckt mit dichtem, aber immerhin leicht passierbaren Walde, da hier schon überall die Chinarindensucher (Cascarilleros) kleine Wege gebahnt hatten. Zwischen diesen Rücken liegen weite, durch Schutt- und Alluvialmassen erfüllte Talsenken, deren fast horizontaler Boden in der jetzigen Jahreszeit in tiefe Sümpfe verwandelt war. In der Trockenperiode, d. h. im Winter der tiefer gelegenen Landesteile, kann man am Ufer auf einem Sandstrand entlang gehen, jetzt aber, wo in dieser Höhe fortwährend Regengüsse fallen, stand das Wasser zu hoch, und wir waren gezwungen, jene Rücken zu überschreiten und die Sümpfe zu passieren. Stundenlang mußten wir jeden Tag bis ans Knie und oft tiefer in Wasser und Moorboden herumwaten, oft lange Strecken in Bachbetten einhergehen und dabei noch kräftige Regengüsse von oben her ertragen. Drei Tage lang marschierten wir so nach Süden fort, ehe wir das Ende des Sees erreichten, und doch beträgt nach meinen Messungen die ganze Länge des Sees nur 12—14000 m. Das Wetter war entsetzlich, so daß wir kaum einen Begriff von der Konfiguration des Sees gewinnen, geschweige denn trigonometrische Messungen vornehmen konnten. Dies gelang mir erst später bei der Rückkehr.

Am Südende des Sees steht abermals ein kleines Haus, bewohnt von zwei Indianern, die hier in diesem herrenlosen Landstrich einige Felder bebauen und Vieh züchten***. Für uns war dies von höchster Wichtigkeit,

---
* Casapamba. — Reiss, Tgb. 5. 8. 1869.
** Motilon. — Reiss, Tgb. 5. 8. 1869, und Stübel, Itinerarprofil.
*** Santa Lucía (2793 m). — Reiss, Tgb. 16. 8. 1869, und Stübel, Itinerarprofil.

denn schon begann Mangel an Nahrungsmitteln sich bemerklich zu machen, und die Unzufriedenheit unserer Peones drohte ernstliche Schwierigkeiten zu verursachen. Glücklicherweise konnten wir hier einen jungen Ochsen kaufen, der für uns alle Fleisch für zwölf Tage lieferte. Einen Tag blieben wir hier, um den widerspenstigen Peones Rast zu gönnen. Dann begann der eigentliche, schwierigere Teil des ganzen Unternehmens, denn nun sollten wir nie betretene Gegenden durchschreiten, ohne Führer und ohne Kenntnis der Entfernung. Zum Glück sahen wir das Ziel unserer Reise vor uns, einen hohen, steilen Berg weit im Südosten, bis zu dessen Fuß eine weite Ebene sich ausdehnte; das sollte endlich der Cerro Patascoi sein!

Um das Eigentümliche der Lage des Berges verständlich zu machen, muß ich einige Bemerkungen über die Umgebung des Cocha einfügen. Während zwischen Popayan und Pasto das tiefe und breite Patíatal die Anden in zwei Arme zu spalten scheint, ist die ganze Masse der Kordilleren südlich von Pasto durch das Hochland von Túquerres und Cumbal zu einem einzigen Gebirgszuge vereint[6]. Schon bei Pasto beginnt diese Erhebung des zwischen den beiden Höhenzügen, der West- und Zentralkordillere, gelegenen Landes. Nur ganz allmählich steigen über Pasto die bewaldeten Berge empor, eine Fortsetzung der schroffen Trachytkette, welche vom Tajumbina und Páramo de Mayo über Aponte nach Süden zieht. Aber hier bei Pasto ist dieser weiter nördlich sehr schmale Rücken breit und durch ein tiefes Tal abermals in zwei Gebirgszüge getrennt. Ein großer, wohl über 6—8 Stunden langer und mehrere Stunden breiter See muß einst diese Mulde erfüllt haben. Jetzt sind die Wasser abgeflossen, und große Sumpfflächen dehnen sich zwischen den hohen Gebirgszügen aus, deren Gipfel um noch 1000—1500 m diese Ebene überragen. Der Cocha ist ein geringer Überrest dieses alten Sees, und auch er wird nach und nach durch die von den Gebirgen herabgeführten Schuttmassen erfüllt, und sein Wasser muß, in vielen Windungen durch die Sumpfebene sich hinschlängelnd, einen Abfluß nach den Zuflüssen des Amazonas suchen. Der Cerro Patascoi ist der höchste der Berge, welche gegen Osten dieses alte Becken begrenzen; um an seinen Fuß zu gelangen, mußten wir die hier ungefähr vier Stunden breite und völlig ebene Fläche queren[7].

So leicht auch dieser Weg erschien, brauchten wir doch beinahe vier Tage dazu, denn bald mußten wir uns mit dem Messer in der Hand eine Trocha (Pfad) durch fast undurchdringliches Gestrüpp schlagen, bald hatten wir lange Strecken durch tiefes Wasser und, was schlimmer war, durch zähen Sumpf zu waten. Mehrere Bäche wurden zwar ohne Schwierigkeit passiert, aber der Abfluß des Cocha, der ca. 40 Fuß breit und 10—12 Fuß tief ist, veranlaßte einen Aufenthalt von einem Tag, da wir längs der beiden Ufer Bäume fällen mußten, welche, durch die Strömung übereinander gehäuft, eine Brücke bildeten, stark genug, um unser Gepäck darüber zu bringen. Im Cerro Patascoi hofften wir ein schönes Vulkangebirge zu finden, aber leider wurden wir enttäuscht, denn obgleich der Berg prachtvolle Szenerien bietet, besteht er doch aus Granit[8], und der ihm zugeschriebene Ausbruch vom Jahre 1834 ist, wie so vieles in diesem Lande, eine Fabel.

Bis zur Höhe von 3500 m stiegen wir am Berg empor, doch war das Wetter zu schlecht und unser Interesse abgeschwächt, so daß wir auf die Ersteigung des Gipfels verzichteten, dessen Höhe ich auf ca. 3900 m schätze. Hier und da zerstreuten sich die Wolken, und der Regen hörte für kurze Zeit auf, so daß man einen Überblick über die eigentümliche uns umgebende Szenerie gewinnen konnte: im Vordergrund die schroffen, turmartigen Felsen und Zacken des Cerro Patascoi, aus deren Mitte die breite Felsmasse des Gipfels sich erhebt; prachtvolle Wasserfälle ringsumher, die ihr Wasser in schöne, kleine Seen ergießen, aus denen abermals wilde Bäche hervorstürzen und über hohe Fälle die Gewässer nach dem flachen Lande am Fuß des Berges führen. Viele tausend Fuß hohe, oft fast senkrechte Felswände, dichtbewaldete Rücken, kleine, mit prächtiger Vegetation erfüllte Täler ergänzen dieses großartige Gebirgsbild. Dann folgt die viele Stunden ausgedehnte Hochfläche, über und über bedeckt mit Frailejón, der hier in seltener Schönheit und Größe gedeiht. Im Norden sieht man den ganzen Cocha mit seinen vielen Buchten und der kleinen Insel Corota und den breiten, hohen Rücken des Bordoncillo (3699 m) mit dem aufgesetzten Felsknopf, dem der Berg seinen Namen verdankt*[9]. In vielfacher Verästelung ziehen die Berge von Norden her nach dem Cerro Patascoi, viele breite Sumpftäler umschließend, die alle der großen Ebene zustreben, durch welche der Abfluß des Cocha nach Südsüdosten abströmt. Weit und breit ist keine menschliche Wohnung, keine Anpflanzung sichtbar. Wenn diese Sümpfe durch Kanäle trockengelegt und der Kultur unterworfen würden, könnte hier ein herrliches Tal mit reichen Ortschaften und üppigen Getreidefeldern dem Blick sich darbieten.

In 2½ Tagen kehrten wir vom Cerro Patascoi nach dem Cocha zurück, ein Weg, der uns hinwärts sechs Tage gekostet hatte. Am Westabhang der den Cocha umgebenden Berge entlang gelangten wir dann auf einem

---

* Stübel an Reiss. — Pasto, 11. 12. 1869. — Von Laguna aus begab ich mich am 25. November nach der höchsten Spitze des Bordoncillo und harrte daselbst drei Tage und drei Nächte auf Aussicht nach dem Cocha und den ihn umgebenden Gebirgen, hatte aber bei dem schauderhaften Wetter nicht mehr als flüchtige Blicke. Der Bordoncillo ist ein kolossaler Vulkan mit einem großen, aber nur wenig deutlich ausgeprägten Kraterkessel, an dessen Südseite eine stromartige Trachytmasse die eigentümliche, weithin sichtbare Kuppe bildet. Diese höchste Spitze, auf der ich das Zelt aufgeschlagen hatte, erreicht die Höhe von 3699 m.

absichtlich in schlechtem Stande erhaltenen Fußpfad in drei Tagen nach Pasto. Die prächtige Aussicht lohnte aber die Mühe des durch unzählige Täler quer hindurchführenden Marsches. Bald konnten wir das ganze Vulkangebirge von Pasto, bald den Cocha, den Cerro Patascoi und die weite Frailejónebene übersehen, ja hier und da hatten wir die beiden, soverschiedenartigen Bilder auf einmal.

Am 31. August trafen wir endlich wieder in der Stadt ein. Die Resultate der Reise waren sehr gering. Die dichte Vegetationsdecke verhinderte die geologische Untersuchung. Nur so viel kann ich sagen, daß ein Teil der Berge am Cocha, der Bordoncillo und der Cerro Tabano (3320 m), aus schönen Trachyten bestehen[10], während der südliche Teil der Westumwallung sowie die Berge um den Cerro Patascoi aus altem kristallinischen Gestein gebildet werden. Zwei schöne Kegelberge am Ostufer des Sees scheinen Trachytausbrüchen anzugehören*[11], und auch weiter südlich mögen in den westlichen Bergen Trachyte vorkommen, da sie in den Bächen als Geröll auftreten. In einem Wort, der „Cocha" ist der „Laacher See" Colombias und wird sicher, wenn dereinst die Wälder gelichtet sind, interessante Studien zulassen.

In Pasto verblieb ich mit Dr. Stübel bis zum 21. September. Dann ging dieser nach dem Vulkan von Pasto, und ich siedelte nach Túquerres über.

---

* Vor allem der Cerro Campanero. — Reiss, Tgb. 6. 8. 1869. — Über ihn Stübel an Reiss, Pasto, 11. 12. 1869. — Als wir Pasto verließen, schickte ich Peones mit einer großen, weißen Fahne nach dem Cerro Campanero, um Gesteine zu sammeln. Sie erreichten auch glücklich den Berg, wie wir aus der am zweiten Tage vom Bordoncillo[12] aus deutlich sichtbaren Fahne schließen konnten. Die Gesteinsproben erkannte ich als eine blasige Lava von äußerst modernem Aussehen. Der Cerro Campanero und der ganze östliche Gebirgszug des Cocha sind also unzweifelhaft vulkanischen Ursprungs.

B.
Ecuador.
(1870—1874.)

XIII.
Quito, 14. Januar 1870.

In den letzten Tagen des September verließ ich die Stadt Pasto und siedelte nach Túquerres (3070 m) über[1]. Hatte mich dort die anregende Gesellschaft Dr. Stübels noch aufrechterhalten, so verfiel ich hier in ein stumpfsinniges Brüten. Fast 14 Tage lang war ich zu jeder Arbeit unfähig. Erst nachdem ich dreimal den Azufral (4070 m)[2] erstiegen hatte, erkannte ich dessen geologische Wichtigkeit und fand Kraft genug, eine Expedition dahin zu unternehmen*. Sechs Tage verbrachte ich an dem

---

* Reiss, Tgb. 25. 9. 1869. — Besteigung des Azufral. — Bei den höchsten Häusern von San Roque (3402 m) beginnen die Pajonales, doch ziehen sich die Wälder noch weit höher hinauf, und selbst bis zu den höchsten Spitzen des Páramo steigt das Gestrüpp hinan. Der Weg führt erst sehr allmählich empor, geht dann steil aufwärts und läuft schließlich wieder am Gehänge westwärts höher. Wir genießen den eigentümlichen Blick auf die schroffen Gipfel von Guachanes, die durch lange, von Norden nach Süden streichende Rücken mit dem Azufral in Verbindung stehen. Lavabänke ragen aus ihnen empor. Bimsstein- und Trachytschutt, der hier und da Obsidianbomben enthält, bildet den Weg. Über eine Senkung des Gebirgskammes geht es dann steil hinab nach der Laguna verde (3795 m), deren Wasserspiegel durch die Wolken sichtbar ist[3]. Aus einem kleinen Hügel nahe ihrem Rande steigen überall Dämpfe auf, und zwischen ihm und den hoch emporragenden Bergen liegen zwei kleine, ganz mit Schwefel inkrustierte Explosionskrater, zwischen ihnen wieder Fumarolen. Es scheint, als ob diese Krater sich in der Regenzeit mit Wasser füllen, das über den Abhang zur Laguna abfließt. Der See endet im Norden an einer großen Sandfläche, die ihn von der kleineren Laguna amarilla trennt. Diese vereinigt sich in der Regenzeit mit ihr. Auch hier entströmt Schwefelwasserstoff.

Stübel an Reiss: Túquerres, 24. 1. 1870. — Besteigung des Páramo de Gualcalá, nordwestlich des Azufral. — Nicht bereue ich eine Exkursion nach dem Cerro Gualcalá. Ich wollte teils die Westseite des Azufral besser übersehen, teils die Gesteine dieser Felszacken besser kennenlernen. Der Berg ist ein großer Krater, dessen wenig variierendes Gestein von dem des Azufral gänzlich abweicht. Durch seinen Reichtum an Amphibol erinnert es an Ales und besitzt eine eigentümliche, breccienartige Beschaffenheit. Um dahin zu gelangen, muß man in das Tal des Rio Chipaqué (3107 m) absteigen

kleinen, aber sehr schönen Kratersee, mit trigonometrischen Arbeiten beschäftigt, manches zutage fördernd, was früheren Besteigern unbekannt geblieben war.

Fast drei Wochen blieb ich in Túquerres, dann begab ich mich nach Cumbal (3167 m), dem verfluchtesten Nest auf Gottes Erdboden. Zwei Monate hatte ich hier mein Hauptquartier, war aber glücklicherweise keine acht Tage im Ort selbst.

Von Cumbal aus besuchte ich den stets dampfenden Krater des Cerro de Cumbal (4790 m)[*4] und eine seitliche Bocca mit flüssigem Schwefel, machte dann einen Ausflug nach dem noch ganz unbekannten Cerro de Chiles (4780 m)[**], dessen große Gletscher und schöne Caldera meine

---

und findet mehrfach mächtige Trachytströme des Azufral in Bänken anstehend. Der Gualcalá ist nur wenige Meter niedriger als der Azufral, seine höchste Spitze ist aber unerreichbar (erreichte Höhe 3904 m). In dem großen, ganz mit Wald erfüllten Kraterkessel, der sich gegen Westen talartig verlängert, liegen die Quellen des Rio Telembí. Am Morgen des 23. war der Himmel ziemlich wolkenfrei und gestattete mir eine Aussicht bis zum Chimborazo, der vom Azufral aus nicht gesehen werden kann, da ihn der Cumbal deckt.

* Reiss, Tgb. 5. 10. 1869. — Aussicht vom Azufral. — Im Südwesten erhebt sich, durch einen niederen Gebirgsrücken vom Azufral getrennt, die schöne Kegelgestalt des Cumbal, dessen Westfuß in ein tiefes, unbewohntes, aber wenig bewaldetes Tal hinabreicht. Der ganze Berg ist kahl, hier und da durch tiefe Wasserrisse gegliedert, meist aber nur schwach durchfurcht, er steigt allmählich aus der Hochebene von Túquerres auf und nimmt erst im oberen Teile an Steilheit zu. Dort ragen schwarze, scheinbar geschichtete Felsen aus der weißen Schneedecke heraus, die sich allmählich in die Pajonales verlieren. Aus dem Krater sieht man eine schwache Dampfwolke sich erheben. Es ist sicherlich einer der schönsten Kegelberge. Weiter gegen Süden wird das flache Hochland von Cumbal durch niedere Berge abgegrenzt, über die sich ein spitzer, pyramidenförmiger Gipfel erhebt. Dann folgt die steil von Westen aufsteigende Felsmasse des Chiles mit ihrem überall herausragenden Gestein und einer kleinen Schneekuppe. Gegen Osten fällt sie allmählich ab. Auf dieser Seite ist kein Krater bemerkbar.

Stübel an Reiss: Cumbal, 6. 2. 1870. — Krater des Cumbal. — Da die Wolken von Zeit zu Zeit eine Lücke frei ließen, stieg ich nach der großen Gletschermasse hinauf, umging sie und gelangte so zu dem Nordwestabhang des Vulkans, auf dem sich noch eine sehr große Anzahl tätiger Fumarolen finden. Eine von ihnen hatte einen etwa 2 m hohen Schornstein aus ganz reinem Schwefel gebildet. Da der ganze Kraterabhang warm und infolgedessen frei von Schnee war, stellte sich dem Aufstieg kein großes Hindernis entgegen. Zuletzt über eine steil geneigte Schneefläche von etwa 20 m Höhe kletternd, gelangten wir schließlich zum Rand eines großen Kraterkessels, der rings von überhängenden Schneewänden, die mächtige Eiszapfen trugen, umgeben war. Inmitten dieses Kessels hatte sich eine mächtige, schwarze Gesteinsmasse, zu der man leicht hinabsteigen konnte, vollkommen schneefrei erhalten. Die vielen kleinen Fumarolen (ohne Schwefelabsatz), die zwischen den großen Gesteinsblöcken dampften, gaben uns die Erklärung. Der Krater ist langgestreckt und hat einen Durchmesser von mindestens 200—250 m. Der Nordwestabhang des Vulkans, den ich zu einem großen Teile von einem Grate aus übersehen konnte, ist sehr steil und von zerrissenen Lavabänken gebildet.

** Reiss, Tgb. 27. 10. 1869. — Besteigung des Chiles. — Wir steigen auf einem sumpfigen Rücken zwischen erhöhten Seitenwänden auf. Die Frailejón-Vegetation geht bald in dichtes Gras und Busch über. Dann gelangen wir auf schroffe Lavafelsen, die

Bemühungen reichlich belohnten[5], entdeckte den prachtvollen Vulkan Cerro negro de Mayasquer (4470 m)* und stieg gegen den Stillen Ozean hinab bis nach Mayasquer selbst (2063 m)[6]. Ich habe die drei Berge Cumbal, Chiles und Cerro negro trigonometrisch vermessen und miteinander verbunden, eine große Reihe von Gesteinen gesammelt und viel geologische und Gletscherbeobachtungen gemacht[7]. Dies alles geschah bei dem scheußlichsten Wetter, das man sich denken kann: 8, ja 14 Tage war ich im Zelt eingeregnet, ohne auch nur das geringste tun zu können; 15—20 Menschen wurden während meines Aufenthalts vom Blitz erschlagen, dazu etwa 60 Stück Vieh. Der Himmel war oft wie in Feuer gehüllt, der furchtbar rollende Donner ließ die Berge erzittern, von den schroffen Wänden gingen Erdstürze nieder, die Flüsse traten aus den Betten und verhinderten jeden Verkehr. In den engen, zwischen 2000 und 3000 Fuß tiefen und kaum so breiten Schluchten und Kesseltälern war der Anblick dieser Gewitter prachtvoll und oft grauenerregend.

In der letzten Hälfte des Dezember hatte ich meine Arbeiten so weit beendet, daß ich ohne lange Ruhepause nicht gut an neue Unternehmungen

---

einen hohen Lavastrom umgeben. Sein Gestein ist oft senkrecht zerspalten, oft plattenartig abgesondert. An seiner Nordseite entlang gehend, kommen wir in Schnee. Prachtvoll ist der Blick auf die mit frischem Schnee bedeckten Lomas de Contrayerba, über die sich majestätisch die Pyramide des Cayambe erhebt und, mehr im Westen, ganz im Hintergrund, der Kegel des Cotopaxi. Mehr nach vorn liegt der dunkle Imbabura. Die Berge im Osten sind nur als dunkle Umrisse zu erkennen. Den Norden nehmen der schwach dampfende Cumbal, die Picos de Mallama und der stark qualmende Vulkan von Pasto ein. Vor uns baut sich die schöne Kuppe des Chiles auf. Um 9^{30} erreichen wir den höchsten schneefreien Felsen und befinden uns plötzlich vor einem furchtbaren Absturz, der den Vulkan in einer breiten, tiefen, gegen Nordnordwesten offenen Caldera aufschließt. Ihr höchster Gipfel liegt im Süden und bildet eine Art Plateau aus schroffen, schwarzen Felsen. Gegen Norden senkt sich die Umwallung und läuft dort in Schutthalden aus. Über sie steigen wir hinab.
* Reiss, Tgb. 31. 10. 1869. — Cerro Negro de Mayasquer. — Auf einem schmalen Grat steil hinansteigend, erkennen wir bald die beiden, durch einen Einschnitt getrennten Berge, die den Cerro Negro de Mayasquer bilden. Der östliche erscheint als eine Art Loma mit steil nach außen einfallenden, mächtigen Laven, der westliche als kegelartige Kuppe mit fast horizontal liegenden Laven, von denen ein großer Strom mit steilen, seitlichen Abstürzen gegen Norden zieht. Sie bilden die Umwallung einer sehr tiefen, schluchtartigen Caldera, nach der sie im Norden in fast senkrechten Abstürzen abbrechen, während auf dem mit Gras bewachsenen Südabhang der Abstieg möglich ist. Im Tale fließen eine Reihe Bäche in tiefen, engen Schluchten. In seinem Hintergrunde finden sich an der Ostwand einige gelbe Schwefelflecke. Dort sollen die Boccas sein. Das Ganze ist eine Caldera von Palma in kleinerem Maßstabe. Bei der Rückkehr wird der Chiles klar. Er ist vom Cerro Negro nur durch eine kleine Einsattelung getrennt und zeigt seine steile Westseite. Ein großer Gletscher zieht hier tief herab, und schwarze Felsen ragen hoch aus dem Schnee empor. Aber wo vom höchsten Rande die Caldera sich gegen Norden herabsenkt, hört plötzlich aller Schnee auf, obwohl er gegen Süden tiefer herabreicht. Allerdings ist diese Seite sehr steil, fast eine jähe Felswand. Auch hier sieht man die Laven steil übereinandergelegt.

denken konnte; ich war zu ermüdet. Doch ehe ich Colombia verließ, machte ich noch einen Ausflug nach Rumichaca (2766 m), der natürlichen Brücke über den Rio Carchi[8]. Von Ipiales (2912 m) brach ich dann auf nach Quito. Gleich am ersten Tage wurde eine der gemieteten Mulas lahm, und ich mußte in Tusa (2874 m) zwei Tage bleiben, um eine neue aufzutreiben. Unterdessen aber änderte sich das Wetter, und statt des Sonnenscheins der letzten Tage (in den tieferen Landesteilen, denn in den Bergen regnet es immer) traten heftige Regen ein und machten die Wege fast ungangbar. Zwei weitere Tage mußte ich warten, ehe wir in das Chotatal hinabsteigen konnten, denn der Weg von der 3044 m hohen Wand bis zu dem nur 1532 m (Brücke) über dem Meer liegenden Grund des Tales ist abscheulich[9]. Aus dieser Tierra caliente aufsteigend, gelangt man dann nach dem milden Ibarra (2225 m) und somit in das Zentrum der Zerstörung des letzten Erdbebens. Schon nachdem die erste Gebirgskette auf ecuatorianischem Gebiete überschritten war, fand ich überall einzelne umgestürzte Häuser und alle Kirchen zerstört, aber alles dies war nichts im Vergleich mit Ibarra selbst. Mit Ausnahme einer von elenden Hütten gebildeten Straße und einiger stehengebliebener Kirchenmauern war die ganze, einst nicht unbedeutende Stadt in einen großen Erdhaufen verwandelt, denn die aus ungebrannter Erde ausgeführten Mauern hatten sich durch den Regen vollständig aufgelöst. Ein neuer Ort, La Esperanza (2344 m), war nahebei begründet, doch wollte man die Stadt wieder aufbauen[10].

Am 30. Dezember langte ich endlich in Quito (2850 m) an, nachdem ich die letzte Nacht fast unter dem Äquator zugebracht. Mit 16 Mulas und sechs Dienern rückte ich in die Stadt ein.

XIV.

Quito, den 16. Februar 1870.

80000 und soundsoviele Einwohner hat Quito in den Handbüchern der Geographie und in der Einbildung der Ecuatorianer[1]. Überall im Süden Colombias hört man Wunderdinge von Quito erzählen; Paris verschwindet dagegen. Wie in den Märchen von Tausendundeiner Nacht wird der Wunderbau der Stadt, das Gedränge und Getriebe in den Straßen und der Glanz der Verkaufsläden geschildert, werden abenteuerliche Geschichten über die Kühnheit der Taschendiebe und über eine Reihe frivoler Industrien, wie sie nur großen Weltstädten eigen zu sein pflegen, ausgemalt. Aber welche Enttäuschung wartet des Reisenden! Quito ist eine kleine, öde Stadt, die nach der letzten, allerdings verheimlichten Volkszählung 17—18000 Einwohner beherbergt[2]. Kommt man, wie ich, vom Norden, so gelangt man ganz unerwartet in den in einer rings von

Bergen umgebenen Einsenkung gelegenen Ort, ohne daß auch nur eine von ferne sichtbare Turmspitze oder sonstwelche Anzeichen die Nähe der Residenz des Beherrschers der Republik verriete.

Am Ostfuß der sehr steilen und kahlen Abhänge des langgestreckten Pichincha zieht sich eine schmale, auch im Westen von allerdings niederen Bergen begrenzte Ebene hin. Es ist Rumipamba, d. h. die Steinebene. Über sie führt der Weg durch dürre, wasserleere Grasfluren. Bald zeigen sich kleine, niedere, weiße Häuser auf beiden Seiten, hier und da von Bäumen umgeben: die Landhäuser (Quintas) der Quiteños. Sie mehren sich, niedere Hütten schließen sich ihnen an, zu regelmäßigen Reihen geordnet. Über einen Rücken, der die Hügelreihe im Westen der Rumipamba mit den Abhängen des Pichincha verbindet, gelangt man hinab auf die kleine Plaza de San Blas; zwei Kapellen, halb in Trümmern, stehen zu beiden Seiten. Hier beginnt die eigentliche Stadt[3]. Eine breite Straße öffnet sich dem Blick mit geglätteten Trottoirs, die geschützt sind durch die weit vorspringenden Dächer. Ihre Häuser, alle ein Stock hoch mit Balkonen und breiten Fenstern, sind schön weiß getüncht. Den unteren Stock nehmen kleine Tiendas ein, Schnapsbuden und Kramläden, den oberen die Familienwohnungen. Zum Teil sind sie stattlich mit Arabesken und Stukkaturen verziert, umschließen kleine Höfe und haben alle — ein seltener Anblick — Glasfenster. Solcher breiter, gut gepflasterter Straßen führen mehrere bergauf, bergab von Norden nach Süden durch den Ort, ebenso 3—4 gute Straßen von Osten nach Westen.

Die eigentliche Stadt übersieht man erst beim Eintritt in die Hauptstraße: hoch über die Häuser erheben sich dort am Bergabhang, aber immer noch in der Stadt, die schneeweißen Türme San Franciscos, des schönsten Gebäudes Quitos. Reich ist Quito an Kirchen und Klöstern. Die Kathedrale in der Mitte der Stadt hat seit dem Einsturz des Turmes (1868) wenig Charakter, doch ist die der großen Plaza zugekehrte Seite eigentümlich durch einen mit einer Kuppel versehenen Säulenvorbau. Wie in allen spanischen Städten konzentriert sich auf dieser Plaza (Plaza mayor) so ziemlich alles, was an Gebäuden Bemerkenswertes vorhanden ist: die Kathedrale im Süden, der Regierungspalast mit Säulenhalle im Westen, die Paläste des Präsidenten und Erzbischofs im Norden und die Privathäuser der reichsten Familien auf der Ostseite. Die Mitte nimmt ein schöner Brunnen ein. Groß, aber unregelmäßig ist die etwas höher gelegene Plaza de San Francisco mit der bereits erwähnten Kirche. Die übrigen Kirchen, San Agustin, Carmen de arriba und de abajo, La Merced und La Compañia, liegen in den Straßen und präsentieren sich schlecht. Eigentümlich ist Carmen de arriba wegen seiner flachen Kuppelbauten, deren Grundriß Ellipsen darstellen. Am Südende der Stadt liegt die große Plaza de Santo Domingo, zur Hälfte bedeckt mit einem Schutthaufen, der von dem letzten Erdbeben herrührt. So wie vom

Norden her die Stadt nur einen Eingang, so hat sie gegen Süden auch nur einen ordentlichen Ausgang, denn dort ist die Einsenkung, in der Quito liegt, durch den konischen Ausbruchskegel des Panecillo geschlossen[4].

Zu den wenigen guten Straßen treten noch eine Reihe steiler Seitengäßchen, in die man sich nicht ohne Lebensgefahr wagen kann. Aber interessant sind diese Nebengäßchen, denn nur in ihnen kann man die eigentümliche Struktur der Stadt verstehen. Vier oder fünf, oft 80—100 Fuß tiefe und meist nur sehr schmale Schluchten ziehen von den steilen Pichinchagehängen herab und von Westen nach Osten quer durch die Stadt. An den meisten Stellen sind diese „Huaicos" überwölbt, und selbst viele Häuser sind quer über sie gebaut; aber in den Seitenstraßen sind sie offen, und auf wahren, an den steilen Wänden hinführenden Gemsenwegen wird die Verbindung der verschiedenen Stadtteile hergestellt. In der Ökonomie der Stadt sind diese Schluchten höchst wichtig: des Tags über besucht sie nur das gemeine Volk, aber gegen Abend sieht man selbst Damen in Begleitung ihrer Dienerinnen antreten, um daselbst Geschäfte zu verrichten, welche der Mangel an geeigneten Lokalitäten im Innern der Häuser nicht abzumachen gestattet.

Die Verkaufsläden sind elende Butiken von meist nur 6—7 Fuß Breite und 10—12 Fuß Tiefe. Sie empfangen Luft und Licht durch die einzige, nach der Straße führende Tür. Ein paar Stück Zeug und einige Kleinigkeiten sind das ganze Verkaufsmaterial; die abenteuerlichsten Sachen sind durch Zufall zusammengewürfelt, und man kann nie wissen, ob und wo man einen gewünschten Gegenstand auffindet. Doch kann man sich auch in den wenigen besseren, von Franzosen oder von Colombianern gehaltenen „Prachtgeschäften" kaum die für einen Europäer unentbehrlichsten Gegenstände verschaffen.

Und doch besteht ein gewisser Luxus. Die Häuser der bessern Familien sind gut möbliert, d. h. ein oder zwei Zimmer, vor allem die Salons bieten einen großen Reichtum an — Sofas; ich habe bis sechs in einem Zimmer gezählt. Vollständig fehlt jeder Schrank oder sonstiges Möbel, um Gegenstände wegzustauen oder zu verschließen. Kleider und Weißzeug usw. liegen entweder in den Zimmern umher oder sind in Koffer verpackt; Weinflaschen, Sattelzeug, Unterröcke, Waschbecken zieren den Boden; Stiefel und unnennbare Geräte stehen auf den Tischen, alles bedeckt mit einer tiefen Staubschicht.

Familienleben gibt es nicht. Die Männer lungern den Tag über in ihren Tiendas herum oder besuchen sich gegenseitig, um Schnaps zu trinken und zu lügen, die Beamten, und deren gibt es viele, sitzen stellenweise auf den Bureaus, meist aber befinden sie sich, wie man hier sehr richtig sich ausdrückt, „auf der Straße". Die „Damen" sind bei festlichen Gelegenheiten reich herausgeputzt und tragen Kleider zur Schau, in welchen sie sich höchst unbehaglich fühlen. Man liebt schreiende Farben, in höchst unpassender Weise zusammengestellt. Die Taille ist fast immer zu weit und wirft Falten, oder so eng, daß das keineswegs appetitliche Unterkleid zwischen den Hüften hervortritt; stets ist zwischen Taille und Rock das selten gewaschene Hemd sichtbar. Im Hause aber kauern sie ungewaschen, ungekämmt, unangezogen auf dem Boden umher; kommt Besuch, so ziehen sie rasch einen schwarzen, weiten Rock an und hüllen den Oberkörper in ein weites schwarzes Tuch. Zum Ausgehen auf die Straße müssen noch Strümpfe und Glanzlederstiefelchen hinzugefügt werden. Das schwarze Tuch, die Manta, das bis über die Hüften herabfällt, verhüllt kokett Kopf und Schultern.

Gesellschaftliches Leben gibt es nicht. Die jungen Leute spielen und trinken — Schnaps; in einigen Häusern finden regelmäßige Tertulias statt (was man bei uns offenes Haus nennt), wobei die Herren auf der einen Seite, die Damen auf der andern Seite des Zimmers in langen Reihen auf unmenschlich langen Sofas sitzen. Dazu wird musiziert, daß Gott erbarm! In der Weihnachtszeit, dem hiesigen Karneval, gibt es jeden Abend kleine Bälle, die selbst in der feinsten Gesellschaft, mit wenigen Ausnahmen, mit Schlägereien endigen. Eine Unterhaltung mit Menschen zu führen, denen die elementarsten Kenntnisse abgehen, die aber mit einem ungeheueren Selbstbewußtsein erfüllt sind, gehört an und für sich zu den Unmöglichkeiten; für uns aber ist noch viel widerlicher die Falschheit und Ehrlosigkeit der Charaktere. Ich habe eine solche souveräne Verachtung gegen dieses Volk, daß ich mich nur mit Mühe und Not in den Grenzen der Höflichkeit erhalte; am liebsten würde ich sie alle mit der Peitsche traktieren. Gott sei Dank gibt es Ausnahmen, wie den liebenswürdigen, gastfreundlichen und hochgebildeten Sr. Gangotena.

Derselbe Mangel an Originalität wie in Colombia zeigt sich auch in dem Straßenleben. Einige beladene Maultiere oder Esel bringen Holz zum Bau, Klee für die Pferde und einige wenige Nahrungsmittel auf den Markt. Karren gibt es sechs oder sieben, und Wagen vier oder fünf. Die Hauptmasse der die Straßen belebenden Bevölkerung sind Indianer. Soweit sie von den benachbarten Orten hereinkommen, sind sie wirklich sehenswert wegen ihrer noch unveränderten, aus der Inkazeit herrührenden Tracht. Die armen Teufel, schlechter daran als die Sklaven irgendwelchen Landes, sprechen auch noch Quichua, und nur ein kleiner Teil versteht Spanisch. Gravitätisch und voll Dünkel paradiert zwischen ihnen die Jeunesse dorée durch die Straßen, nach Pariser Mode gekleidet. Am originellsten sind aber unbedingt die Wasserträger: in 4 Fuß hohen und ca. 2—2½ Fuß weiten Tongefäßen transportieren sie das Trinkwasser durch die Straßen, die mächtigen, merkwürdigerweise unten in eine Spitze endigenden Töpfe auf dem Rücken tragend.

Klubs, Cafés, Lesezimmer sind unbekannt. Ich bin überzeugt, der wahrhaft gebildete Ecuatorianer (ebenso wie der Colombianer) hält das

Bedürfnis zu lesen für ein Zeichen innerer Gehaltlosigkeit; höchstens studiert er die Werke des „großen Philosophen" Paul de Kock oder des „großen Historikers" Alexander Dumas.

XV.

Quito, 18. Mai 1870.

Trotz der heftigen Regenzeit entschloß ich mich Mitte März, meine Untersuchungen der vulkanischen Gebirge Ecuadors zu beginnen, und zwar sollte der Pichincha den Anfang bilden.

Die Stadt Quito liegt, wie alle Reisenden wiederholen[1], am Fuß des tätigen Pichincha. Von der Stadt aus sieht man jedoch nur die steilen Abhänge langgestreckter Rücken, über denen von einigen Punkten aus die höchsten, oft mit Schnee bedeckten Felszacken sichtbar werden. Die Form dieser Abhänge, ihre tiefen Täler und der Mangel aller frischen Gesteinsmassen müssen aber schon von Quito aus Zweifel an der Richtigkeit dieser Angabe erregen, und meine Untersuchungen haben auch sehr bald gezeigt, daß der Fuß des tätigen Pichincha durch einen Gebirgsrücken und eine weite, fast ebene Fläche von Quito getrennt ist. „Pichincha" nennt man hier einen langen Gebirgsstock, der sich zum wenigsten aus zwei scharf geschiedenen Gliedern zusammensetzt: einem alten, durch die Gewässer überall zernagten Höhenzug mit den Gipfeln Rucu-Pichincha (4737 m) und Cerro de Ladrillos und einem mächtigen, kegelförmigen Berge, dem tätigen Pichincha, dessen Gipfel eine weite Caldera umschließt, deren kleiner Nordteil die noch dampfenden Boccas des Berges enthält, während aus dem übrigen Teile mehrere Flüsse gegen den Stillen Ozean hinabziehen. Guagua-Pichincha heißt der höchste Fels der Calderaumwallung (4787 m). Die beiden Gebirgsteile, welche ich als alten (Rucu = Vater) und neuen (Guagua = Kind) Pichincha bezeichnen will, schließen sich in Nord-Süd-Richtung aneinander an, und zwar ist der Nordabhang des Guagua-Pichincha durch einen 4411 m hohen Paß mit dem Südteile des Cerro de Ladrillos, dem südlichsten Gipfel des alten Pichinchagebirges, verbunden. Quito liegt am Ostfuß des alten Rückens, getrennt vom neuen Pichincha durch einen langen und 3606 m hohen, von Norden nach Süden verlaufenden Höhenzug des alten Gebirges, der so weit vom neuen Pichincha absteht, daß zwischen seinen steilen, El Ungui genannten Gehängen* und den Abhängen des neuen Kegels eine weite, sanft ansteigende Ebene bleibt, das Tal von Lloa.

Die Bewohner Quitos haben wie alle Reisenden die Auffassung A. v. Humboldts[2] beibehalten und geben infolgedessen, ebenso wie jener

---

* Reiss, Tgb. 17. 3. 1870. — Die Loma Ungui ist ein langgestreckter, von Nordwesten nach Südost verlaufender, nach allen Seiten steil abstürzender Bergzug. Allem Anscheine nach verdankt er einem einzigen, mächtigen Lavastrom seinen Ursprung.

berühmte Reisende, vollständig unverständliche Beschreibungen des Pichincha. Da es mir vor allen Dingen darum zu tun war, den berüchtigten Krater zu sehen, so begab ich mich zuerst nach Lloa. Am 17. März verließ

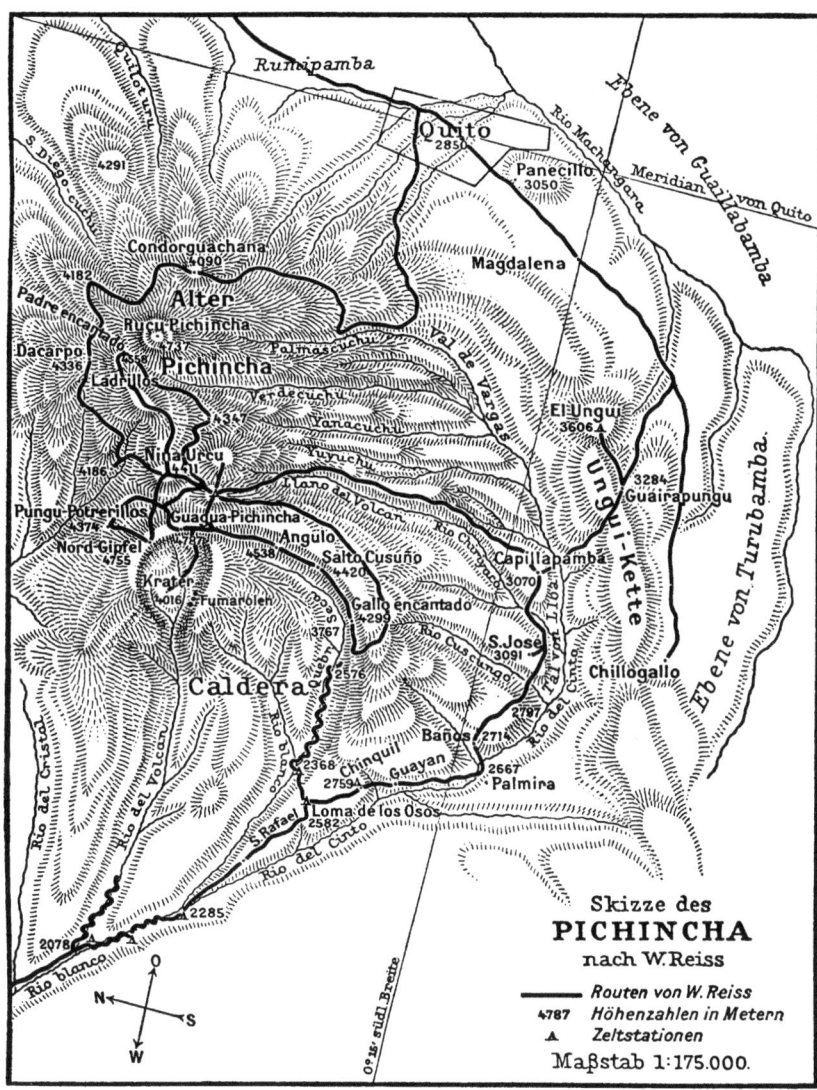

Skizze des
PICHINCHA
nach W. Reiss

——— Routen von W. Reiss
4787 Höhenzahlen in Metern
▲   Zeltstationen
Maßstab 1:175.000.

ich Quito auf der großen, alten Straße, die nach Süden führt. Am Fuße des Panecillo vorüber, gelangten wir auf die weiten Flächen von Turubamba und Chillogallo (2951 m), die im Westen durch den Unguizug, im Osten durch die niederen Höhen von Poingasi (3104 m), deren steile

Osthänge wiederum hinabführen in die großen Ebenen des Rio Guaillabamba, begrenzt sind. Bald muß man den breiten Weg verlassen, um auf schmalen, zum Teil entsetzlichen Pfaden den Unguizug[3] zu überschreiten. Von der Höhe dieses Rückens erblickt man zum erstenmal das Tal von Lloa und die Abhänge des eigentlichen Pichincha. Lloa oder Capillabamba (3070 m) ist ein kleiner, aus wenigen Hütten bestehender Ort.

Am 18. war prachtvolles Wetter. Über die Fläche von Lloa hinweg, dann durch niederen, struppigen Wald führt der Weg langsam aufwärts. Bei 3628 m beginnen die Pajonales; sie steigen bis zu 4500 m an den Bergen empor*. Ohne Anstrengung und immer zu Pferde erreichten wir so eine Höhe von 4400 m. Hier ließ ich das Zelt aufschlagen. Es stand am Nordostabhang des höchsten Gipfels (Guagua-Pichincha), der von hier in ca. ½ Stunde zu erreichen war und dicht an jenem Sattel, welcher den alten und den neuen Gebirgsstock verbindet, so daß ich mit Leichtigkeit sowohl den einen wie den andern besuchen konnte.

Am 19. hatten wir vor Sonnenaufgang den Kraterrand erreicht, wenn man hier überhaupt von einem Kraterrande sprechen kann, denn der ganze Berg ist ausgehöhlt, und offene, nach Westen und Nordwesten furchtbar steile Felsen umgeben die große Caldera, deren Inneres durch mehrere Bergrücken in eine Reihe von Tälern zerlegt ist. Der Nordteil dieses großen Kessels ist vom Reste durch eine hohe Felswand abgetrennt, deren fast senkrechter Innenabfall einen kleinen Kessel oder Krater bildet**. An ihrem Fuße, im Kesselgrunde, finden sich eine Anzahl

---

* Reiss, Tgb. 18. 3. 1870. — In den Pajonales kann man den Bau des Gebirges gut erkennen. Es besteht aus einer Reihe radial verlaufender Lomas, mächtiger Lavaströme, die nach allen Seiten steil endigen und auf der Oberfläche eben sind. Getrennt sind sie durch breite, ziemlich tiefe Einsenkungen, interkolline Räume, durch die Wirkungen der Gewässer erweitert. Der Weg führt meist in diesen Einsenkungen hin, und nur, wo eine Loma zu queren ist, wird er steil.

** Reiss, Tgb. 20. 3. 1870. — Der Nordteil der Einsenkung ist ein wirklicher Krater, fast kreisrund, ein klein wenig von Osten nach Westen in die Länge gezogen. Die Umwallung besteht ringsum aus furchtbaren Felsabstürzen, an denen namentlich im Nordwesten mächtige Steinhalden herabziehen. Im Norden und Osten werden sie von der Hauptmasse des Berges gebildet, im Süden dagegen durch einen niederen Felssporn, der vom Guagua-Pichincha aus gegen Westen verläuft. Er ist durch einen tiefen Einschnitt unterbrochen, durch den der Krater mit der Caldera in Verbindung steht. Den oberen Rand der Umwallung bilden wilde Gipfel und Nadeln, durch schmale Grate verbunden, die nach außen in 30⁰ geneigten Schneefeldern, nach innen in furchtbaren Wänden abstürzen. Zusammengesetzt sind sie teils aus mächtigen Laven, teils aus roten Schlackenbändern, die im Norden bald nach Osten, bald nach Westen einfallen. Der Grund des Kraters ist eine ovale Fläche, die in der Mitte ein etwa 80—100 Fuß überhöhtes Trachytplateau bildet, das gegen Süden steil abfällt, nach Norden allmählich in die Umwallung übergeht. Es ist teilweise mit Gras bewachsen und weist an der Südseite kleine Fumarolen auf. Zwischen ihm und der Südumwallung, an ihrem Nordfuß, liegen weitere Fumarolen, eine sehr starke und eine Reihe kleinerer. Der Einschnitt an dieser Seite öffnet den Krater bis zum Grunde. Eine enge Schlucht mit sehr schroffen und kahlen Wänden verläßt ihn hier gegen Südwesten. Ihr Bach mündet in den Rio blanco.

ziemlich tätiger Fumarolen, deren Dampfstrahlen, zu einer einzigen Säule sich vereinigend, weiße Dampfwolken hoch über die Umwallung emporsenden. Es liegt hier eine Caldera wie am Volcan de Pasto, am Chiles und Cerro negro vor, Kesseltäler, die sich nur mit der Caldera von Palma vergleichen lassen und nie als Krater bezeichnet werden können. Die steilen Wände, welche sie — in ihrem oberen Teile ist sie schätzungsweise 400—500 m tief — umgeben, waren mit hartgefrorenem Schnee bedeckt und vereitelten so jeden Versuch, in das Innere zu gelangen[4].

Die Aussicht von den verschiedenen Teilen des Calderarandes ist wunderbar: auf der einen Seite der tiefe Kessel mit den schwarzen Felswänden, den weißen Dampfwolken und den engen Schluchten und darüber hinweg die Waldberge und die breiten Täler, welche nach Westen zu gegen Esmeraldas hinabziehen und den Rio Mindo bilden; auf der andern Seite die wenig durchfurchten Abhänge des Kegelberges, mit Asche und Bimssteinschutt bedeckt, aus welchen schwarze Lavamassen, die höchsten Gipfel bildend, hervorragen, tief darunter die Pajonales und die sie begrenzenden Waldstrecken wenig über dem breiten Wiesentale von Lloa. Über die Berge der Unguikette sieht man dann hinweg nach Quito, nach den Tälern von Chillogallo und Turubamba, auf die Flächen von Guaillabamba und auf die große Gebirgsmasse der Anden weit im Osten.

Verherrlicht wird dieses Bild durch die große Zahl von Schneebergen; fast alle sind Vulkane. Ich sah an einem sehr klaren Tage im Norden weit in blauer Ferne die Schneegipfel des Cumbal und Chiles, näher den steilen, fast ganz schwarzen Cotacachi, den Mojanda, den Imbabura und im Nordosten hoch über alle sich erhebend die kolossale Schneepyramide des Cayambe. Im Osten tauchten über die langgestreckte Kordillere die dreigipfelige Schneemasse des Antisana, gegen Südosten der Schneeberg Sincholagua, weiter gegen Süden der majestätische Cotopaxi und vor ihm die dunkle Felsmasse des Rumiñahui auf. Ganz fern erblickte man die Schneegipfel des Tunguragua, Carihuairazo und Chimborazo, während ganz nahe die Schneespitze des doppelgipfeligen Iliniza und die abenteuerliche Form des Corazon sich erhoben, verdeckt zum Teil durch den allerdings nur wenig hohen, aber dafür um so schöner geformten Atacatzo[5].

Neun Tage hielt ich mich in meinem Zelte auf. Zwar sank in der Nacht das Thermometer auf —5⁰ C, aber wir hatten trotzdem wenig von Kälte zu leiden, da es windstill blieb und kein Regen fiel, obgleich wir den größten Teil der Zeit in Wolken gehüllt waren. Oft besuchte ich die höchsten Gipfel, beging soviel als möglich den Calderarand, sammelte Gesteine[6] und machte Messungen. Besonders interessant ist die Nordseite des Berges, da dort zwischen dem alten und neuen Pichincha enge Schluchten herabziehen, durch welche das Innere des Berges aufgeschlossen ist. Man sieht dort wie an allen Vulkanen mächtige Schlackenmassen mit steil geneigter Lava wechsellagern.

Einmal während meines Aufenthaltes erstieg ich die nächsten Gipfel des alten Berges. Über den Sattel Nina-Urcu (4411 m, Feuerberg) gelangt man an die Felsmasse des Cerro de Ladrillos und auf schmalen Kämmen entlanggehend auf den Südwestgipfel der höchsten Spitze, nahe dem Rucu-Pichincha. Alle diese schroffen Felsen umschließen ein ziemlich weites und 500—600 m tiefes Tal, dessen breiter ebener Boden (3910 m) seltsam absticht gegen die schwarzen Wände der Umgebung. Dieses Tal heißt Verdecuchu oder, wie Humboldt es nennt, Altarcuchu[7]. Um die Höhe des Talgrundes zu messen, stieg ich von der 4640 m hohen Kuppe herab. Da ich ihn so leicht von meinem Zelt aus erreicht hatte, war ich der Meinung, ich würde ebenso vom Grunde des Tales aus dahin zurückkehren können, wenn ich nur die Talscheidewand überschritte. Aber ich sollte hier auf höchst unbequeme Weise die Strukturverhältnisse dieses Gebirges kennenlernen, denn statt von der Talumwallung (4347 m) aus mein Zelt zu erblicken, wurden wir durch die Aussicht in ein ähnlich tiefes Tal überrascht (Yanacuchu), und nachdem wir dieses mit Mühe durchquert hatten, gelangten wir an ein drittes (Yuyuchu)[8] und dann erst an das letzte, große Tal, Llano del Volcan, auf dessen anderer Seite hoch am Abhang unser Lager sich befand. Diese tiefen Täler, umschlossen von spornförmig vom Hauptgebirge auslaufenden Rücken, finden sich rings um den alten Pichincha[9].

Wenige Tage nach diesem Ausfluge kehrte ich zu Fuß nach Quito zurück, dabei den ganzen alten Pichincha umgehend*. Fünf solche tiefe

---

* Reiss, Tgb. 25. 3. 1870. — Rückkehr nach Quito. — Um 6 Uhr brechen wir auf und gehen über Nina-Urcu nach dem Tale von Dispensa und über den Rücken, der nach den nördlichen Tälern verläuft. Man blickt hier hinab in das bald zu einer sehr tiefen Schlucht sich gestaltende Tal von Nina-Urcu, an dessen Seite der neue Pichincha hohe Felswände mit mächtigen Derrumbos bildet. Die Loma vom Pungo-Potrerillos ist darin in ca. 1200 Fuß hohen Wänden aufgeschlossen. Man sieht die Lava schon nahe dem Nordgipfel in pseudoparallelen Lagen übereinandergeschichtet, und weiter abwärts wechseln rote Schlacken und breccienartige Anhäufungen mit horizontal erscheinenden Lavabändern. Auch der dieser Seite zugekehrte Absturz der Verdecuchu-Berge ist sehr schroff abgeschnitten. Vom Padre encantado führt dann das breite Tal von Dacarpo hinab, an dessen oberem Gehänge wir entlang gehen. Wir überschreiten den Rücken zwischen dieser Senke und dem Tal von San Diego-Cuchu, das, vom Rucu-Pichincha auslaufend, in seiner breiten, ebenen Anlage zwischen zwei seitlichen Lomas dem von Verdecuchu ähnelt. Erst weiter unten wandelt es sich zur Schlucht. Der Rucu-Pichincha erhebt sich hier über die flachen Grasflächen in steilen, aus Breccien gebildeten Felsen. Über einen weiteren Rücken gelangen wir in die Einsenkung von Quilloturu. Wir umgehen sie im oberen Teile und erreichen eine neue, vom Rucu-Pichincha herabkommende Loma, von der wir abermals in eine Einsenkung hinabblicken, wohl das Tal Condorguachana Humboldts[10]. Von nun an sind wir fast immer in dichte Wolken gehüllt, die gar keine Orientierung zulassen. Wir befinden uns an dem steilen, Rumipamba zugewandten Abhange, in den tiefe, aber kurze und enge Täler eingeschnitten sind. Die Untersuchung einiger kleiner, kraterförmiger Einsenkungen verhindern die Wolken. In der Höhe von Palmascuchu treten wir in den unteren Teil einer langen, interkollinen Einsenkung ein, da, wo

Schluchten mußten wir dabei durchschreiten. Am 25. März langten wir an, und mit diesem Tage hörte das gute Wetter auf, das mich ausnahmsweise begünstigt hatte.

XVI.
Quito, 26. Mai 1870.

Am 30. März zog ich abermals in Lloa ein, bewaffnet mit einem Regierungsbefehl, mir jede gewünschte Anzahl von Lastträgern zur Verfügung zu stellen, natürlich gegen Bezahlung. Infolgedessen fand eine wahre Indianerhetze statt: heulend und zähneklappernd flehten die Weiber um Gnade für ihre Gatten, denn es war meine Absicht, den Südwestfuß des Berges in dem tiefen Tale des Rio Cinto zu umgehen, die von steilen Felswänden begrenzte Wasserscheide zwischen diesem und den in der Caldera fließenden Bächen zu überschreiten, im Grund der Caldera selbst die Flüsse aufwärts bis in den obersten Teil des Kesseltales zu verfolgen und in den noch tätigen Krater zu gelangen: ein unerhörtes, noch nie versuchtes Unternehmen.

Von Capillapamba aus, denn so heißt der Ort, während Lloa die weite zwischen der Unguikette und dem Pichincha-Abhang eingeschlossene Fläche bezeichnet, gelangten wir, immer dem Laufe des Rio del Cinto nahe bleibend und in weitem Bogen den Südost- und Südfuß des Berges umgehend, nach den warmen Quellen von Baños oder Cachiyaco (Salzfluß, 2714 m), die sich durch starke Kohlensäureentwickelung und einen unverkennbaren Geruch nach Kohlenwasserstoff auszeichnen, und dann, an dem bewaldeten steilen Südgehänge des Berges entlang, hoch über dem hier tief eingeschnittenen Rio del Cinto hin, nach dem letzten bewohnten Haus, nach Chinquil (2759 m). Der Rio del Cinto, der durch die Vereinigung der aus den vier Haupttälern des alten Pichincha (Palmascuchu, Verdecuchu, Yanacuchu und Yuyucuchu) kommenden Gewässer[1] mit den Bächen vom Nordost-, Ost-, Südost- und Südabhang des Pichincha gebildet wird, umzieht, von Norden kommend und durch Osten nach Süden und Westen bis fast nach Nordwesten fließend, den Fuß des eigentlichen Pichincha in nahezu ¾ Kreisbogen und vereinigt sich im Nordwesten des Berges mit den aus dem Innern der Caldera kommenden Flüssen, dem Rio blanco und dem Rio del Volcan. Anfänglich wenig eingegraben, vertieft sich sein Bett abwärts mehr und mehr, wird da, wo die Berge der Unguikette, sich im Süden an die hohen Abhänge des Pichincha anlegend, die Fläche von Lloa abschließen, zu einer tiefen, von fast senkrechten Abhängen umgebenen Schlucht und noch tiefer auf der Südwestseite,

---

der Bach in den steilen Abhang einzuschneiden beginnt, und steigen über Terrassenabsätze steil hinab nach einem von Quito aus sichtbaren Wasserfall[11]. In dunkler Nacht kommen wir um 8 Uhr in Quito an.

wo ein hoher, vom Atacatzo herabziehender Gebirgsrücken den Bach dem Pichincha zudrängt, so daß dort zwischen dem Rio del Cinto und dem Rio blanco, dem südlichsten der Calderaflüsse, nur ein schmaler bewaldeter Gebirgskamm übrigbleibt.

Auf ihn mußten wir gelangen, um einen Weg nach dem Rio blanco zu suchen. Durch den dichten Wald führt ein schmaler Fußpfad nach der daselbst liegenden, jetzt verlassenen Hütte San Rafael. Auf ihm erreichten wir gegen 3 Uhr nachmittags (31. März) einen Punkt, von dem aus infolge früherer Rodung ein einigermaßen freier Blick zu gewinnen war. Der nächste Morgen brachte klares Wetter und gestattete eine Übersicht über die Caldera. Sie stellt ein weites Kesseltal dar, ähnlich dem der Caldera von Palma, jedoch im Innern erfüllt von über 4000 m hohen Höhenzügen, an denen eine Reihe von Flüssen entspringt. Es sind vor allem die an der Süd- und Westseite des Kessels entlang fließende Quebrada seca, die nahe unserem Standpunkt sich mit dem aus dem mittleren Teil der Caldera kommenden Rio blanco vereinigt und von nun an dessen Namen führt, der auch nach der tiefer am Gebirgsabhang erfolgenden Vereinigung mit dem viel größeren Rio del Cinto beibehalten wird, und dann der an der Nordseite aus dem Krater selbst herabfließende Rio del Volcan, dessen Mündung in den Rio blanco das untere Ende der Caldera bezeichnet. Die Berge sind bewaldet, aber die Flüsse sind in furchtbar enge, von steilen Seitenwänden begrenzte Schluchten eingesenkt, in denen sie schäumend und in schönen Fällen herabstürzen. Die dunklen, gezackten Felsen der höchsten Calderaumwallung beim Guagua-Pichincha schließen das Bild ab, gekrönt durch die schneeweißen, aus dem Krater aufsteigenden Dampfwolken.

Sechs Stunden gebrauchten wir, um von unserm Lagerplatz in 2582 m Höhe durch den Wald und über die Felsen hinabzugelangen nach dem Bette des Rio blanco in 2368 m. Mit einer gewissen bangen Neugier betrachteten wir alle das Flußbett, dessen mächtige Geschiebelager, von mehrjährigem Gesträuch überwuchert, zwar auf frühere Block- und Schlammfluten schließen ließen, aber anzudeuten schienen, daß in neuerer Zeit keine solche Katastrophen hier stattgefunden hatten. Bald durch das Gestrüpp uns unseren Weg schlagend, bald bis an das Knie im Wasser den Fluß durchschreitend, suchten wir flußaufwärts zu gelangen. Daß man auf solche Weise mit 16 Lastträgern nicht rasch vom Fleck kommt, ist natürlich. Gegen 2 Uhr traten die Wolken in die enge Schlucht, und es begann zu regnen. Gehörig durchnäßt suchten wir, etwas erhöht über dem Fluß, ein Nachtquartier, denn es war nicht ratsam, bei diesem Wetter in einem unbekannten Bache aufwärts zu gehen, da das 6—8 Schritt breite Bett von so steilen Seitenwänden begrenzt war, daß oft auf langen Strecken sich keine Stelle finden ließ, um bei einer plötzlichen Flut sich zu retten; die Wände zu ersteigen, war nicht möglich.

Die Caldera des Pichincha. 95

Am 2. April setzten wir unsere Flußwanderung fort. Das Bett war oft flach und leicht zugänglich, doch mußte dann der Weg durch das Gestrüpp an den Seiten des Flusses geschlagen werden, oder aber wir waren genötigt, im Wasser selbst zu marschieren. Die Berge zu beiden Seiten wurden höher und steiler; bald kamen Wasserfälle, deren Überschreitung viele Stunden in Anspruch nahm; Seile mußten herabgezogen werden, um Gepäck, Menschen und selbst den Hund über die glatten Felsen hinaufzubringen. Gegen Mittag erreichten wir einen solchen, an dessen ca. 30 Fuß hoher Wand zunächst alle unsere Versuche scheiterten. Ebenso nutzlos waren unsere Bestrebungen am 3. April, und erst am 4. gelang es hinaufzukommen, nachdem bereits am vorhergehenden Tage die Seile an den Felsen angebracht und Fußpfade durch das Gestrüpp geschlagen waren. Über ihm zeigte sich das Bett zunächst leichter begehbar, aber es wurde immer enger, die Felsen wurden höher und steiler, so daß wir zuletzt wie zwischen senkrechten Mauern dahinwandelten; der Bach war vielleicht 15—20 Fuß, die obere Öffnung der 800—900 Fuß hohen Felswände höchstens 50—60 m breit. Ein 60 Fuß hoher, über glatte Felsen herabstürzender Fall machte schließlich unserm Vordringen ein Ende. Rasch wurde die Umkehr beschlossen, und an demselben Tage gelangten wir noch in unser altes Nachtquartier auf der Loma de los Osos, von wo wir nach dem Rio blanco hinabgestiegen waren.

Hier brach, wie gewöhnlich, Revolution unter meinen Begleitern aus; man wollte mich zu höherer Bezahlung zwingen, und nur mit Mühe und mit dem Stock konnte ich die Kerle bewegen, mich weiter zu begleiten.

Am 5. April verfolgten wir den Kamm der bewaldeten Loma de los Osos abwärts, passierten die verfallene Hütte San Rafael und gelangten mittags nach mühevollem Pfadschlagen hinab an die Vereinigung des Rio del Cinto mit dem Rio blanco. Von hier ab begann eine ähnliche Arbeit wie in der Quebrada seca, nur mußten wir diesmal statt bis an das Knie bis an die Hüfte und bis unter die Arme im Wasser marschieren, dann, durchnäßt, stundenlang Schritt für Schritt im Gestrüpp dahinkriechen, und kaum halb trocken ging es abermals ins Wasser. Zwei Tage lang brauchten wir, um nach dem Rio del Volcan in 2078 m hinabzukommen*. Dieser Fluß hat mächtige Block- und Schuttmassen von oben

---

* Reiss, Tgb. 8. 4. 1870. — Um 9 Uhr heben sich die Nebel in der Caldera, und wir blicken durch das ziemlich breite, bewaldete, von Ostnordosten nach Westsüdwesten verlaufende Tal des Rio del Volcan direkt in den Krater, dessen hohe Nord- und Ostnordostumwallung sichtbar ist, während das übrige durch die Scheidewand gegen die Caldera und durch einen niederen Berg verdeckt wird. Der Aufstieg durch die Talung scheint infolge der Ausfüllung durch Schutt- und Blockmassen leicht zu sein. Wir verfolgen den Fluß etwa eine Stunde lang. Der Talgrund ist etwa 60—80 m breit, die Berge zu beiden Seiten scheinen etwa 300 m hoch und von Schuttmassen überzogen. Aus ihnen ragen hier und da anstehende Grünsteine heraus, die in 15—20 Fuß breiten Bändern von Norden nach Süden streichen[2]. Die Trachyte scheinen nicht bis hierher zu reichen. Die Berge

herabgeführt, die das ganze, hier wohl 60—70 m breite Tal erfüllen und selbst eine weiter talabwärts gelegene Hacienda vollständig zerstört haben. Den 8. und 9. April blieb ich an der Vereinigung der Flüsse, um einen günstigen Augenblick für trigonometrische Messungen abzuwarten, und am 10., gezwungen durch meine Peones, mußte ich die Rückreise antreten. In einem Tage marschierten wir vom Rio del Volcan nach Chinquil, und am 12. nachmittags trafen wir in Quito ein.

XVII.

Quito, den 3. August 1870.

Am 22. Juni verließen wir — Dr. Stübel und ich — mit 12 Maultieren, 9 Peones und 4 Dienern abermals die Stadt, um das auf der Westseite des Pichincha in den dichten Wäldern der Tierra caliente gelegene Mindo (1264 m) zu besuchen. Der Weg nach diesen Zuckerpflanzungen zieht am Nordabhange des Pichinchagebirges entlang nach dem etwa 2 Stunden entfernten Örtchen Cotocollao (2802 m). Bis dahin führt eine gut gebahnte, breite Straße. Dann aber erstiegen wir auf schmalen, schlechten Fußpfaden an der Nordseite des Pichincha bis 3645 m* empor, um in dieser Höhe eine Anzahl der tief eingegrabenen Schluchten zu umgehen, die hier von dem Rucu-Pichincha gegen den Ort Nono zu abfließen. Dieser westliche Abhang des Gebirges zeigt eine viel üppigere Vegetation als die der Stadt Quito zugekehrte Ostseite; hier hat aber auch die verwüstende Hand der spanischen Abkömmlinge noch nicht gewirtschaftet. In einer kleinen, wohl aus Spott Frutillas (Ananaserdbeeren) genannten Hütte, mitten im Walde, brachten wir die Nacht zu (3133 m).

Am 23. morgens begann der Abstieg, zuerst durch Wald über steilen Abhang nach dem mit dem Nonofluß sich vereinigenden Rio Verdecuchu (2761 m), dann, die gegenüberliegende Talwand hinansteigend, nach El Puxe (3024 m), von wo es direkt hinab geht nach dem zwischen dem alten und neuen Pichinchagebirge bei Nina-Urcu entspringenden Rio de Mindo. Der Abhang ist so steil, daß der Pfad in unendlichen Windungen über die durch fortwährende Erdstürze entblößten Felsen geführt werden mußte. Halsbrecherisch im höchsten Grade ist dieser fast 900 m hohe Abstieg, aber prachtvoll sind die Blicke, welche sich auf den tätigen Pichincha darbieten. Der fast 4800 m hohe Berg lag uns gerade gegenüber, so nahe, daß man glaubte, seine Abhänge durch einen Steinwurf erreichen zu können. Im unteren Teil mit mehreren tausend Fuß hohen,

---

sind ganz bewaldet. Vor dem großen Erdbeben von 1859 soll der Wald auch den Talgrund bedeckt haben, jetzt herrscht dort der Steinschutt. Eine neue Revolution der Peones zwingt zur Umkehr.

* Tablahuasi. — Stübel, Itinerarprofil.

ganz kahlen, senkrecht erscheinenden Abstürzen aus dem Tale des Rio de Mindo sich erhebend, schließen die steilen Lavamassen und Bimssteinfelder der Kraterumwallung zum oberen, wildgezackten Rande sich zusammen. Gegen Mittag erreichten wir das Flußbett bei Punta de Playa in 2193 m Höhe.

Der ganze Weg hatte uns bisher über das Ausbruchsmaterial des Pichincha geführt; aber nahe der Punta de Playa fanden wir in 2547 m unter den Laven (Trachyten) die älteren Gesteine, die den Unterbau der neueren Bergmassen bilden, anstehend, und den ganzen Fluß hinab bis Mindo sollten wir keine andern Gesteine mehr antreffen als diese noch nicht genügend untersuchten „Grünsteine", die ich bis jetzt der Diabasformation zuzähle[1]. Die Talsohle mag bei Punta de Playa eine Breite von ca. 30 m haben; sie ist vollständig erfüllt von Schutt und Geröllmassen, die durch Erdstürze in den Fluß hinabgeführt wurden. Immer zwischen hohen, steilen, bewaldeten Bergen folgt man nun dem Flußbett abwärts; 14mal muß der Fluß gekreuzt werden, und die ganze Strecke bis Mindo müssen die armen Maultiere mühsam ihren Weg durch die großen Geröllblöcke suchen. Früher war das anders: breite Wiesen dehnten sich zu beiden Seiten des kleinen Baches aus, die dem Reisenden Nahrung für die Reit- und Lasttiere boten, ja sogar der Bau einer breiten Fahrstraße war schon weit vorgeschritten, als plötzlich, wenn ich nicht irre, nach dem großen Erdbeben von 1859[2], eine ungeheure Schlammflut das ganze Tal überschwemmte, in der Zeit von wenigen Stunden die Fahrstraße zerstörte und die Grasflächen in ein Steinmeer verwandelte. Ein Neubau der Straße wäre von der höchsten Wichtigkeit für Quito, denn es erhielte dann eine Verbindung mit dem zunächst gelegenen Seehafen, mit Esmeraldas. Jetzt hat die Republik nur den Hafen Guayaquil, von dem die Post bis nach Quito 6 Tage braucht, während über Esmeraldas Briefe und Waren in sehr viel kürzerer Zeit nach den bewohnten Hochländern gebracht werden könnten.

Mit unserem vielen Gepäck gelangten wir nicht in einem Tage von Frutillas nach Mindo, sondern mußten nochmals im Flußbett übernachten, zum großen Mißbehagen unserer Maultiere, die sich noch immer nicht an das Steinefressen gewöhnen können. Am 24. gegen Mittag trafen wir dann in Mindo ein. Der ganze Ort besteht aus drei großen Bambushäusern und ca. 20 kleinen Bambushütten, die im Tale auf eine Länge von ca. 2 Stunden verteilt sind. In dem hier, beim Eintritt der ersten von uns beobachteten Nebenflüsse, sich etwas erweiternden Talgrunde sind in den dichten Wald kleine Rodungen geschlagen, auf denen drei Haciendas*

---

* Reiss, Tgb. 25. 6. 1870. — Jede der Haciendas besteht aus einem mit Zuckerstroh gedeckten Destillationshaus, einem ebensolchen, mit Veranden umgebenen Wohnhaus und einigen Peoneshütten. Sie haben alle sehr steile Dächer und sind wegen der Feuchtigkeit auf Pfählen über dem Boden erbaut. Eine kleine Schmiede und eine Erdbebenhütte

Zuckerrohr bauen, doch ist trotz der geringen Höhe (1264 m) die Qualität des Rohres noch sehr schlecht, und es braucht fast 1½ Jahr zur Reife. Außerdem saugt es den Boden dermaßen aus, daß man höchstens 7—8 Jahre auf demselben Felde bauen kann, dann muß es wieder sich selbst überlassen bleiben. Es bedeckt sich dann sehr rasch mit Wald, ist aber erst nach 14—20 Jahren wieder für Zuckerrohr tauglich. Nun sollte man denken, daß in einer solchen Waldgegend, wo das Terrain gar keinen Wert hat, sich leicht neue Felder anlegen ließen, und gewiß würden auch Europäer bereits große Pflanzungen hergerichtet haben, aber der Ecuatorianer gibt sich nicht soviel Mühe. Jetzt sind die Felder von zwei Haciendas bereits völlig ausgesogen, und nur die dritte, San Vicente, ist noch halbwegs imstande. Die Anlage einer Pflanzung, mit Erwerb des Bodens, Ankauf und Aufstellung der Maschinen zum Rohrpressen und Schnapsbereiten (Zucker läßt sich des teueren Transportes wegen nicht verwerten) würde ungefähr 10—12000 Pesos, also 20—25000 Gulden, kosten und nach 3—4 Jahren auf 20—25 Jahre hinaus eine Einkunft von 4—5000 Pesos = 8—10000 Gulden gewähren[4].

In dem angenehmen Klima von Mindo blieben wir bis zum 29. Juni, mit mancherlei Arbeiten beschäftigt, überstiegen dann die Scheidewand zwischen Rio de Mindo und Rio blanco und begannen zu Fuß die Wanderung flußaufwärts, um so die von mir bis zur Vereinigung des Rio blanco mit dem Rio del Volcan eröffnete Trocha zu erreichen und auf dieser nach Quito zurückzukehren. Acht Tage harter Arbeit kostete uns der wahrscheinlich noch nie begangene Weg; aber wohlbehalten, wenn auch müde, langten wir am 6. Juli in Quito an, nachdem wir so den Pichincha vollständig an seinem Fuß umgangen hatten.

XVIII.

Quito, 17. Juni 1870.

Einige Bemerkungen über die politischen und sozialen Verhältnisse des Landes werden die uns hier begegnenden Schwierigkeiten deutlich machen.

Unter spanischer Herrschaft befand sich der ganze Grundbesitz in den Händen der Abkömmlinge der spanischen Eroberer und der später herübergekommenen Spanier. Die Indianer, die ursprünglichen Herren des Landes, waren schlimmer daran als Sklaven, sie gehörten dem Grundbesitzer, hatten aber eine eigene Gerichtsbarkeit und besondere von der Regierung eingesetzte Beschützer, durch deren Vermittlung sie bei den

---

stehen nebenan. Die Peones auf San Vicente stammen aus der Gegend von Latacunga, sie arbeiten 13 Tage im Monat auf der Hacienda, brauchen aber mit Hin- und Herreise ca. einen Monat. Es sind Conciertos[3] (Hörige) des Besitzers, der sie dem Pächter um 2 Reales den Tag zur Verfügung stellt, ihnen selbst aber kaum einen Real zahlt.

spanischen Richtern ihre Klagen anbringen konnten. Der sogenannte Befreiungskrieg hat nur wenig an diesen Verhältnissen geändert. Dem Namen nach sind die Indianer freier geworden, in Wirklichkeit aber stehen sie jetzt schlechter da denn früher, obgleich sie es waren, welche den eigentlichen Kampf durchfochten. Bei der Bildung des großen Colombia, in dem noch Ecuador, Neugranada und Venezuela in einem Staate zusammengefaßt waren, wurde die Leibeigenschaft zwar aufgehoben, aber jahrelang dauerte es, bis man wirklich zur endgültigen Ausführung schritt, denn die Herrschaft lag damals wie auch nach der Zersplitterung des großen Staates in den Händen der Weißen und hauptsächlich in denen der Grundbesitzer.

Der obersten Leitung der Staatsangelegenheiten bemächtigten sich die Generale des Befreiungskampfes und dann durch oft wiederholte Kasernenrevolutionen die rücksichtslosesten Abenteurer, deren ganzes Bestreben darauf gerichtet war, zu herrschen und Geld zu machen. Nominelle Parlamente wurden zu Dutzenden berufen: Ecuador allein zählt gegen 15 Konstitutionen in 40 Jahren[1]. Die fortdauernden Kriege, die nie endende Unsicherheit zerstörten den geringen Reichtum des Landes. Die Weißen, fortwährend mit politischen Umtrieben beschäftigt, taten ihrer nationalen Abneigung gegen jede Bildung und Arbeit, geistig wie physisch, keinen Zwang an, und so entstand ein rohes, unwissendes Geschlecht, stark in Lüge und Betrug, das nur zwei Mittel kennt, seine Existenz zu erhalten: fortwährende Revolutionen, um im trüben zu fischen, und Unterjochung der Indianer, um umsonst Arbeiter für seine Ländereien zu gewinnen. Bis vor kurzem war es bei Strafe verboten, einen Indianer Spanisch zu lehren, sie waren ausgeschlossen von jedem politischen Rechte, ja nicht einmal zum Waffendienst wurden sie herangezogen.

Jeder Grundbesitzer ist Eigentümer einer Anzahl Indianer; da aber nach dem Gesetz keine Leibeigenen gehalten werden dürfen, so hat man einen gesetzlichen Ausweg für diese Art Dienstleistung gefunden. Der Hacendado schießt nämlich dem Tagelöhner, scheinbar aus Gutmütigkeit, einige Taler vor; sobald aber die Summe so hoch geworden ist, daß der arme Teufel nicht fähig ist, sie auf einmal zurückzuerstatten, wendet sich das Blatt. Jetzt muß bezahlt werden, oder der Indianer muß sich verpflichten, als Concierto (d. h. Verpflichteter) in den Dienst der Hacienda zu treten. Als solcher erhält er ein Stückchen Land, worauf er eine elende Hütte bauen und etwas Gemüse pflanzen kann, muß aber täglich auf den Feldern des Gutsherrn für 7 Kreuzer Lohn arbeiten, darf ohne dessen Erlaubnis nie das Gut verlassen, verfällt der Gerichtsherrschaft der Hacienda und kann selbst gegen seinen Willen an irgend jemand verkauft werden, der das vorgeschossene Geld bezahlen will. Kommt der Indianer nicht gutwillig allen diesen Verpflichtungen nach, so hat der Herr das Recht, ihm jedesmal drei Peitschenhiebe mit einer schrecklichen, fünfschwänzigen Katze zu verabreichen und ihn auf unbestimmte Zeit in den Cebo zu setzen. Er darf diese Strafen nach Belieben wiederholen, so daß er einen Concierto durch Peitschenhiebe töten kann. Der Cebo ist ein mittelalterliches Marterwerkzeug, das aus zwei Balken besteht, in die Löcher für die Füße eingeschnitten sind. Die Balken werden geöffnet, die Füße des „Verbrechers" eingeklemmt, dann die Balken abermals geschlossen, und so muß dann der arme Teufel, ohne Urteil und Untersuchung, sitzen, bis sein Herr für gut findet, ihn zu erlösen. Der jetzige Präsident hat diesen Cebo dadurch verbessert, daß er die Balken ca. 3—4 Fuß über dem Boden aufhängt, so daß der Gefangene mit den Füßen in der Luft schwebt, aber mit dem Rücken auf der Erde ruht. In diese Folter hat García Moreno einen General, seinen politischen Gegner, 2½ Jahre lang gelegt, bis der Mann durch den Tod erlöst wurde.

Die Conciertos müssen aber nicht nur allein arbeiten, sondern auch Frau und Kinder, diese, bis sie volljährig sind, gehören der Hacienda. Daß bei der elenden Bezahlung der Indianer sich nie befreien kann, versteht sich von selbst, auch jedes Streben nach Verbesserung und nach Bildung ist unter solchen Verhältnissen unmöglich. Es gibt allerdings außer diesen Conciertos auch noch sogenannte freie Indianer, die keine Vorschüsse angenommen haben. Sie leben in Dörfern beisammen und bebauen ihre Felder gut, so daß man auf Stunden Entfernung die Besitzungen der Indianer von den verwahrlosten Haciendas der Weißen unterscheiden kann. Aber auch sie sind mehr denn zur Hälfte Sklaven. Jeder Weiße oder selbst Nigger maßt sich Befehlshaberrechte über sie an. Braucht man einen Lastträger, so zwingt die Polizei den ersten besten von ihnen, Dienst zu tun, einerlei ob er will oder nicht und unbekümmert um den daraus ihm erwachsenden Nachteil. Für alle Regierungsbauten und öffentlichen Arbeiten werden sie durch Bewaffnete zusammengetrieben und, mit Stricken untereinander verbunden, in langen Reihen zur Arbeit geschleppt.

Daß eine so bedrückte Rasse keine Liebe für die Weißen haben kann, ist natürlich. Beim großen Erdbeben 1868 herrschte große Freude in der Provinz Imbabura, und Boten wurden nach Quito gesandt, um die dortigen Indianer zu gemeinschaftlichem Handeln, d. h. zur Vertilgung der Weißen, aufzufordern. Schade, daß der Plan nicht zur Ausführung kam! Betrachtet man diese armen Menschen jetzt, nachdem sie über 300 Jahre solchen Mißhandlungen ausgesetzt waren, so muß man staunen ob der ihnen innewohnenden guten Eigenschaften, welche sie dies alles ertragen ließen, ohne ihren Charakter völlig zu verderben. Und bedenkt man gar noch, welches Gesindel diese abscheuliche Herrschaft ausübt, so kann man nur wünschen, daß Katastrophen wie die von 1868 den Indianern die Mittel an die Hand geben möchten, die Erde von dem Ungeziefer zu reinigen, das leider Gottes eine weiße Haut trägt und sich Abkömmlinge Europas nennt.

Die Ehrlosigkeit dieser Leute mag eine Anekdote illustrieren: Bei dem letzten heftigen Erdbeben, im Februar 1870, war die Kuppel der kleinen, einer sehr wundertätigen Madonna gewidmeten Kirche zu Guápulo eingestürzt. Um den Schaden wieder auszubessern, wurden in öffentlicher Auktion Wertgegenstände der Kirche verkauft und darunter auch ein großartiger Smaragdschmuck. Eine der ersten Familie Quitos angehörige Dame wollte den Schmuck kaufen, wurde aber von einem Franzosen überboten. Dieser ließ den Schmuck auseinandernehmen, um die Steine einzeln hier oder in Europa zu verkaufen. Madama ... benutzte die Gelegenheit, besuchte den Kaufmann, wählte drei der schönsten Steine aus, nahm sie mit nach Hause, um ruhig den Kauf zu überlegen. Am folgenden Tag brachte ihr Vetter sie zurück mit der Nachricht: seine Base könne sich nicht zum Ankauf entschließen. Die Entrüstung des Kaufmanns, als er beim ersten Blick erkannte, daß zwei seiner Steine verwechselt und schlechte dafür eingeschoben waren, machte sich in keineswegs ehrerbietigen Ausdrücken Luft. Madama... kam selbst in den Laden, spielte die Beleidigte und machte eine solche Szene, daß eine große Zusammenrottung auf der Plaza entstand. Jedermann ist überzeugt, daß die Steine vertauscht worden sind, aber niemand sieht ein Unrecht in einer solchen Handlung, sondern bedauert höchstens, daß Madama... und nicht seine eigene Frau diese glückliche Idee gehabt hat.

Zum Militärdienst wurden bisher nur arme Weiße oder Schwarze herangezogen. Die Indianer hatten jeder 3 Taler (12 Frank) jährlich zu bezahlen, denn man traute sich nicht, sie zu bewaffnen. Nachdem aber zwei Heere Ecuadors durch kleine Scharen Colombianer elend aufgerieben worden waren, sah man sich genötigt, auch die Indianer aufzubieten. Um den dadurch entstehenden Mehraufwand zu decken, hat García Moreno, der jetzige Präsident, eine neue Steuer eingeführt: jeder Ecuatorianer, also auch der Indianer, muß 3 Taler bezahlen, will er nicht wöchentlich einmal in der sogenannten Miliz exerzieren. Die Abgabe trifft nur die Armen, denn die Reichen sind selbstverständlich über jedes Gesetz erhaben. Wer das Geld nicht erlegt und nicht Sonntags antritt, wird von der Polizei aufgefangen und nach Guayaquil geschickt, dem Gelben Fieber zur Speise. Aber selbst diejenigen, welche dieser Verpflichtung nachkommen, sind noch nicht militärfrei, sondern können jeden Augenblick eingezogen werden[2].

García Moreno, wie fast alle Präsidenten durch Kasernenrevolution zur Herrschaft gelangt, regiert bereits zum zweiten Male das Land. Unstreitig ist er für Südamerika eine hervorragende Persönlichkeit[3]; Geld begehrt er nicht, wohl aber unumschränkte Herrschaft. Ich bin zwar überzeugt, daß nur ein Tyrann in diesen Ländern Gutes schaffen kann, aber zu bedauern ist es, daß alle hiesigen Gewalthaber, man denke nur an Lopez[4] und Rosas[5], ausarten. Willkürliche Handlungen, Morde, beschönigt durch scheinbare Gerichtsverhandlungen, sind an der Tagesordnung. Nur der Wille des Präsidenten ist Gesetz; wer Widerspruch wagt, ist dem Tode verfallen. Daß unter solchen Männern keine anständigen Leute in die Regierungsstellen eintreten, ist selbstverständlich; nur blinde Werkzeuge des unbeschränkten Herrscherwillens können ihren Platz behaupten. So kommt es, daß die niederträchtigsten Kerle des Landes die höchsten Posten innehaben, und daß, wie der Präsident im großen, so jeder Beamte im kleinen seiner Willkür freien Lauf läßt. Mehr denn einmal hat García Moreno Leute erschießen lassen, noch während ihr Prozeß vor dem Kriegsgericht verhandelt wurde. Noch vor wenigen Monaten fand ein Aufruhr in Cuenca statt, der rasch unterdrückt wurde. Der Präsident ließ die Anführer vor ein Kriegsgericht stellen und zum Tode verurteilen. Alle Beamte in der Stadt Cuenca baten um Gnade, die Richter verschoben die Vollstreckung des Urteils, da der Advokat mit Recht einwandte, daß die Tat, unter dem geltenden Gesetze ausgeführt, nicht vor ein Kriegsgericht gehöre. Als Antwort sandte García Moreno Truppen, entzog dem Verteidiger die Advokatur und erließ den Befehl, augenblicklich zur Exekution zu schreiten oder aber sämtliche Richter vor ein Kriegsgericht zu stellen, denn er habe das Kriegsgericht eingesetzt, und was er sage, sei Recht und Gesetz.

Solche Vorfälle sind sehr häufig. Ein Beispiel mag genügen: Bei einer der vielen lokalen Revolutionen wurde ein junger, der Regierung feindlich gesinnter Mann gefangengenommen, und da ein Urteil gegen ihn nicht zu erlangen war, ohne Untersuchung im Gefängnis behalten. Nach einem Jahr etwa versuchte er, durch einen Geistlichen ein Gnadengesuch einzureichen. Der Präsident blickte einen Augenblick erstaunt auf das Papier, dankte dann dem Priester, daß er ihn an diesen Mann erinnert habe, und gab umgehend mit lauter Stimme den Befehl, einen Schlosser in das Gefängnis zu schicken, um Ketten an Hände und Füße des Häftlings zu schmieden.

Bei alledem ist nicht zu leugnen, daß García Moreno ein Glück für das Land ist. Noch nie herrschte solche Ruhe, noch nie wurde so große Gerechtigkeit geübt wie jetzt. Alle Welt fürchtet den Mann, jeder hält seine schlechten Neigungen im Zaum und hofft auf baldige Revolution. Der Präsident besitzt außerordentlichen Mut und ebensolche Entschlossenheit. Er allein ritt einst nach Guayaquil und trat in eine Versammlung der Verschworenen, die ihn mit Viva-Rufen empfingen. Bedeutende öffentliche Arbeiten werden ausgeführt, und die Finanzen sind in einem bisher nicht bekannten, blühenden Zustande. Ja selbst die Soldaten erhalten regelmäßige Bezahlung und werden nicht mehr wie unter früheren Präsidenten auf die Straßen losgelassen, um sich durch Raub Nahrung zu verschaffen. Aber die rücksichtslose Willkür des Mannes, der weder Gesetze noch Verträge als Schranken anerkennt, muß ihn früher oder später mit den auswärtigen Mächten in Konflikt bringen. Mit England lebt er auf sehr gespanntem Fuße, der peruanische Minister verließ das Land, und auch der französische Gesandte[6] führt mit ihm eine sehr gereizte Korrespondenz. Wir, Dr. Stübel und ich, stehen bei ihm, da er selbst früher Naturwissenschaften studiert hat, in Gunst[7]; sonst hätten uns auch schon seine Beamten das Leben sauer gemacht.

XIX.
Tambillo, 16. August 1870.

Nach fast achttägigem schlechtem Wetter hellte sich am 6. August der Himmel völlig auf, so daß wir bei prächtigstem Sonnenschein unseren neuen Ausflug beginnen konnten. Wunderbar klar lagen selbst die entfernten Schneeberge, der Cayambe, der Antisana und der Cotopaxi vor uns, und an den näheren Gipfeln waren auch die kleinsten Details der Felsformen zu erkennen. Wie bei dem Ritt nach Lloa und dem Pichincha verließen wir auch diesmal Quito auf der alten, nach Süden führenden Heerstraße. In dem weiten Tale von Chillogallo führt sie längs dem Ostfuß des von mir als Unguikette bezeichneten Rückens[1] entlang nach dem Nordfuß des Atacatzo, der südlich vom Pichincha sich erhebt und dessen malerische Form bereits von Quito aus unsere Aufmerksamkeit auf sich gezogen hatte. Gegen Mittag erreichten wir seinen Fuß und gelangten, steil aufsteigend, durch niederen Gestrüppwald rasch in 3703 m Höhe, in die Region der Pajonales. Von Quito und vom Pichincha aus erscheint es, als wenn der Atacatzo ein kleiner Berg mit aufgesetztem, einen Kraterkessel umschließenden Felskamm sei, er besitzt jedoch eine breite, weit ausgedehnte Grundmasse*. Über Hochplateaus, bald auf-, bald abwärts, ritten wir stundenlang fort, und erst gegen 4 Uhr nachmittags waren wir am Fuß des noch 400 m höheren, letzten Felsens. Dort in 4151 m Höhe schlugen wir unser Zelt auf. Holz und Wasser mußte weit herbeigeschafft werden. Die Nacht war sehr kalt, zumal ein heftiger, sturmartiger Wind wehte. Um 7 Uhr morgens war alles klar,

---

* Reiss, Tgb. 6. 8. 1870. — Der Atacatzo erhebt sich steil aus der Chillogalloebene und ist durch nördliche Ausläufer mit der Umwallung der Lloaberge verbunden. Eine Reihe hoher, schroff endigender Lomas strahlen von ihm nach allen Seiten aus, zwischen denen tiefe Einsenkungen herablaufen. Aus ihren steilen Gehängen ragt hier und da anstehendes Gestein[2] heraus. Zwischen diese Vorberge und die eigentliche Atacatzomasse schiebt sich eine etwa 600 m breite Fläche: Tarugapamba (3831 m), eingeschaltet, nach der von Westen und Osten gleichfalls Einschnitte herabziehen. — Reiss, Tgb. 9. 8. 1870. — Der Atacatzo ist ein breites, aus zwei verschiedenen Gebirgen zusammengesetztes Massiv, denn der Teil zwischen seinem Nordfuß und Tarugapamba ist ein selbständiger, vulkanischer Bau mit radialen Lomas, und jene Ebene selbst ist entstanden durch den Zusammenstoß dieser Bildung mit dem eigentlichen Atacatzo, auf dessen Unterbau dann wieder der jüngste und höchste Felskamm aufgesetzt ist.

aber der Wind war so stark geworden, daß an eine Ersteigung der gewaltigen, sehr steilen Wände vor 8 Uhr nicht zu denken war. In einstündigem, mühsamen Klettern wurde der 4539 m hohe Gipfel erklommen. Wie wir erwartet hatten, umschlossen die höchsten Felsen ein kraterartiges Tal, das nach Westen langgezogen als Flußtal verläuft[3]. Die Aussicht überbot alles, was wir bisher gesehen hatten. Der Pichincha, in nächster Nähe aus den Waldbergen aufragend, zeigt seine immense Caldera und die ganze Breite seines vielgipfeligen Rückens, die Ebenen von Lloa, von Quito und Chillogallo und tiefer gegen Osten die große Fläche von Chillo sind sichtbar. Im Süden stehen im Vordergrund der schöne Corazon, dessen Gipfel ebenfalls eine Caldera enthält, und die wunderbar geformte Schneepyramide des Iliniza, in großer Ferne Chimborazo, Carihuairazo, Sangay, Igualata und Tunguragua und vor ihnen der Cotopaxi mit seinen zugehörigen kleinen Bergen, dem Rumiñahui, Pasochoa und Sincholagua. Den Osten nehmen der Antisana und Cayambe ein, verbunden durch die beschneite Kordillere, und im Norden ragen Imbabura, Cotacachi, Cumbal, Chiles und Cerro negro de Mayasquer empor.

Am 8. August verließen wir den Atacatzo, an dessen Fuß wir in der Hacienda de Tilicuchu in 3152 m Höhe übernachteten. Das schon öfter erwähnte, kleine Plateau zwischen den niederen Hügeln von Lumbisí (3058 m), Poingasi und dem Pichincha, auf dem im Norden von Quito Rumipamba, im Süden Chillogallo und Turubamba liegen, umzieht, gegen Süden zu ansteigend, auch den Nordostfuß des Atacatzo und endigt bei Santa Rosa in 3086 m. Gegen Osten zu fällt es steil nach der tieferen Ebene von Chillo und Tumbaco ab und ebenso bei Santa Rosa gegen Süden, denn diese, die, von der Höhe bei Quito aus gesehen, im Süden durch Atacatzo und Pasochoa begrenzt zu sein scheint, zieht, hier schon über 2800 m hoch, in Wirklichkeit zwischen diesen beiden Bergen als schmaler Streifen hindurch, um sich weiter gegen Süden bei Machachi (2900 m) abermals als breite Fläche auszudehnen[4]. Dorthin stiegen wir ab nach Tambillo (2802 m) und besuchten von da aus am 11. den leicht zugänglichen Pasochoa.

Der Pasochoa[5] scheint ein kleiner Gipfel; seine höchste Spitze erreicht aber 4255 m und liegt 1600 m über dem umgebenden Talboden, er würde also bei uns als sehr hoher Berg gelten. Sein flacher Dom mit steilem, kegelförmigem oberen Aufsatze umschließt ein ungeheuer weites Kesseltal, das ca. 1000 m tief und ganz mit dichtem dunklen Walde erfüllt ist, während den ganzen äußeren Hang nur gelbes, trockenes Gras bedeckt. Alles ist bewachsen, nur die höchsten Ränder ragen als schroffe, schwarze Felsen[6] aus der Vegetationsdecke hervor. Wegen seines abweichenden geologischen Baues und wegen des Blicks auf das durch Schutt und Schlammströme verwüstete, zwischen Rumiñahui, Pasochoa, Sincholagua und Cotopaxi sich ausdehnende Land war uns der Besuch dieses Berges höchst interessant. Am 12. drangen wir in die Caldera ein, konnten aber des dichten Waldes wegen wenig ausrichten.

XX.
Quito, 31. August 1870.

Den 16. August frühmorgens verließen wir Tambillo, um unser Hauptquartier weiter südlich zu verlegen, zur Untersuchung der Berge Corazon und Rumiñahui. Die große, gepflasterte Fahrstraße, die der jetzige Präsident anlegen ließ, läuft von Norden nach Süden in einer weiten, talartigen Einsenkung dahin. Oft ist ihr Grund eine breite Ebene, oft ist er durch Hügelreihen in verschiedene Plateaus gegliedert und an einigen Stellen durch vorgeschobene Berge zu einem schmalen Bande eingeschränkt. Im Osten und Westen dieser Fläche erheben sich die mächtigen vulkanischen Gebirgsmassen, die hier in nicht sehr passender Weise als Ost- und Westkordillere bezeichnet werden; denn eine eigentliche Kordillere stellen sie nicht dar, sondern jede von ihnen ist ein selbständiges Ganzes, ein mächtiger Lavadom, von den nördlich und südlich folgenden Bergen durch tiefe Einsenkungen getrennt. Am deutlichsten ist diese Aneinanderreihung im Westen. Dort schließen von Norden nach Süden Pichincha, Atacatzo, Corazon und Iliniza aneinander an. Die Ostberge sind weniger scharf in einer Reihe angeordnet, da sie einmal einem bereits über die Ebene sich erhebenden Gebirge aufgesetzt sind, anderseits eine Anzahl von ihnen wie Vorhügel um den mächtigen Kegel des Cotopaxi gruppiert erscheinen. Es sind von Norden nach Süden der Cayambe, der Antisana und die Gruppe des Cotopaxi, die, soweit wir sie bis jetzt kennen, aus Pasochoa, Sincholagua, Rumiñahui und Cotopaxi besteht. Die weite, zwischen diesen Reihen vulkanischer Massen sich ausdehnende Ebene ist im Norden begrenzt durch den quergestellten Gebirgszug des Pasochoa, im Süden, dem obern Ende des Tales, durch drei kleine, kegelförmige Berge bei Latacunga, die den Fuß des Iliniza mit dem des Cotopaxi verbinden[1].

Von Tambillo aus, das am Ostabhang des Atacatzo liegt, an den Westbergen entlang gehend, gelangten wir in ca. 3 Stunden nach dem am Nordfuß des Corazon gelegenen Ort Aloag (2922 m). Dieser Vulkan, von den Ecuatorianern nach seiner angeblich herzförmigen Gestalt so genannt, ist ein mächtiger Domberg mit steilem Gehänge und breitem Rücken, auf den schroffe, ausgezackte Felsen aufgesetzt zu sein scheinen. In Wirklichkeit umschließen sie eine weite, ca. 800 m tiefe Caldera, die aus drei bedeutenden Tälern gebildet wird. Ihre Gewässer fließen nach Nordwesten in tiefen, bewaldeten Schluchten ab und verbinden sich mit den aus der Caldera des Atacatzo kommenden Bächen zum Abfluß nach dem

Stillen Ozean. Der Ostfels der Umwallung ist ca. 300 m höher als die übrigen und erhebt sich als schroffe Pyramide bis zur Höhe von 4787 m. Da die ganze Bergmasse waldfrei ist, kann man sie verhältnismäßig leicht besteigen*. Wir verlegten unser Zelt in die Höhe von 4205 m, nahe unter dem Rande der Caldera. Furchtbarer, sturmartiger Wind und fortdauernde Wolkenbedeckung machten jedes Arbeiten fast zur Unmöglichkeit. So mußten wir uns auf eine Begehung des Calderarandes und die Ersteigung des höchsten, mit ewigem Schnee bedeckten Gipfels beschränken[2].

Am 21. abends langten wir wieder in Aloag an und zogen bereits am 22. früh quer durch die Ebene nach dem am Fuß des Rumiñahui gelegenen Orte Machachi. In dem dicht beim Orte an der großen Landstraße stehenden Gasthaus (2935 m) ließen wir uns häuslich nieder. Der Rumiñahui[3], mit dem Cotopaxi zu einer Gruppe gehörig, ist einer der am wildesten ausgezackten Berge in der Umgebung Quitos. Seine wohl meist unersteiglichen Felsgipfel sind zwar nicht mit ewigem Schnee bedeckt, reichen aber doch nahe bis zur Schneegrenze, denn fast täglich fällt frischer Schnee bis weit herab am Gehänge. Auch dieser Vulkan enthält eine ungeheure Caldera, deren Grund in 3950 m Höhe liegt. Am 23. drangen wir in ihr schön bewaldetes Innere ein**, und am 25. besuchten

---

* Reiss, Tgb. 17. 8. 1870. — Wir reiten von Aloag aus westlich durch 30—40 Fuß tiefe Hohlwege, die in einen traßartigen, ungeschichteten Tuff eingesenkt sind, der ziemlich nahe der Oberfläche eine 1—2 Fuß starke Bimssteinschicht enthält. Nach einer halben Stunde gelangen wir auf die breite, von Norden nach Süden wohl 4—5 km lange Fläche, die sich zwischen Atacatzo und Corazon dehnt (3138 m). Sie heißt Guagrapamba (= Rinderebene). Der Corazon, ganz kahl und von kleinen Wasserrissen durchfurcht, erhebt sich von ihr aus ganz allmählich mit 6—10° Neigung, die sich aber rasch auf 19°, später 22—27° steigert. Hier emporklimmend, erreichen wir in etwa 4200 m ein von der Nordwestumwallung der Caldera herabkommendes Tal, das schon von Aloag aus sichtbar ist. Hier wird das Zelt aufgeschlagen. — 18. 8. 1870. — Der obere Außenhang des Corazon ist im Norden durch eine Anzahl breiter Rippen in weite Mulden zerlegt, an die erst weiter unten ein einheitliches Gehänge anschließt. Der ihn krönende Calderarand ist im Nordteil stark ausgezackt und felsig, mehr im Westen verläuft er in ziemlich gleichmäßiger Höhe, nur hier und da ragt Lava empor. — 19. 8. 1870. — Der höchste Gipfel des Corazon ist ein kleines Plateau, das von einer kompakten, aber wenig mächtigen Schneemasse, aus der an vielen Stellen schwarzes Gestein herausragt, bedeckt ist. Einzelne Schneeflecke und Schneelehnen ziehen sich am Abhange herab. Zur Bestimmung der unteren Schneegrenze ist jedoch der Corazon ebensowenig wie der Pichincha geeignet.

** Reiss, Tgb. 23. 8. 1870. — Die Caldera des Rumiñahui umschließt, wie die von Palma, mehrere Täler, die durch mit Gras bewachsene Lomas voneinander getrennt sind. Das nördlichste, das des Rio Tiliche, ist das tiefste und größte, es vereinigt sich weiter unten mit dem mittleren der Quebrada de las minas de Pancalea. Wir steigen das Tal des Hauptbaches empor. Es erweitert sich oben kesselförmig und ist von mächtigen Panza-Bäumen, deren Stämme oft 2—3 Fuß Durchmesser haben, bestanden. Sie erinnern in ihren Formen, mit ihrer braunen, in dünnen Blättern sich abschälenden Rinde sehr an die baumartigen Eriken Madeiras. Der Kessel ist durch mächtige Felsen abgeschlossen, über die Schutthalden zum eigentlichen, 150 m höheren Calderaboden hinaufführen.

wir die Außenseiten des Massivs, um die Gesteine der höchsten Gipfel zu sammeln*. Der Berg erscheint von der Ferne gesehen klein; in Wirklichkeit ist er ein ausgedehntes Gebirge mit vielen Tälern, die nach allen Seiten herabziehen. Die höchsten Gipfel werden auch hier wie am Pasochoa, Atacatzo und Corazon von mächtigen Schlackenmassen gebildet, die von unzähligen Gängen durchsetzt sind. Aber der Rumiñahui bietet noch die besondere Eigentümlichkeit, daß eine sehr große Anzahl oft nur wenige Zoll dicker Lavaströme den mit ca. 30⁰ nach außen einfallenden Schlackenschichten eingelagert sind. Der Erosion wenig widerstehend, bilden diese Schlacken furchtbar schroffe Felsen[4]. Wir umgingen den Berg so weit, daß wir einen Einblick in das zwischen Cotopaxi, Sincholagua, Rumiñahui und Pasochoa sich ausdehnende Hochland erlangen konnten. El Pedregal (Steinfeld) heißt diese zwischen 3500 und 3900 m Höhe schwankende Fläche wegen der weithin sich ausdehnenden Schuttmassen, die durch die Schmelzwasser des Schnees von dem steilen Cotopaxikegel herabgeführt werden.

Die vier von uns bei dieser Exkursion untersuchten Gebirge unterscheiden sich wesentlich von allen andern und erinnern nur an den Rucu-Pichincha; denn während an allen Bergen Colombias und am eigentlichen Pichincha selbst mächtige Lavabänke vorherrschen, ja fast allein aufzutreten scheinen und Gänge zu den äußersten Seltenheiten gehören, bestehen diese vier Vulkane im Gegensatz dazu in ihrem obern Teil nur aus Schlackenmassen, in denen Gänge in überaus großer Zahl auftreten. Solche Bauart war bisher in Südamerika gar nicht bekannt.

Am 26. August wurde die Rückreise nach Quito angetreten, und zwar

---

* Reiss, Tgb. 25. 8. 1870. — Wir steigen an der Nordwestseite des Rumiñahui hinauf und gelangen etwas westlich vom Nordgipfel in eine tiefe Einsenkung mit flachem Grunde, die dem Verdecuchu des Pichincha ähnelt. Ihr Ende wird durch die schroffen, unersteiglichen Felsen der Caldera-Umwallung bezeichnet. Sie bestehen nicht aus fester Lava, sondern aus steil mit 30⁰ nach außen einfallenden Schichten, die auf den ersten Blick Agglomerate zu sein scheinen. Bei genauerer Betrachtung aber erkennt man, daß eine Unzahl oft nur ½, oft 3—4 Fuß dicker Lavabänke pseudoparallel, nur hier und da unterbrochen durch mächtige, aber unregelmäßige Lavamassen, zwischen sie gelegt sind. Außerdem ziehen sehr viele Gänge hindurch, meist nordsüdlich streichend, d. h. ziemlich radial nach der idealen Kuppe des Berges gerichtet, und meist quer zerklüftet. Im Gegensatz zu diesen Felsen stehen die Lomas, die die Einsenkung seitlich begrenzen und ihren Verlauf nach El Pedregal zu bedingen. Sie sind sehr gerundet und mit Gras bewachsen, wenn auch steil nach innen abfallend. Wir haben es in diesen schroffen Felsen allem Anscheine nach mit Gebilden zu tun, die durch rasch hintereinander folgende Eruptionen, die von einem oder mehreren Punkten nahe dem Zentrum des Berges ausgingen, entstanden sind, so daß die Schlackenkrusten der einzelnen Ströme sich bei der folgenden Zersetzung vereinigten. Die Einsenkung von Capacocha (3971 m) ist also sicherlich kein interkolliner Raum, sondern durch Erosion ausgewaschen, wenn auch ein an einem Abhange vorgebildeter, interkolliner Raum den Anstoß zu ihrer Entstehung gegeben haben mag. Auf gleiche Weise ist auch der Kessel von Tiliche zu erklären, denn ein prinzipieller Unterschied zwischen beiden Bildungen besteht nicht.

nicht auf dem gewöhnlichen Wege, sondern durch die Ebenen von Chillo, die östlich von Quito vom Sincholagua bis Guaillabamba sich ausdehnen. Das Tal von Chillo, mehrere Stunden breit, wird von einer Reihe tiefer Quebradas durchzogen, die von den Schneebergen Cotopaxi, Sincholagua und Antisana das Wasser herabführen. Es ist infolge dieses Wasserreichtums der bestkultivierte Teil Ecuadors. Eine Reihe hübscher Landhäuser liegen hier verstreut, meist mit bedeutendem Luxus erbaut, aber bereits wieder zerfallen und verlumpt[5].

Den 27. August benutzten wir zur Besteigung des kleinen, gleichfalls vulkanischen Ilaló, der inselartig aus der Chillofläche sich erhebt und vollständig unserem badischen Kaiserstuhl bei Freiburg entspricht[6]. Der Berg, nur 3161 m hoch, ist bis oben bebaut, also leicht ersteiglich. Die Aussicht von seinem Gipfel ist wohl die schönste und großartigste, die wir je sahen; denn die große Ebene mit den umgebenden Bergen liegt nahe vor dem Beschauer, und zwölf mächtige, selbständige, vulkanische Gebirge sind von hier zu überblicken, von denen noch dazu die meisten die Schneegrenze weit übersteigen. Auch er besitzt eine tiefe Caldera.

Am 28. August ging es dann hinab nach Tumbaco (2390 m) und wieder nach Quito hinauf.

XXI.

Quito, 15. Oktober 1870.

Da Dr. Stübel glaubte, wir müßten den sogenannten Sommer noch benutzen, um vor dem Eintritt der Regenzeit (Oktober) auch noch den Mojanda zu untersuchen, gab ich mit Widerstreben nach. Wir wandten uns also nach der durch das Erdbeben zerstörten Provinz Imbabura gegen Norden. Zuerst mußten wir den tief in die Tuffmasse einschneidenden Guaillabamba auf der Puente de Turo (1719 m) überschreiten[1] und dann auf der andern Seite an ebenso schroffen Wänden wieder auf die Plateauhöhe nach Malchinguí aufsteigen. Der Ort (2878 m) liegt am Südfuß des Mojanda, eines ausgedehnten, vulkanischen Massivs, das, im Gegensatz zu den anderen, in zwei südnördlich verlaufenden Reihen angeordneten Vulkanbergen sich von Osten nach Westen ausdehnt, also fast quer zu diesen Reihen steht. Durch dieses Gebirge werden die Mulden von Chillo bei Quito und von Ibarra voneinander getrennt. Die Gegend ist entsetzlich kahl und trocken. In wenigen Stunden raschen Aufstiegs gelangten wir vom Zuckerrohr bis zu den Grasflächen der Hochgebirge. Der Camino real führt durch die ungeheure Caldera, die den Gipfel umschließt. Ihr Kessel* von ca. 5 km Durchmesser ist umgeben von bis

---

* Reiss, Tgb. 25. 9. 1870. — Die Umwallung des Mojanda ist am höchsten im Ostteil. Dort erheben sich vom Grund des Kessels aus die hohen, zackigen Felsen des Yana-Urcu (4272 m), im unteren Teile aus Agglomeraten, im oberen aus fester Lava bestehend.

500 m hohen Felswänden und zum Teil erfüllt durch einen prachtvollen Ausbruchskegel, während den Raum zwischen seinem Fuß und der Umwallung zwei schöne Seen einnehmen[2]. Zwischen ihnen, dem Caricocha und dem Guarmicocha (Cari = der Mann; Guarmi = das Weib; cocha = der See), wollte unser Führer in 3797 m Höhe kampieren; wir aber wollten es besser machen und schlugen unsere Zelte nahe dem Ufer des Guarmicocha (3727 m) auf. Noch über dieser Arbeit überfiel uns ein greuliches Hagelwetter; haselnußgroße Körner prasselten während 2 Stunden mit großer Gewalt auf uns herab, und wo früher alles trocken war, da stürzten jetzt Wildbäche von den Felswänden und überfluteten unser Lager. Gänzlich durchnäßt, brachten wir eine schlechte Nacht zu und verloren den ganzen folgenden Tag mit Übersiedelung nach einem neuen Lagerplatz. Tag für Tag folgte nun Gewitter auf Gewitter. Furchtbar dröhnte der Donner in diesem Kessel, und Blitz auf Blitz schlug in den See, einmal so nahe, daß wir alle einen heftigen elektrischen Schlag empfanden und ich 5 Stunden nachher noch Schmerzen fühlte. Schließlich jedoch stellte sich regelmäßiges Regenwetter ein, und statt des stürmischen Windes und der Gewitter waren wir tagelang in Wolken gehüllt. 14 Tage brachten wir so zu, und mit steifen Gliedern und heftigem Katarrh zogen wir endlich ab nach Quito. Die Arbeit in der Caldera war sehr mühsam, da der komplizierte Bau des Berges Aufnahmen von verschiedenen Seiten erforderte und der See ringsum von Sümpfen umgeben ist, in denen ich stundenlang herumwaten mußte, um nachher den ganzen Tag in durchnäßten Kleidern neben meinen Instrumenten zu stehen[3]. Nie habe ich so viele Kondore gesehen wie hier. Bei gutem Wetter hatten wir die prachtvollste Aussicht: sowohl gegen Süden über die ganze Chillo- und Quitofläche mit den Riesenbergen zu beiden Seiten, als auch

---

Von hier aus zieht sie sich durch Süden nach Westen und erreicht in Cascacunga (3874 m) ihren niedersten Punkt, bis dahin den Caricocha umwallend. Mehr westlich sich wendend, hebt sie sich dann wieder zu den Gipfeln von San Bartolomé (4041 und 4050 m), die von Quito aus als die mittleren erscheinen. Ihre steilen Abhänge sind ganz mit Gras bewachsen, aus dem eine Reihe horizontal geschichteter Lavaströme herausragen, und fallen nach der Mulde von La Abra (3640 m) ab, die ihrerseits durch zwei, von beiden Seiten des Golongal-Nordgipfels herablaufende Rücken gebildet wird und gleichfalls zum See werden müßte, wenn sie nicht der in ihr entspringende Rio Chiriyaco durch eine Lücke im Südwesten entwässerte. Im Westnordwesten schließt sie der in hohen Felsgipfeln endigende Fuyafuya (4294 m) ab, dessen Nordseite rasch zum Niveau des Guarmicocha nach der Lücke des Desaguadero (3791 m) abstürzt. Nördlich von ihr hebt sich die Umwallung wieder, gegen den Kessel teils große Schutthalden, teils bewaldete Abhänge kehrend, biegt gegen Osten, später gegen Süden um und schließt dort wieder an den Yana-Urcu an. Innerhalb dieser Caldera ist der Zentralkegel des Golongal (4145 m) etwas exzentrisch nach Südwesten gerückt. Durch zwei Sättel ist er mit dem Fuyafuya und dem Yana-Urcu verbunden. Der zweite, niedriger als der erste, scheidet die beiden Seen, den Guarmicocha und den Caricocha, die von drei Seiten durch die Hauptumwallung begrenzt werden.

gegen Norden auf die Ebenen von Imbabura und die Berge Cotacachi und Imbabura. Besonders erregte unsere Aufmerksamkeit ein kleiner, jetzt mit Wasser gefüllter Explosionskrater am Südfuß des Cotacachi, der Cuicocha (Cui = Berghase).

Am 6. Oktober verließen wir gegen Mittag unsern Lagerplatz und gelangten noch denselben Abend nach Guaillabamba hinab in die Tierra caliente. Am 7. Oktober traf ich dann in Quito ein.

XXII.

Esperanza, 12. Januar 1871.

Die Untersuchung der vom Erdbeben 1868 zerstörten Provinz Imbabura war der Zweck einer neuen Reise gegen Norden. Denn der kurze Aufenthalt dort, bei der Durchreise von Cumbal nach Quito, hatte kaum genügt, uns ein schwaches Bild der Zerstörung zu geben, die von den Erschütterungen angerichtet worden war.

Das große Hochplateau zwischen den höheren Gebirgszügen, auf dem alle Städte Ecuadors liegen, wird nördlich von Quito durch die von Osten nach Westen verlaufende Gebirgsmasse des Mojanda in einen nördlichen und einen südlichen Teil geschieden. Der Camino real, der sie verbindet, geht von Quito aus am Ostfuß dieses Stockes entlang, ein zweiter und kürzerer Weg durchzieht die Caldera des Berges selbst: beide waren uns bekannt. Wir schlugen deshalb die dritte, aber schlechteste der drei vorhandenen Straßen ein, den am Westfuß des Mojanda vorüberführenden, sogenannten Camino de las Escaleras, d. h. Leiterweg. Und wahrhaftig, er verdient seinen Namen. Wir mußten erst hinab zu den Zuckerrohrpflanzungen am Rio Guaillabamba und dann sehr steil in die Höhe nach den Tuffbergen im Westen des Mojanda. Dichter Wald bekleidet diese steilen Abhänge, an denen beim Erdbeben ungeheure Erdstürze stattgefunden hatten. Schon diesseits, in Perucho (1830 m), war kein Haus stehengeblieben. Nachdem wir aber den entsetzlichen Marsch durch den Wald hinter uns hatten, betraten wir den eigentlichen Schauplatz des Schreckens. Gleich die erste Hacienda, welche wir trafen, Perugachi (2645 m), war mit einem Teil ihrer Felder und Wiesen unter Schutt und Steinen begraben, die ein Erdsturz in das Tal herabgeführt hatte. Otavalo (2581 m), ein blühender Ort, war völlig zerstört; alle Häuser, alle Kirchen waren eingestürzt, und jetzt lebten die Leute in elenden Lehmhütten dicht aneinander gedrängt, so daß die Räume Schweineställen ähnlicher waren als menschlichen Wohnungen.

Bewohnt ist von der Provinz Imbabura eigentlich nur der zwischen fünf großen, vulkanischen Gebirgen ausgesparte Zwischenraum. Der Mojanda (4294 m) im Süden, der Cotacachi (4966 m) im Südwesten, der Páramo de Piñan mit dem Yana-Urcu (4556 m) im Nordwesten, der riesige Cayambe (5840 m) im Südosten, der Imbabura (4582 m) im Osten und die weit ausgestreckten Ausläufer des Cayambe im Norden begrenzen mit ihren steilen Abhängen einen ca. 9 Quadratmeilen großen Landstrich, der, durch Tuffe und Schuttmassen erfüllt, jetzt fast zur Ebene geworden ist[1].

Wir besuchten von seiner Umrandung zuerst den schönen, pyramidenförmigen Cotacachi[2]. Aus der ca. 2400 m hohen Fläche erhebt er sich auf breiter, durch radial gestellte Rücken gebildeter Unterlage als schroffe, unersteigliche Felspyramide, an deren Abhängen nicht einmal der Schnee zu haften vermag. Erst ca. 150 m unter dem Gipfel, wo der Berg bereits große Breite gewinnt, breiten sich die Schneefelder aus, von denen dann Gletscher nach allen Seiten bis 4499 m herabziehen*.

Besonders schön ist der Blick auf den Berg von seinem Südfuß aus. Dort ist durch vulkanische Explosionen ein beinahe eine Stunde im Durchmesser haltender Kratersee entstanden, dessen tiefblaues Wasser zwischen den roten und braunen, fast senkrechten Lavawänden in schönem Kontrast zu den schwarzen Felsen und dem blendenden Schnee des Gipfels steht. An der niedersten Stelle beträgt die Höhe der ihn umgebenden Felswände immer noch 37 m, und doch soll beim Erdbeben sein Wasser den äußern Abhang überflutet haben[4]: wohl hauptsächlich infolge der unzähligen Erdstürze, die von allen Seiten in den Kessel niedergingen. Das Land ringsum ist zerrissen und gespalten, an manchen Stellen so sehr, daß die mit Rasen bekleidete Erde in Schollen zerlegt ist; aber nirgends gehen diese Spalten tiefer als durch die Dammerde bis zum unterlagernden Gestein (Tuff).

---

* Reiss, Tgb. 11. 12. 1870. — Besteigung des Cotacachi. — Früh 6 Uhr brechen wir in der Richtung nach San Francisco-Loma auf, die das Tal von Chumaví auf der rechten Seite begrenzt. Wir ersteigen sie aber nicht, sondern gehen auf ihrem Westhange entlang talaufwärts, immer über vom Erdbeben zerrissenes Terrain. Überall ragt dem Abhang parallel einfallende Lava heraus. Über einen Rücken hinweg gelangen wir in das breite, nach Westen hinabziehende Tal von Tiucungo. Es endigt an Felskämmen, die die San Francisco-Loma mit der Gipfelpyramide verbinden. Auf ihnen klimmen wir mühsam nach dem unteren Ende eines steil ins Chumavital hinabfallenden Gletschers empor (4597 m), an den sich nach Osten noch zwei weitere anschließen. Alle sind weiter oben mit frischem Schnee bedeckt. Wir verfolgen den immer schmäler werdenden Grat weiter. Er verschwindet nach oben unter dem Schnee, und nur einzelne Felszacken ragen aus der 2—3 Fuß tiefen Decke heraus. Über diese steilen und wohl beständigen Schneehänge geht es nun aufwärts nach dem, wie es scheint, letzten Felsen vor dem Westgipfel, der sich als fast senkrechte, unersteigliche Wand schwarz aus dem umgebenden Schnee erhebt. Wir müssen umkehren[3] und steigen an der Westseite auf einer langen Schutthalde hinab nach dem Tale von Tiucungo. Bedeutende Agglomeratmassen wechseln hier mit fester Lava ab, und auch hier reicht ein Gletscher weit hinab. Das Tal von Tiucungo ist im oberen Teil wohl ein interkolliner Raum: sehr breit, wenn auch steil, zieht es sich hinab, und erst weiter unten wird es zur tiefen Schlucht mit schroffen, kahlen Felswänden, in denen man zwischen roten Schlackenmassen helle Lavabänke erkennt. Abends 6 Uhr erreichen wir wieder das Zelt.

Ebenso verhält es sich mit den Spalten in den höheren Teilen der Berge. Dort löste sich an dem steilen Gehänge oft die ganze Humusschicht vom Untergrund los und bewegte sich abwärts, Risse in großer Zahl erzeugend und am Ende sich übereinanderstauend wie die Schollen bei einem Eisgange. Blöcke von 5—8 Fuß Durchmesser sprangen in 15—20 Schritt breiten Sätzen am Abhang hinab, bei jedem Aufschlagen auf die Erde tiefe Löcher erzeugend. Überall fanden große und kleine Erdstürze statt und riefen oft Schlammströme hervor, denn die herabstürzenden Gesteinsmassen verstopften den Lauf der Bäche und stauten Seen an, bis dann Wasser, Steine und Erde auf einmal mit unwiderstehlicher Gewalt talabwärts geführt wurden. Die großartigsten dieser Schlammströme[5] finden sich beim Ort Cotacachi (2453 m).

Traurig sind die Schilderungen der Bewohner anzuhören: jeder erzählt eine wunderbare Errettungsgeschichte. Dennoch glaube ich, daß die Zahl der Opfer bei weitem übertrieben wird. 40 000 Tote wurden anfangs angegeben: so viel Menschen haben in der ganzen Provinz wohl nie gelebt. Es mögen vielleicht 10—15000 Weiße hier gewohnt haben, und auf sie fiel die ganze Last des Unglücks, denn Indianer kamen nur ausnahmsweise und fast ausschließlich durch die Schlammströme um. Nimmt man an, daß von ihnen etwa die Hälfte, also 7000, und außerdem noch 3—4000 Indianer den Tod fanden, so erhalten wir als furchtbar übertriebene Zahl 10—11 000[6]. Wahrscheinlicher aber ist es mir, daß es höchstens 6—8000 gewesen sind[7]. Trotzdem muß jene Nacht schrecklich gewesen sein. Um ½1 Uhr erfolgte ein fürchterlicher Stoß, man hörte zunächst nur das Krachen der einstürzenden Häuser, und dann wurde es totenstill. Jeder glaubte der einzige Überlebende oder der einzige Unglückliche zu sein. Dicker Staub drohte alles in der pechfinsteren Nacht zu ersticken. Bei jedem Schritt stieß man auf Trümmer und Bewußtlose oder Tote. Verzweiflungsvoll suchte jeder nach Verwandten und Freunden. Und dann setzte, wenige Minuten nach dem Stoß, das unheilvolle Tosen und Brausen der von allen Seiten herabkommenden Wasser und Schlammfluten ein. Bei Cotacachi waren 1000 Stück Vieh auf einem Felde vereinigt, um über Nacht die Düngung zu vollziehen. Die halbwilden Tiere, rasend gemacht durch den Schrecken, durchbrachen die Umzäunung und stürmten brausend durch die mit Trümmern erfüllten Straßen. Mancher fand so seinen Tod unter den Hufen der geängstigten Tiere. Und welche Zeit in den ersten Tagen nach der Katastrophe! Erdbeben folgte auf Erdbeben; die Spalten der Oberfläche schlossen und öffneten sich bei jeder Bewegung; nackt, ohne jedes Hilfsmittel, abgeschlossen von den benachbarten Orten, denn die Wege waren ungangbar geworden und die Brücken eingestürzt, saßen die Bewohner auf einem kleinen Raum zusammengedrängt im Regen, Hunger und Durst leidend.

Drei Wochen lang lagen wir bei Regenwetter in unsern Zelten an den Ufern des Cuicocha (3081 m) und blieben dann 14 Tage im Ort Cotacachi. Dann zogen wir, am Abhang des Berges entlang, auf schlechtem Wege gegen Norden. Oft waren wir zu stundenlangen Umwegen genötigt, da noch jetzt bei heftigem Regen die Bäche, das durch das Erdbeben aufgelockerte Gehänge unterwaschend, oft zu Schlammströmen wurden und über Nacht die Talübergänge vollständig unpassierbar machten. Der Ort Imantá (2422 m) war ganz zerstört; die Haciendas La Hoya und Peribuela waren entsetzlich zugerichtet. Am 26. Dezember überschritten wir den Cariyaco, den Grenzfluß zwischen dem Cotacachi und dem sich nördlich anlegenden Piñangebirge[8]. Kein Reisender hat diese Gruppe je besucht, und doch ist sie ein ausgedehntes vulkanisches Gebirge, in dem an vielen Stellen die alte Unterlage (Grünstein) zutage tritt. In der Hacienda del Hospital (2460 m) an ihrem Fuße wurde das Gehöft mit allen 40 Bewohnern unter den Steinmassen eines Erdsturzes begraben.

Acht Tage brachten wir auf diesem Páramo zu. Er ist wohl einer der ausgedehntesten, die wir bisher sahen. Viele Stunden Weges kann man auf ihm in einer Höhe von fast 4000 m die Pajonales entlang gehen. Einzelne Gipfel sind dieser Fläche aufgesetzt. Wir besteigen nur den höchsten, den Yana-Urcu (4556 m; Urcu = Berg, Yana = Schwarz)*. Auf dem Rückmarsch besuchten wir die Überreste einer altindianischen Festung, eines Pucará. Sie finden sich hier in den Bergen in ziemlicher Zahl. Ihre Anlage ist einfach: ein kegelförmiger Gipfel ist von einer Anzahl kreisförmiger Gräben und entsprechenden Brustwehren umgeben. Der von uns berührte Bau (3615 m) hatte vier Ringwälle.

Urcuquí (2320 m), wohin wir dann gelangten, war ebenfalls vom Erdbeben zerstört und der neue Ort etwas tiefer am Abhang erbaut worden. Nach Tumbabiru (2118 m) und der Hacienda del Ingenio (2094 m) mußten wir abermals auf weiten Umwegen die unzugänglich gewordenen Talschluchten umgehen; auch hier waren alle Gebäude eingestürzt. Wir waren nun nahe dem Nordwestende der Povinz. Alle Gewässer vereinigen sich hier, um gemeinschaftlich mit dem Rio Chota die jähe Gebirgskette gegen Westen als Rio Mira zu durchbrechen. Eine breite, tiefe Ebene, wahre Tierra caliente, dehnt sich hier am Fuß des Piñanstockes in ca. 1600 m Höhe aus. Aber schön ist diese Gegend nicht,

---

* Reiss, Tgb. 29. 12. 1870. — Wir lagern in einer Einsenkung, die Isambal genannt wird (4041 m), am Fuß und zwischen den Gipfeln des Yana-Urcu. Beide sind langgestreckte Felskämme, die aus einem, höchstens aus zwei Lavaströmen bestehen und durch einen niederen Sattel (4358 m) verbunden sind. In einem Einschnitt, durch den ein großer Derrumbo von der Westkuppe herabkommt, steigen wir auf nach einem mit Schnee bedeckten Vorhügel und von da auf schmalem Kamm über Schnee zur höchsten Spitze. Sie ist ein breites Plateau, das fast ringsum steil abstürzt und von dem ein niederer Kamm nach Nordosten verläuft.

denn alles ist kahl, und nur das eigentümliche Vorkommen immer sich erneuernden Salzes in den obersten Erdschichten konnte uns zu einem Besuche des Fiebernestes Salinas (1638 m)* veranlassen[9].

Die Untersuchung der Nordostausläufer des Piñan hielt uns abermals 8 Tage auf, und dann siedelten wir mit Sack und Pack nach dem neuen Ibarra, nach Esperanza, über.

XXIII.

Quito, 18. Mai 1871.

Am 13. Januar brach ich morgens trotz des schlechten Wetters nach dem Imbabura auf. Ich wollte dort in beträchtlicher Höhe mein Zelt aufschlagen, auf daß der erste günstige Moment zur Besteigung des Berges benützt werden konnte. Im dicksten Nebel, auf eisglatten Wegen stiegen wir langsam nach den letzten, an der Nordnordostseite des Berges gelegenen Häusern (3330 m) empor. Nur arme Indianer wohnen in solchen Höhen, wo sie mit Mühe ihre Felder wenig unterhalb der Páramograsflächen bebauen. Von da an ging es steiler aufwärts: in vielfachen Zickzackwindungen, oft außer Atem geratend, suchten die Mulas ihren Weg durch das hohe, harte Gras. Gegen 3 Uhr nachmittags gelangten wir an die Stelle, auf der ein Jahr früher Dr. Stübel sein Zelt aufgeschlagen hatte**. Hier sollte das letzte Wasser sich finden. Wir befanden uns nahe dem oberen Teil des äußeren, steilen Aufstieges, da, wo die Gewässer nur breite flache Mulden einzugraben vermochten (3903 m).

Kaum waren die Zelte aufgeschlagen und die Küche unter einem vorspringenden Lavafelsen eingerichtet, als auch der Regen losbrach. Ich

---

* Reiss, Tgb. 3. 1. 1871. — Salzgewinnung. — Das Salz von Salinas ist über ein weites Terrain verbreitet. Es ist nicht in der obersten, weißen Erdschicht enthalten, sondern in einer darunter lagernden, die durch die vom Salz angezogene Feuchtigkeit dunkel erscheint. Diese wird abgebaut, auf Haufen geworfen, an der Sonne ausgesetzt und dann in die sogenannten Pipas gebracht. Es sind dies viereckige Trichter, 4 Fuß im Quadrat groß und 1½—2 Fuß tief, aus Holzstäben gefertigt und mit Blöcken gedichtet. Die Erde wird hineingepreßt und Wasser darauf geschöpft, das 24 Stunden darin stehenbleibt. Da die so ausgelaugte Erde dann rings um die Pipa angehäuft wird, so entstehen steile, kegelförmige Berge bis zu 20 Fuß Höhe. Sie trocknet dort 14 Tage und wird dann abermals in die Pipa gebracht, und zwar so, daß immer eine Schicht bereits ausgelaugter mit einer Schicht frischer Erde wechselt. Das Wasser im Trichter wird am unteren Ende abgezapft und in einem irdenen Hafen gesammelt. Es ist eine gelbe, wenig salzige Flüssigkeit, die nun in der Paila, einem flachen Kupferkessel von 2 Fuß Durchmesser, über dem Feuer eingedampft wird. Den Schmutz schöpft man oben ab. Dann wird die noch feuchte Salzmasse in einem Costal, einem Sack, ausgepreßt, so daß die Mutterlauge abläuft, und dann abermals mit etwas Wasser in der Paila eingedampft. Erst dieses Produkt wird dann mit der Hand, ohne Wage, rein nach Gefühl, zu eirunden Bolas geformt, die etwa 1 Pfund wiegen und für ½ Real, in Quito für 1 Real verkauft werden. Ein Teil der Ware geht nach Colombia. Eine Pipa soll bis zu 20 Bolas Salz geben.

** 24./25. 3. 1870. — Stübel, Itinerarprofil.

war mit Schreiben im Zelte beschäftigt, aber bald fesselte ein eigentümliches Brausen meine Aufmerksamkeit und lockte mich ins Freie. Der Grund der flachen Talmulde war zum See geworden, in dem die von allen Seiten von den ca. 1200 Fuß höheren Bergen herabkommenden Fluten sich aufstauten. Dicht bei meiner Zelttür stürzten sie in einem breiten Bach über 12 Fuß hohe Felsen herab; ein kleinerer Fall ergoß sich in die Küche, Feuer, Kohlen und Küchengeräte hinwegspülend. Bald stand die ganze Grasfläche ½ Fuß tief unter Wasser, und immer neue Mengen strömten herab auf die Gehänge. Bis nachts um 12 Uhr donnerte der Wasserfall bei meinem Zelt; dann wurde es stiller und stiller, und morgens war wieder alles im alten Zustande. Sechs Tage lang wiederholte sich dasselbe Schauspiel, nur daß manchmal schon um 10 Uhr morgens Regen und Bach sich einfanden. Bald war natürlich alles, auch im Innern der Zelte, durchnäßt, und nur in meinem Feldbette blieb ich einigermaßen trocken. Viel zu arbeiten war unter diesen Umständen nicht möglich, und ich mußte mich glücklich schätzen, daß ich wenigstens während einiger Stunden, die ich nicht in Wolken gehüllt war, einen Überblick über den Berg gewinnen konnte[1].

Bisher kannte ich den Imbabura nur von seiner Westseite, jetzt befand ich mich auf dem Ostabhange. Der Vulkan steht ganz frei in der rings von Höhen umgebenen Hochfläche von Ibarra und Cotacachi. Wie fast alle vulkanischen Massive bei Quito ist er aus einer Reihe radialer Rücken gebildet, die in der Mitte zu einer Art Plateau zusammenstoßen und nach außen, durch Täler und Schluchten getrennt, steil abfallen. Im Zentrum ist auch hier ein furchtbar steiler Kegel aufgesetzt, der den Krater umschließt. Die Höhe des zentralen Plateaus beträgt ca. 4300 m, die des Berggipfels 4582 m. Da mein Zelt in 3903 m Höhe stand, so konnte ich mit Leichtigkeit bis zum Fuß der eigentlichen Spitze gelangen. Die Aussicht ist, wie von allen diesen Bergen, prachtvoll: auf der einen Seite Ibarra und Esperanza zu unsern Füßen wie ein Städtchen aus Kartenhäusern, auf der anderen der gewaltige Schneekoloß des Cayambe. Die innere Struktur des Imbabura ist hier gut sichtbar, denn ein weites, tiefes Kesseltal schneidet bis zu den höchsten Gipfeln ein, so daß zwischen den schroffen Felsen seiner Rückumwallung die ca. 400 m über dem Talgrund gelegene Kratereinsenkung[2] wie aufgeschlitzt erscheint. Sie bestehen aus schwarzen, frisch aussehenden Schlacken[3], zu denen sowohl das Innere des Kraters mit seinen Schneemassen, als auch die Caldera und die tieferen Abhänge mit ihrer Grasdecke in auffallenden Kontrast treten*.

---

* Reiss, Tgb. 25. 2. 1871. — Das von uns La Abra genannte Tal ist die Caldera des Imbabura. Im oberen Teil, dort wo die hohen Lomas als flache Rücken zum Zentrum verlaufen, ist es kesselartig erweitert und im Hintergrund begrenzt durch die Felswände des der Mitte aufgesetzten Kegels, dessen Krater wie durch einen Schlitz geöffnet ist.

Am 18. Januar verließ ich mein nasses Quartier, um nach Esperanza zurückzukehren, aber während meine Lasttiere direkt zurückgingen, bestieg ich noch den kleinen, durch einen niederen Sattel mit der Ostseite des Imbabura verbundenen Cuvilche (3882 m). Der Berg, der bisher nie von einem Reisenden besucht wurde, ist einer der interessantesten Imbaburas[5]. Ein steiler Kegel mit flacher, aber weiter Kratereinsenkung schließt im Osten an einen lomaartigen Wall (3685 m) an, auf dessen flacherem Ostabhange abermals ein mächtiger Lavaausbruch mit großem Krater aufgesetzt ist, die Loma de las cochas (3494 m)*. Von ihr geht ein ungeheurer Lavastrom aus, der wie ein Gebirgszug erscheint. Mit einem noch weiter östlich stehenden kleinen Trachytausbruch, El Cunru (3338 m), ebenfalls mit einem Krater auf dem Gipfel, endet dieses komplizierte Gebirge, dessen Zusammensetzung aus mächtigen, schlackenfreien Trachytmassen und blasigen, fast basaltischen Laven im höchsten Grad merkwürdig und einer genauen Untersuchung wert ist.

Es mußte gepackt werden, denn von hier sollten alle die seit Monaten aufgehäuften Sammlungen nach Quito gehen: 16 Kisten mit Steinen wurden abgesandt. Aber erst am 10. März verließ ich die Stadt auf Nimmerwiedersehen.

Nach dem Cayambe ging die Reise. Über La Magdalena (2702 m) und am Ostfuß des Cuvilche vorbei gelangt man auf eine große Fläche,

---

Die Gewässer haben noch nicht vermocht, ihn wesentlich zu vertiefen, und so ergießen sich jetzt die Schmelzfluten des Schnees in hohen Fällen aus ihm herab in den Calderagrund. Es wird hier recht deutlich, daß ein Krater ein höchst unwesentliches Ding für die Bildung einer Caldera ist, daß er aber, wenn einmal mit einer solchen verbunden, die Form der Umwallungsfelsen sehr wesentlich beeinflußt, denn seine schroffen Wände unterscheiden sich bedeutend von solchen, die durch die Erosion gebildet wurden[4]. Die Verhältnisse hier dienen sehr gut zur Erklärung der Calderen des Vulkans von Pasto, des Chiles, des Cerro negro, des Ilaló, des Pasochoa und des Rumiñahui. Besonders bei diesem ist gleichfalls noch die Trennung zwischen Krater und Caldera in der schroffen Felswand, die den höher liegenden Kraterboden von der tieferen Caldera scheidet, vorhanden.

* Der Covavi Stübels. — Stübel, Itinerarprofil. 12. 2. 1871.

Reiss, Tgb. 22. 2. 1871. — Am Osthang der Somma des Cuvilche ragt eine mächtige, mit 32° Neigung nach allen Seiten abfallende, kegelförmige Gebirgsmasse empor, die einen weiten, fast kreisrunden, aber nicht tiefen Krater umschließt. Sein Inneres ist durch eine fast den ganzen Boden einnehmende Auftreibung erfüllt, die durch eine Art Graben von der äußeren Umwallung getrennt ist. Mit dem Cunru-Ausbruch steht sie durch einen Sattel, den Llano de Cunru, in Verbindung. Auf ihn zieht sich eine zwischen dem Cuvilche und der Loma de las Cochas hervorquellende Lavamasse, die bereits völlig eingeebnet ist, herab und bildet an der Südseite des Cunru ein breites Plateau. Es scheint der Lomakegel ein mächtiger Lavaausbruch nach Art des Kaimeni zu sein. Die schon halb erstarrte Masse quoll nochmals auf und wurde zu einem steilen Kegel aufgetrieben. Zwei solcher Katastrophen scheinen hier fast gleichzeitig stattgefunden oder vielmehr verschiedene Phasen derselben Eruption gebildet zu haben. Die eine schuf den Lomakegel, die andere den Lavastrom an der Südseite. Der Ausbruch des Cunru ist wohl älter als der der Loma, denn dessen Masse schmiegt sich dem Cunru an. Aufgesetzt kann dieser ihr nicht sein, da sie sonst am Osthang des Cunru wieder hervortreten müßte.

die sich zwischen dem Fuß des Cerro Cusin und dem des Cayambe ausdehnt. Hier liegt in 3156 m die Hacienda Pesillo.

Entsetzliches Regenwetter hielt uns einige Tage an das Haus gefesselt; kaum aber hellte es sich nur etwas auf, so brachen wir nach dem hier in nächster Nähe sich erhebenden Cayambe auf. Wenige Stunden genügten, um uns auf keineswegs schlechten Wegen bis nahe an das untere Ende der Gletscher zu bringen. An der Nordseite des breiten Berges entlang zogen wir gegen Osten, um einen Einblick in die dem Amazonas zustrebenden Täler zu gewinnen. Spät abends langten wir an dem vorspringenden Felsen eines alten Lavastromes an und schlugen dort, geschützt vor dem Regen, unser Lager auf. Hier, an der Machai de la Cruz (4154 m), hörte der Saumpfad auf, und hier wurde der größte Teil des Gepäcks zurückgelassen. Dann ging es den nächsten Tag zu Fuß weiter gegen Osten, fast immer dicht an dem unteren Ende der Gletscher entlang bis nach einem Las Playas genannten Tale*. Durch zahlreiche Schluchten führte unser Weg; was uns aber besonders auffiel, weil es abwich von den Verhältnissen an den bisher von uns besuchten Gebirgen, waren weite Einsenkungen am Abhang, die von langgestreckten Höhenzügen begrenzt und deren Gründe durch fast horizontal abgelagerte Schuttmassen erfüllt sind. Das Material dazu wird von den ungeheueren Eismassen[6] des Berges geliefert.

---

* Reiss, Tgb. 17. 3. 1871. — Der Cayambe ist ein immenses Gebirge mit ganz flachem Unterbau, der durch eine große Anzahl radial verlaufender Rücken gebildet wird. An ihrem unteren Ende steil und in Felswänden abgeschnitten, erschweren sie den Anstieg, ziehen aber dann als breite, ebene Lomas mit nur 10—15⁰ Neigung bis gegen 4100 m empor. Zwischen sie sind breite Einsenkungen eingeschaltet, ausgeebnet durch mächtige Schuttmassen, aus denen noch hier und da Felsköpfe herausragen. Die Gletscherbäche haben enge Schluchten in sie eingegraben. Die größten dieser Täler sind das des Rio Blanquillo und das von Las Playas. Dessen weiter Kessel wird von mehreren Gletscherbächen durchströmt, die ihn, weiter unten sich vereinigend, in tiefem Einschnitt verlassen. Sie werden von drei oder vier Gletschern gespeist, die bis 4200 m in die Mulde sich hineinziehen. Den Hintergrund bildet die furchtbar steile Hauptmasse des Cayambe mit der riesigen Pyramide des Ostgipfels. Aus seiner blauen, wohl bis 200 Fuß dicken Eismasse, auf der noch 2—5 Fuß Schnee liegt, ragen vereinzelt dunkle Felspartien heraus.

Die Gletscher selbst zeigen ein prachtvoll kompaktes, durchaus nicht körniges Eis, durchsichtig wie das schönste Glas, in dem hier und da Luftblasen reihenförmig angeordnet sind. Sie sind durch Längsspalten vielfach in lange Streifen zerrissen. Auf ihrer Oberfläche weisen sie keine Steine auf, aber zu beiden Seiten und am unteren Ende haben sie mächtige Moränen gebildet, die aus Erde und Schutt, untermischt mit mächtigen Blöcken, zu bestehen scheinen, in Wirklichkeit aber unter einer dünnen Schuttdecke noch kolossale Eismassen verbergen. Sie umschließen, nach außen wie innen steil abfallend, den Gletscher wie einen Sack und verhüllen sein unteres Ende. Ihr Material gehört einer einzigen Lavaart an, die aber in allen möglichen Varietäten erscheint. Vielfach sind sie von Gießbächen durchfurcht und zeigen trichterartige Einsenkungen, die durch das Schmelzen der unter dem Schutt begrabenen Eismassen entstanden sind. Eigentümliche Talgabelungen scheinen auf frühere Gletscherteilungen hinzuweisen. Doch konnte ich trotz aufmerksamen Suchens nirgends Schliffe entdecken.

Der Cayambe ist ein langgestrecktes, doppelgipfeliges Massiv, dessen über die ewige Schneegrenze aufragender Teil furchtbar steil ist und an vielen Stellen 40—60° Neigung erreicht. Daß auf solchen Gehängen die Eismassen vielfach zerbrochen erscheinen, ist natürlich. Merkwürdig aber ist es, daß namentlich auf der Nordostseite schon bei 4400 m eine kompakte Eismasse den Berg bedeckt und die einzelnen Gletscherarme bis 4134 m herabreichen, während an der Westseite die Schneegrenze bei 4672 m sich findet und die Gletscher schon bei 4510 m enden[7]. Zwei Tage blieben wir im Playastale, um die Eisverhältnisse zu untersuchen und Gesteine zu sammeln, kehrten dann zurück nach der Machai de la Cruz und siedelten am 20. März nach dem Yancureal über, einer Sandfläche in 4288 m Höhe. Von dort aus studierten wir die Ostseite des Vulkans und stiegen am 21. bis 5060 m an ihm hinauf[8]. Noch am selben Tage marschierten wir wieder nach der Hacienda Pesillo.

Da uns noch die Messungen des Berges fehlten, schlug ich am Ostabhang des Cusin ein Zelt auf und blieb dort bis zum 31. März. Für den Gipfel ergab sich eine Höhe von 5840 m. Am 2. April verließ ich Pesillo, um über Guachalá (2801 m), El Quinche (2664 m) und Tumbaco (2390 m) nach Quito zurückzukehren.

XXIV.

Quito, 17. Oktober 1871.

Am 22. Juni brachen wir nochmals zum Cayambe auf, um seine Südseite und den weiter östlich gelegenen Sara-Urcu kennenzulernen. In zwei Tagen gelangten wir von Quito aus über Guaillabamba (2106 m) nach Guachalá (2801 m), der bereits erwähnten Hacienda, die im Besitz des Präsidenten ist. Sie sollte unser Hauptquartier werden, da gute Empfehlungen García Morenas uns hoffen ließen, hier weniger Schwierigkeiten zu finden, als dies sonst gewöhnlich der Fall war. Trotzdem verloren wir 10 Tage schönes Wetter, weil gerade das einzige Fest gefeiert wurde, an dem die armen, schlechter als Sklaven behandelten Indianer einige Tage Freiheit genießen. Während der Woche des heiligen Petrus ist es ganz unmöglich, Führer oder Begleiter aufzutreiben. Die Indianer maskieren sich, so gut sie können, und tanzen von morgens früh bis spät in die Nacht ihre abenteuerlichen und einförmigen Tänze[1]. Sie stammen unzweifelhaft noch aus der Inkazeit und sind nur unter dem Einfluß der Kirche auf einen christlichen Festtag verlegt worden. Keine Frau darf sich daran beteiligen, wohl aber verkleiden sich viele Männer als Weiber. In verschiedene Gesellschaften gesondert, ziehen die Indianer in langen Reihen einher, einer hinter dem andern, mit einem Pfeifer und hier und da auch mit einem Trommler an der Spitze, in eigentümlicher Weise mit den flachen Fußsohlen den Takt tretend. Ein Vortänzer singt dabei kurze Sätze, teils in Quichua, teils Spanisch, und die ganze Reihe fällt mit einem lauten „Ha" ein. Wie bei unserer Polonäse beschreiben die Tänzer allerlei Figuren, dann wieder stampfen sie, ohne sich vom Flecke zu rühren, derartig mit ihren Ledersandalen, daß ob dem Getöse einem Hören und Sehen vergeht. Unermüdlich, nur mit kurzen Pausen, tanzen sie so nicht einen, sondern acht Tage.

Endlich, am 4. Juli, konnten wir aufbrechen. An der Südseite des Cayambe kommt der tiefe Rio Guachalá, der weiter unten in den Rio Guaillabamba mündet, herab und trennt die vulkanische Formation des mächtigen Schneeberges von den alten, südlicher gelegenen Schiefern. In seinem Tal ritten wir in fast genau östlicher Richtung aufwärts bis nach der wenige Stunden entfernten Hütte Sayaro (3499 m). Da ein Teil unseres Gepäcks zurückgeblieben war, so mußten wir bereits hier einen Tag liegenbleiben, eng zusammengedrängt in einem offenen Schuppen, denn im Innern des sogenannten Hauses tropfte es überall durch das Dach. Am 6. früh brachen wir auf, zu Fuß, denn hier war jeder Weg zu Ende. Auf der linken Seite des Rio Guachalá stiegen wir an den Gehängen des von Südosten einmündenden Tales des Rio Vistuyacu* empor, fortwährend in Wolken und feinem Regen, bei einem grauenhaften Ostwind. Gegen Mittag hatten wir seine Rückumwallung erreicht und überschritten in 3940 m Höhe die Wasserscheide zwischen dem Stillen und dem Atlantischen Ozean. Immer in Höhen von 3900 bis 4100 m bleibend, umgingen wir nun in weitem Bogen den Südrand des breiten und tiefen, nach dem Amazonas führenden Tales des Rio Volteado, das den Cayambe vom Sara-Urcu trennt. Näher wäre sicherlich der Weg quer über den Fluß gewesen, aber der Talboden ist von unergründlichen Sümpfen erfüllt. Hatten wir doch schon hier an den steilen Abhängen der Schieferberge, wo eine Ansammlung von Wasser fast unmöglich scheinen sollte, schwer mit ihnen zu kämpfen. Nur langsam rückten unsere Träger vor, bald sank hier, bald dort einer ein, und auch Dr. Stübel fühlte sich krank, so daß wir schließlich mitten im Sumpfe unser Zelt aufschlagen mußten.

Spät rückten wir am andern Morgen wieder aus und gelangten gegen Mittag an eine große sogenannte Höhle, d. h. an einen weit vorspringenden Schieferfels, der, stark überhängend, einen trockenen Zufluchtsort gewährte. Hier, am Corredor Machai (3895 m)[2], lag der Sara-Urcu uns

---

* Reiss, Tgb. 6. 7. 1871. — Wir verfolgen das Tal des Vistuyacu. Es erweitert sich in seinem oberen Teile zu einer Art Kessel, der von schroffen, aus kristallinen Schiefern gebildeten Felsgipfeln umgeben ist. Zwischen ihnen ziehen breite, sumpfige Mulden herab, in deren Grund vielfach Felsköpfe herabragen. Da deutet dies sehr auf Gletscherwirkung, die dann hier bis 4000 m herabgereicht hätte. Da jedoch die Gesteinsoberfläche nirgends sichtbar ist und auch die herausragenden Köpfe der steil gestellten Schiefer in scharfen Kanten abbrechen, so ist das doch wohl unwahrscheinlich und die Formen sind bedingt durch die größere oder geringere Widerstandsfähigkeit der einzelnen Gesteinspartien.

gerade gegenüber, nur noch durch ein kleines Tal von uns getrennt, aber immer verhinderten uns die Wolken, einen Überblick über das Gebirge zu gewinnen, wenn auch hier und da einzelne Schneekuppen zutage traten. Auch heute regnete es fort und fort, und auch Dr. Stübel wollte sich nicht wieder erholen. Es war ein Glück, daß wir diese Höhle gefunden hatten, denn hier konnte er wenigstens im Trockenen einige Tage das Bett hüten. Allerdings war auch sie mit ihrer Höhenlage von 3895 m und einer mittleren Jahrestemperatur von 7⁰, bei Regen und Schneegestöber, gerade kein angenehmer Aufenthalt für einen Kranken.

Dr. Stübel blieb hier zurück, während ich den Marsch nach dem Sara-Urcu fortsetzte. Den Rio Volteado passierten wir in 3801 m Höhe und erstiegen dann den kahlen Abhang des Berges. Er ist ein von Osten nach Westen langgestreckter Rücken mit vielen Tälern und Schluchten, dessen höchste Teile von mächtigen Schneemassen bedeckt sind. Nach ca. 6 Stunden erreichten wir ein weites, tiefes Tal, das von den Gletschern des Hauptgipfels aus herabzieht. Hier, an der oberen Waldgrenze, in 3900 m Höhe, schlugen wir unser Zelt auf. Sein Grund war ein mächtiger Sumpf und der Abhang so steil, daß wir nur mit Mühe einen Lagerplatz finden konnten. Da es keinen Namen führte, so nannte ich es nach meinem Leibdiener „Anjel Maríapamba"*. Diese Hochtäler hier haben alle einen eigentümlichen Charakter: es sind weite Mulden mit fast ebenem, in Terrassen aufsteigendem Boden, umgeben von hohen, furchtbar steilen Bergwänden. Daß der Sara-Urcu kein Vulkan ist, wie man in Quito allgemein behauptet, davon konnte ich mich rasch überzeugen, denn schon bei meinem Zelt hatte ich eine Auswahl schöner Glimmerschiefer und der diesem eingelagerten Epidot- und Granatgesteine[3]. Für mich hatte somit der Berg eigentlich alles Interesse verloren.

Immerhin machte ich am folgenden Tage, trotz des entsetzlichen Wetters, einen Ausflug nach der Grenze des ewigen Schnees (4364 m). Der Gipfel ist höchstens 4800 m hoch[4], und doch reichen die Gletscher bis 4176 m herab, an der Westseite über furchtbar schroffe Wände wie ein Wasserfall herabkommend. Nirgends in Südamerika hatte ich sie bisher in solcher Schönheit gesehen wie hier. Da ich, wenn irgend möglich, die Höhe des Berges bestimmen wollte, so blieb ich noch zwei Tage in meinem Zelte, und es gelang mir auch durch geduldiges Ausharren in Sumpf

---

* Reiss, Tgb. 9. 7. 1871. — Wir erreichen, vom Rio Volteado (3801 m) kommend, ein großes Kesseltal, das ich Anjel Maríapamba nenne (3882 m). Es ist in mehrere Stufen zerlegt, über die der Bach in schönen Fällen herabstürzt. Die oberste von ihnen (4159 m) bezeichnet zugleich das frühere Ende des jetzt zurückgegangenen Gletschers. Bedeutende Moränen, langgezogene, schmale Schuttketten mit vielen Schmelztrichtern, ziehen hier herab. Wie dieses, so sind hier alle Täler angelegt. Der Sara-Urcu selbst erhebt sich von ihm aus mit seiner furchtbar schroffen Westseite, und stufenartig zerbrochene Gletscher hängen von ihr fast senkrecht herab wie schwere Draperien. An seinem Fuß laufen sie in vielfach zerspaltene Arme auseinander. Überall steht Glimmerschiefer an.

und Regen, die von hier sichtbare Spitze zu messen. Dr. Stübel, der das Massiv aus größerer Entfernung sah, glaubt jedoch, daß dies noch nicht der höchste Punkt gewesen sei, und es scheint, daß er darin recht hat*.

In der letzten Nacht unseres Aufenthaltes in Anjel Maríapamba überfiel uns ein außergewöhnlich starkes Schneegestöber. Morgens lag der Schnee fast einen Fuß hoch. Dadurch wurde der Rückmarsch nach Corredor Machai wesentlich erschwert, denn die alles verhüllende weiße Decke gestattete keine Auswahl des Weges, und so gerieten wir oft in recht unangenehme Sümpfe. Dr. Stübel hatte bereits die Höhle verlassen, um nach Guachalá zurückzukehren, und auch ich war gezwungen, ihm zu folgen, da, wie gewöhnlich, bei den Peones Hungersnot eintrat. Der Hunger und die Kälte des mit Schnee gemischten Sumpfwassers spornten die in bloßen Füßen marschierenden Leute zu so schnellem Laufe an, daß ich kaum folgen konnte und wir trotz eines kleinen Abstechers an den Südostfuß des Cayambe am ersten Tage Sayaro und am nächsten Guachalá erreichten. Elf Tage lang naß gewesen zu sein bei Temperaturen von 2—5°, das war das Hauptresultat dieser Reise. Doch hatten wir trotz des schlechten Wetters einen Überblick über den Bau der Kordillere in diesem Teil des Landes und namentlich über den Südabhang des Cayambe erlangt[5].

Nahe dem Cayambe trennt sich in der Ostkordillere der vulkanische Teil von den höchsten Rücken: die Schieferberge bilden den eigentlichen Ostkamm, während die eruptiven Massive sich mehr nach Westen vorschieben. Gerade bei Guachalá, wo wir ja auf der Reise nach dem Sara-Urcu die alten Schichten überschritten hatten, legt sich eine weite Einsenkung zwischen sie und den nördlichsten Vulkan dieser Ostkette, den Frances-Urcu. Dieser „Franzosenberg" stellt ein ganz selbständiges Gebirge dar, das durch einen 3855 m hohen Sattel mit den südlichen Höhenzügen bei Moyapamba (Schlammebene; 3778 m) in Verbindung steht. Zwischen seinen Ostabhängen und den Schieferbergen liegt in 3186 m Höhe der Ort Cangahua. Hoch über ihm hin, an der Ostseite des Vulkans entlang, führte mich diesmal mein Weg. Da ich bereits von Guachalá aus den 4093 m hohen Gipfel erstiegen hatte**, konnte ich ihn

---

* Stübel an Reiss, ohne Ort und Datum (Sayaro, 12. oder 13. 7. 1871?).
** Reiss, Tgb. 26. 6. 1871.— Wir reiten morgens nach dem Pambamarca. Der Weg führt bequem über Cangahuatuffe, aus denen weiter oben hier und da Felsmassen herausragen, bis zum Gipfel, einem langgestreckten, steilen, von Norden nach Süden verlaufenden Kamm, der einem breiten, flachen Dome aufgesetzt ist. Die Aussicht nach Norden, Westen und Süden ist prachtvoll, nach der östlichen Kordillere ist sie durch den abenteuerlich ausgezackten Cerro Puntas verdeckt. Der Pambamarca ist von ihm durch eine breite Einsattelung getrennt und so, aus der Ostkordillere heraustretend, weit gegen den Mojanda vorgeschoben. Sein Gestein ist zum einen Teil eine sehr zersetzte Breccie, zum anderen feste Lava[6].

jetzt beiseite lassen. Interessant ist der Frances-Urcu oder, wie er sonst auch genannt wird, der „Cerro de Pambamarca", einmal wegen der prachtvollen Aussicht, die man von ihm aus wegen seiner isolierten Lage genießt, und dann durch die vielen Überreste von Baudenkmälern aus der vorspanischen Zeit. Alle Kuppen und Vorsprünge und selbst die höchsten Gipfel sind zu Pucarás ausgebaut: 3—4 kreisförmige Gräben und Wälle mit zwischenliegenden Terrassen umziehen sie. Ich konnte 12—15 solcher Anlagen auf meinem Ritt zählen, die, zum Teil gut erhalten, noch Überreste von rohem Mauerwerk aufwiesen und, was wir bisher nie gesehen hatten, sogar die Fundamente von kleinen Steinhäusern umschlossen. Was diese Bauten eigentlich bedeuten, ist mir nicht klar. Waren es Festungen oder Tempel?

In dem Pucará des höchsten Gipfels liegen noch die Trümmer einer aus übereinander gehäuften Steinen gebildeten Pyramide, die in den 30er Jahren des 18. Jahrhunderts von den französischen Akademikern als Signal für die Gradmessung aufgeführt wurde[7]. Daher hat der Berg den Namen Frances-Urcu. Die Abkömmlinge der Spanier haben sie zerstört, weil sie Gold in ihr vermuteten.

Der Getreidebau steigt hier an den Abhängen höher empor als anderswo, denn ich traf die obersten Kulturen in 3716 m Höhe; allerdings sind dies nur Felder armer Indianer, die von den liberalen Weißen überall vertrieben werden und denen man selbst brachliegende Ländereien in besseren Lagen vorenthält, nur damit sie kein Geld verdienen können und so immer in Abhängigkeit bleiben müssen.

Frühzeitig langte ich in Quinchucajas an, einer kleinen zu Guachalá gehörigen Viehhütte (3560 m). Sie liegt bereits auf der Westseite der Ostkordillere, und so hat man von ihr aus eine prachtvolle Aussicht auf die ganzen Westberge und auf die zwischen beiden Gebirgsketten liegende Ebene. Vom Cotacachi bis zum Iliniza und Cotopaxi lagen alle Vulkane vor uns wie auf einer Reliefkarte.

Von hier aus wollte ich den Cerro Puntas besuchen. Da ich jedoch keine zuverlässigen Nachrichten über die Entfernungen erlangen konnte, hielt ich es für besser, mit meinem sämtlichen Gepäck weiterzuziehen, und so schlug ich am 27. mein Zelt am Fuß dieses Berges in einem tiefen Tale auf (3548 m). Das Wetter war abscheulich, der Wind heulte sturmartig, und fortwährend kamen von Osten her dichte Wolken, die uns mit feinem Regen und Schnee überschütteten. Aber meine Geduld war zu Ende, und so wagte ich trotz Sturm und Regen den Aufstieg. Ich fand einen aus Schlacken und Laven furchtbar schroff aufgebauten Kraterrand, dessen höchste Spitzen als unersteigliche Felsen wie Türme in langen Reihen den Kessel umgeben. Der Gipfel hat eine Höhe von 4462 m, der Grund des Kraters liegt in 4100 m und ist von einem scheußlichen Sumpf erfüllt. In ihm entspringt der nach Westen verlaufende Rio de la Tola, dessen

Wasser dem Rio Guaillabamba zufließen[8]. Erstarrt vor Kälte und durchnäßt, kamen wir abends wieder im Zelte an*.

Da ich den halsbrecherischen Weg nach Quinchucajas nicht zurückgehen wollte, so verfolgte ich die Gehänge des Berges gegen Westen, erreichte die Hacienda Igiñaro (2689 m) an dem den Westfuß der Kordillere begleitenden Camino real und das Dorf Puembo (2484 m).

Am 11. August ritt ich von dort nach der Hacienda Chántag bei Pifo (2569 m) und traf wieder mit Dr. Stübel zusammen, der in ihr meiner harrte. Von hier aus wollten wir gemeinschaftlich den **Ritt über die Kordillere nach Osten** unternehmen. Ecuador besitzt ja ungeheuer ausgedehnte Provinzen in den Ebenen des Amazonenstromes und seiner Quellflüsse. Früher gab es verhältnismäßig blühende Ortschaften in diesen weiten Wäldern, und wenn auch jetzt fast gar keine weiße Bevölkerung mehr dort anzutreffen ist, so will und kann der Staat doch diese in der Zukunft so wichtigen Gebiete nicht ganz sich selbst überlassen. Es werden Beamte und auch Missionare dahin ausgesandt[9], und zeitweilig dienen sie auch als Strafkolonien für gemeine und politische Verbrecher. Handel mit den dort wohnenden, meist wilden Indianern besteht freilich kaum, und so fehlen natürlich auch ordentliche Wege. Zu Pferde kann man gerade noch die Kordillere überschreiten, bis zu dem 3156 m hoch gelegenen Orte Papallacta.

Des schlechten Pfades wegen ließen wir unsere Maultiere in Pifo zurück und traten unsere Reise mit gemieteten Mulas an, die bereits an die Sümpfe dieser Páramos gewöhnt waren. Zunächst ritten wir nach Paluquillo (2970 m), ein weites und tiefes Tal verfolgend**, das, fast genau von Osten kommend, uns gestattete, ohne große Mühe bis nahe an den höchsten Kamm des Gebirges zu gelangen. Eine Reihe junger Ausbrüche, die den Talboden mit Laven ausebneten, erleichtern diesen Aufstieg noch mehr, und nur der letzte Teil ist anstrengend, denn hier

---

* Reiss, Tgb. 28. 7. 1871. — Der Cerro Puntas ähnelt in seiner Verbindung von Krater und Caldera, mit seinen turmähnlichen Zacken, die dem Calderarand aufgesetzt sind und teils aus mächtigen, steil nach außen geneigten Agglomeratbänken, teils aus fester Lava bestehen, sehr dem Rumiñahui, nur fehlen hier die Gänge. Mit Ausnahme der höchsten Spitzen ist er ganz mit Gras bewachsen. Von ihnen sieht man gegen Süden und Südwesten hinab in die Caldera: das nicht sehr tiefe Kesseltal von Sandobal. Seinen oberen Teil bildet der eigentliche Krater (4100 m), dessen sumpfigen Grund schroffe Agglomeratfelsen umstehen. Eine 200 m hohe Terrasse scheidet ihn von der eigentlichen Caldera.

** Reiss, Tgb. 13. 8. 1871. — Das Tal von Paluquillo steigt mit breitem, schönem Grunde zwischen schroffen Felsen sanft an. Niedere Wäldchen begleiten oft den Weg. Es scheint, daß Dr. Stübel recht hat, wenn er hier eine Ausfüllung annimmt, denn der Talboden besteht nicht aus Cangahuatuffen, sondern aus dunkler, porphyrartiger Lava. An der Südwand glauben wir drei mächtige, flach nach Westen einfallende Lavaströme erkennen zu können. Ebenso kommen Eruptivmassen aus einem seitlichen, von Norden einmündenden Einschnitt.

wechseln Sümpfe mit steilen Felswänden ab, so daß die Lasttiere bald versinken, bald, große Räder schlagend, über die Abhänge hinabkollern. In 4221 m Höhe überschritten wir den dick beschneiten Paßübergang des Guamaní bei Regen, Schnee und Wind. Von hier ab beginnen erst die eigentlichen Schwierigkeiten, denn das Gebirge fällt nach Osten viel allmählicher ab, und so sind breite, sumpfige Hochtäler zu durchwaten. Durch das stete Versinken unserer Maultiere wurden wir fortwährend aufgehalten und waren so gezwungen, in einer Höhe von 3962 m unser Lager bei Regen und Sturm im Sumpfe aufzuschlagen. Fort und fort fiel der Regen die Nacht hindurch auf unser keineswegs wasserdichtes Zelt, das kaum dem heftigen Winde zu widerstehen vermochte.

Am nächsten Morgen hellte es sich etwas auf, und wir sahen nun, daß wir uns an einem schönen Gebirgssee, dem Sucus-Cocha (Schilfsee), befanden*. Steile, bis 4200 m hohe Felsen umgeben ihn ringsum, und nur gegen Süden zu bleibt eine Lücke. Die Ostseite des Gebirges ist reich an solchen Lagunen. Wir folgten seinem Abfluß und gelangten bald hinab in das weite und tiefe Hauptal, in dem der Rio Papallacta in vielen Windungen sich dahinschlängelt. Die Felsen zu beiden Seiten sind hier weniger schroff und gehören schon den Schiefern und Grünsteinen an, während noch beim Sucus-Cocha wie auch auf dem ganzen Weg von Pifo an aufwärts Lava anstand. Den Talgrund bildet eine weite, große Wiesen- und Sumpffläche, die uns bei der Tiefe der Einsenkung zunächst befremdete. Ihr Dasein ist aber, wie wir bald sahen, bedingt durch eine mächtige Lavamasse**, die in einem vom Antisana kommenden Einschnitt von

---

* Reiss, Tgb. 14. 8. 1871. — Der Sucus-Cocha ist ein schönes, von Nordnordosten nach Südsüdwesten gestrecktes, schmales Wasserbecken, von schroffen Felsen umgeben. Sein Abfluß findet sich im Süden und ergießt sich in ein breites Tal von sehr eigentümlichen Terrainformen, die uns an die Schieferberge des Sara-Urcu erinnern. Der breite Grund zwischen schroffen Felsen stürzt in Terrassen ab und weist eine Menge aufragender Höcker auf, alles Bildungen, wie wir sie auch bei Gletscherwirkung beobachten konnten. Aber nirgends finden sich Gletscherschliffe oder Moränen.

** Reiss, Tgb. 14. 8. 1871. — Der Volcan von Papallacta ist eine niedere Loma, die aus einem von Süden kommenden alten, von schroffen Lavafelsen begrenzten Tale hervorbricht und hoch oben am Gebirge bei Volcanpamba ihren Ursprung nimmt. Quer zum Papallactatal verlaufend, schließt sie dieses ab und bedingt dadurch die Bildung des Sees, der, jetzt eine halbe Stunde lang und von Wald zu Wald reichend, im Sommer ganz austrocknen soll. Vorgeschobene Lavaarme bilden in ihm kleine Inseln. Der Strom ist bereits mit Gestrüpp überwachsen, aber mit allen seinen Wülsten noch deutlich zu erkennen. Nach Papallacta zu sendet er nur ganz kurze Ausläufer, die aber fast bis an das Dorf reichen. Die Indianer haben seine Natur, wie der Name beweist, richtig erkannt.

17. 8. 1871. — Die Oberfläche des Stromes besteht aus wild durcheinandergelagerten Blöcken, doch sind Schlacken verhältnismäßig selten. Mehrere nahe beieinander liegende, hohe Arme mit dazwischen bleibenden interkollinen Einsenkungen sind deutlich zu scheiden. Diese sind durch kleine Blöcke und Grus erfüllt, während die Arme selbst am Ende sich zu hohen, wild zerborstenen Schollen auftürmen. Sie haben eine Mächtigkeit von 60—80 m und sind sehr steil nach dem See zu abgeböscht.

Süden herabzieht und, quer durch das Papallactatal sich vorschiebend, sich hier aufstaut, den von oben kommenden Gewässern den Durchgang versperrend, so daß aller herabgeführte Schutt und Detritus hinter ihr sich ansammeln und den Talboden ausebnen mußte. Der Bach selbst sickert durch das poröse Gestein hindurch und tritt an seinem Fuß klar und mächtig, nahe dem Orte Papallacta wieder hervor. In der Regenzeit bildet sich oberhalb des Stromes ein großer, schöner See, die Laguna de Papallacta (3341 m). Die Lava ist so frisch und schön, wie man sie sich nur wünschen kann, und doch hat sie bis jetzt nur Orton[10] als solche erkannt[11].

Die Landschaft hier ist überaus lieblich. Das hohe Páramogras, das die oberen Teile der Berge bedeckt, ist verschwunden, hübsche Wiesen, die mit kleinen Waldflecken abwechseln, der freundliche See, der schwarze, die Szenerie abschließende Lavastrom und die hohen, steilen, aber doch meist schön bewaldeten Gehänge geben zusammen ein eigentümliches Bild voll unendlicher Ruhe. An der Nordseite des Tales, dicht an den Schieferwänden entlang, führt der Weg über die Lavafelsen in gefährlichen Treppenabsätzen bis nahe zum Ort hinab, wo noch einmal ein mehrere Fuß tiefer Morast Roß und Reiter aufnimmt.

Papallacta (3156 m) mit seinen wenigen Strohhütten und seiner kleinen Kirche liegt reizend auf einer grünen Terrasse an der Einmündung des von Norden kommenden Rio de los Baños. Es ist nur von Indianern bewohnt, und so fanden wir denn auch die freundlichste Aufnahme.

Während im Westen der Kordillere jetzt Sommer ist, herrscht hier im Osten der Winter, d. h. es regnet fortwährend. Wir hatten indes wenigstens jeden Tag einige wolkenfreie Stunden, so daß wir die Berge übersehen konnten. Hier bei Papallacta beginnt der Fußweg nach dem Rio Napo, einem Hauptzufluß des Amazonenstromes[12]. Er ist unbeschreiblich schlecht. Gleich unterhalb des Ortes tritt man in den Wald, der bis zum Atlantischen Ozean sich ausdehnt. Dort ist alles Sumpf und Kot, kein Pfad ist ausgeschlagen, Äste versperren den Durchgang, Wurzeln und Steine, bedeckt von tiefen Pfützen, machen jeden Schritt unsicher. Die Flüsse führen schon hier viel Wasser und sind oft schwer passierbar; wie mag dies erst weiter unten sein. Wir selbst gingen nur einige Stunden weit talabwärts, um die Gerölle einiger vom Antisana kommender Flüsse zu untersuchen*.

---

* Reiss, Tgb. 16. 8. 1871. — Der nach dem Rio Napo führende Weg schlängelt sich eng und verwachsen zwischen den steilen, bewaldeten Bergen dahin. Sie bestehen meist aus Glimmerschiefer, aber auch aus einem blaugrauen Gestein mit vielen Einschlüssen. Durch einen ganz frischen, offenbar erst vor wenig Monaten niedergegangenen Derrumbo sind sie gut aufgeschlossen[13]. Die einmündenden Flüsse enthalten kleines Geröll, das aus den blaugrauen, auch am Derrumbo gefundenen Stücken, aus schönen Gneisen und Grünsteinen und vereinzelt auch aus sehr zerkleinerter Lava sich zusammensetzt.

Zur Rückreise nach Pifo benutzten wir den gewöhnlich begangenen Camino real, der, wenn er auch schlecht ist, doch lange nicht so viele Schwierigkeiten bietet als unser Herweg. Bis El Tambo (3505 m), wohin wir am ersten Tag nur gelangten, da wir mehrere Stunden der Untersuchung des neuen Lavastromes widmeten, sind beide Routen die gleichen, dann aber verfolgten wir diesmal das Hauptal aufwärts bis zum Südpaß des Guamanígebirges (4173 m). Wie die Berge dort aussehen, weiß ich nicht zu sagen, denn wir ritten fortwährend in Wolken und Regen, bei so furchtbarem Winde, daß unsere Tiere sich oft nur mit Mühe auf dem schmalen Wege erhalten konnten. Auf der Westseite der Kordillere traten wir in das Tal des Rio Encañada ein, das ca. 3 Stunden südlich von Pifo in die Ebene ausmündet. Wir gingen es abwärts bis nahe El Inca (2868 m), wandten uns dann wieder gegen Norden und übernachteten in einer Käserei auf dem Abhang des Gebirges, im Tablon de Itulgachi (3097 m). Von hier ging es hinab in die Ebene nach der Hacienda de Itulgachi (2668 m), bei der eine der schönsten Kirchen des Landes steht, die aber, nie vollendet, jetzt als Schweinestall dient. Am 19. August traf ich gegen Mittag wieder in Chántag ein, während Dr. Stübel erst am Abend spät nachfolgte.

Bereits im Norden von Popayan hatten Obsidiansplitter, die in großen Mengen auf den Feldern verstreut lagen, unsere Aufmerksamkeit erregt, und von dort an hatten wir überall diese Bruchstücke gefunden, sowohl in Colombia als auch in Ecuador. Alle unsere Nachforschungen nach dem Gestein, von dem sie stammen, waren aber bisher vergeblich gewesen. Hier endlich versicherte man uns, daß der Obsidian[14] in großen Mengen im Gebirge vorkomme. Wir siedelten deshalb am 21. August nach Pitaná, einer in 3360 m Höhe gelegenen Hacienda, über. Der freundliche Verwalter führte uns selbst am nächsten Tage nach dem Kamm, der hier Filo de los Corrales (4447 m) genannt wird. An den Quellflüssen des Rio Guambi, die wir aufwärts verfolgten, fanden wir denn auch prachtvolle Lavaströme mit Obsidianen von solcher Schönheit, wie selbst unsere kühnste Phantasie sie uns nicht schöner vorspiegeln konnte*. Nebenbei

---

* Reiss, Tgb. 22. 8. 1871. — Wir reiten von Pitaná aus ostwärts das San Lorenzo-Tal hinauf und ersteigen weit oben eine von Norden kommende Loma zwischen zwei Seitentälern. Hier gelangen wir gegen 9 Uhr zum ersten, aus den Pajonales herausragenden Felsen, der den Obsidian anstehend enthält, dem Yana-Urcu (3937 m). Er besteht aus einer flasrigen Lava, in die dichter, schöner Obsidian in Stücken und dünnen Schichten, die bis zu einem Fuß stark sind, eingelagert ist. Vielfach ist er sehr zersetzt, besonders die nichtglasigen Teile. Rote und schwarze Varietäten wechseln ab. Je höher wir steigen, desto mehr häufen sich diese Vorkommen und desto schöner werden die hier besonders mächtigen, pseudoparallel gelagerten Ströme. Woher sie kommen, läßt sich nicht entscheiden, denn kein hervorragender Berg ist in der Nähe und ebenso fehlt jeder Krater. Wir haben es mit einem Längsgebirge zu tun, das aus dicken, zähflüssigen Laven gebildet ist, ohne daß es zu beträchtlicher Schlackenbildung und zur Entstehung eines Katers kam.

begünstigte uns das Wetter, so daß wir eine prachtvolle Aussicht gegen Osten auf die völlig unbekannten Gebirgszüge zwischen Papallacta und Sara-Urcu hatten. Am 24. zogen wir nochmals hinauf, überschritten aber diesmal die Kordillere, um den Quishca-Machai (Obsidianhöhle, 4143 m) zu besuchen, und kehrten auch von dort mit Steinen beladen zurück. Die Proben werden in Europa Aufsehen erregen, denn bisher kannte man in Südamerika, außer den erwähnten kleinen Stücken, die man ohne jeden Grund dem Cotopaxi zuschrieb, gar keinen Obsidian.

Höchlichst befriedigt kehrten wir nach Chántag zurück. Dann besichtigten wir noch die südliche der französischen Pyramiden, die von Oyambaro (2637 m). Diese Pyramiden haben eigentümliche Schicksale erlebt[15]. Die spanische Eitelkeit fühlte sich verletzt durch die daraufgesetzten Inschriften, und so ließ die Regierung bald nach Abreise der Franzosen die kleinen Bauten zerstören. Erst in den 30er Jahren dieses Jahrhunderts hat der Präsident Rocafuerte sie von neuem errichten lassen, ob aber an derselben Stelle wie die alten, läßt sich jetzt nicht mehr feststellen. Es sind jetzt häßliche Würfel von 2 m Seitenlänge mit einer vierseitigen Pyramide als Dach, aus Backstein aufgebaut, nur geweißt und ohne jede Inschrift. Vom alten Denkmal existiert noch in der Hacienda Oyambaro (2633 m) eine schöne, große Steinplatte mit Resten eingehauener Buchstaben. Sie sind jetzt alle unleserlich, seit 100 Jahren dient die Tafel als Tritt für die barfüßigen „Damen", wenn sie zu Pferde steigen. Andere Steine, die noch Lettern zeigen, sind beim Bau der Hacienda benutzt worden, und man hat Säulenfüße daraus gemeißelt; das einzige lesbare Wort ist „Paris".

Am 29. August verließen wir Chántag auf immer und wandten uns wieder nach Quito.

XXV.

Chuspichupa (Mückenburg), 2. Februar 1872.
Zeltstation am Antisana (3824 m).

Erst am 8. Januar 1872 † rückte ich wieder von Quito aus, ritt quer durch das Tiefland des Valle de Chillo und verbrachte die erste Nacht in Píntac (2900 m) am Fuß des Antisana. Von hier aus mußte ich Peones mitnehmen, die mir denn auch infolge höherer Befehle durch den Jefe politico verschafft wurden. Meine Karawane, die aus einem Polizeibeamten auf einer Privatmula García Morenos, meinem berittenen Diener mit dem Barometer, einem Jungen mit der Flinte, 16 Lastträgern,

---

† Anmerkung des Herausgebers: Die Zeit bis zum Ende des Jahres 1871 verbrachte Reiss, unwohl und durch außergewöhnlich schlechtes Wetter an allen Unternehmungen gehindert, in Quito. — Briefe an den Vater: Quito, 17. 11. 1871 und 2. 12. 1871.

11 Mulas, 3 Pferden und einem Hunde bestand, bewegte sich nur langsam und unter fortwährenden Streitigkeiten mit den widerhaarigen Peones vorwärts, so daß wir erst am zweiten Tage das letzte am Fuß des Schneegipfels des Antisana in 4075 m Höhe gelegene Haus erreichten. Der Weg führt zur Seite eines nahezu von Osten nach Westen verlaufenden, El Isco genannten Tales, welches das Fußgebirge des Antisana von den langgestreckten Ausläufern des Sincholagua trennt, aufwärts. Es ist tief und von steilen Felswänden begrenzt, interessant vor allem durch einen ungeheueren Lavastrom, der aus dem von Norden einmündenden Einschnitte von Antisanilla herabkommt*, in mächtigen Fällen über die hohen Felsen sich ergießt und nun zwischen den Talwänden eingeengt bis zum Fuß des Gebirges bei Pinantura abwärts zieht (3046 m)[1]. Diese ganz frische Lava hat eine Mächtigkeit von ca. 160 m bei einer Breite von 300—400 m. Da sie den unteren Teil des Tales völlig erfüllt, mußten sich die höher oben schon sehr beträchtlichen Bäche aufstauen und Seen bilden. Drei von ihnen bestehen noch, und ihr Wasser sickert, dem alten Bachbette folgend, durch die porösen und zerklüfteten Steinmassen, um an ihrem unteren Ende in vier Armen wieder hervorzutreten.

Das tiefe Iscotal begrenzt das Fußgebirge des Antisana gegen Norden, denn man muß hier wohl unterscheiden zwischen dem mächtigen, von Norden nach Süden gestreckten Rücken, der die Fortsetzung des „Guamaní" ist, und dem ihm aufgesetzten steilen Ausbruchsberge, der den eigentlichen Antisana bildet[2]. Die Einwohner freilich nennen das gesamte Gebirgssystem „Antisana", weil so die Hacienda heißt, zu der das Terrain gehört. Eine natürliche Grenze zwischen den Guamaníbergen und den südlich anstoßenden Höhen ist allerdings auch der Einschnitt von El Isco nicht, aber es besteht doch ein Unterschied zwischen beiden Landschaften

---

* Reiss, Tgb. 27. 2. 1872. — Die Ausbruchsstelle des Stromes von Antisanilla befindet sich bei Muertopungo (4159 m). Hier sind an der Talwand zwei mächtige Einsenkungen sichtbar, die eine nahe dem Talboden, die andere weiter oben, tief in die Umrandung eingreifend und von hohen Felsen umgeben. In ihr liegt die eigentliche Ausbruchsstelle. Ihr Durchmesser mag wohl 500—600 m betragen, und ihr oberer Rand ist unregelmäßig dem alten Terrain angepaßt. Ihr Grund wird durch einen kleinen, halbkreisförmigen, sehr steilen Lavawall von etwa 200 m Durchmesser ausgefüllt, der sich im Osten an die Umrandung anlehnt und im Westen durch rote Aschentuffe kegelartig abgedacht erscheint. Sein Gestein ist nach innen in konzentrischen Ringen angeordnet, die durch Spalten getrennt sind und einwärts immer niedriger werden. Ich habe 15 davon gezählt. Aus der so entstandenen kraterförmigen Vertiefung entquoll die Lava, floß nach außen und fiel den steilen Hang hinab. Ein Teil staute sich aufwärts an und schnürte den Muertopungo-Cocha (4021 m) ab, die Hauptmasse aber wälzte sich abwärts, die ganze Breite des Tales erfüllend. Wie mächtig sie ist, läßt sich hier nicht bestimmen, da die ursprüngliche Tiefe des Tales nicht mehr festzustellen ist. Der Strom hat an beiden Seiten hohe Wälle, zwischen denen die Mitte etwas eingesenkt ist. Sie zeigt schroffe Schlackenwellen, die talaufwärts durchgebogen sind, so daß also die Mitte des Stromes sich langsamer bewegt hat als die Seiten.

insofern, als im Süden durch eine große Anzahl neuer Ausbrüche die Bildung tiefer Täler verhindert wurde. Es herrschen deshalb dort weit ausgedehnte Hochflächen von über 4000 m Höhe vor, über die sich niedere Hügel nur wenig erheben. Das Ausbruchsmaterial, das diese Gegenden ausebnete, stammt keineswegs nur vom Antisanagipfel, der seine Laven gegen Westen ergoß, sondern auch die schon erwähnten Hügel bilden selbständige Eruptionszentren, und zwei von ihnen sind als schöngestaltete, völlig ausgebaute, vulkanische Massive noch in ihrer ursprünglichen Gestalt erhalten: das eine, der Chusalungo, steht am Westfuß des eigentlichen Antisana auf dem hier ca. 4300 m hohen Plateau, wo er als mondgebirgsähnlicher Ring einen weiten, flachen Kessel umschließt, der gegen Süden zu entwässert. Seine Umwallung ist zwar steil, jedoch fast ganz bewachsen und im allgemeinen niedrig, hat aber drei hohe Felsgipfel, von denen der höchste, der Chusalungo grande, die Höhe von 4720 m erreicht, während der Grund der Caldera in 4351 m Höhe liegt*. Der zweite dieser Berge, der Chacana, sitzt dem Nordwestende des Antisanafußgebirges auf, wo dieses bereits in den durch tiefe Täler zerrissenen Guamaní übergeht. Er ist ein aus wilden, kahlen Felszacken bestehendes Gebirge von 4643 m Höhe, mit einer langgestreckten, von schroffen Felsabstürzen umgebenen, San Clemente (4369 m) genannten Caldera, die nach Nordosten offen ist. Selten habe ich an Vulkanen so ausgedehnte Spuren von der Wirkung saurer Dämpfe gesehen wie hier: sowohl die Hauptgipfel wie auch die Umwallung bestehen aus fast schneeweißem, gebleichten Gestein[4].

Die großen, meist sumpfigen Hochflächen[5] auf diesen Rücken dienen zahlreichen Herden zur Weide: gegen 3000 Stück Vieh sollen hier gehalten werden. Die Hacienda, zu der sie gehören, ist deshalb auf dem Páramo selbst errichtet worden[6]. Am Fuß des Antisanaberges in 4075 m Höhe gelegen, bot sie für uns einen geeigneten Zentralpunkt, von dem aus alle Exkursionen sich mit Leichtigkeit machen ließen. Die Aussicht vom Hause und noch mehr von einer der benachbarten Höhen ist prachtvoll. In nächster Nähe erhebt sich die dreigipfelige Schneemasse des Antisana[7], in dessen Krater ein tiefer Einschnitt der Umwallung einen Einblick gewährt, Chusalungo und Chacana zeigen sich im Norden, und gegen Süden nehmen eine Anzahl niederer Rücken und große dazwischenliegende Plateaus mit zahlreichen Seen den Vordergrund ein. Der größte von ihnen, der Micacocha (3951 m), ist wohl über ½ Stunde lang. Über diese nächste Umgebung ragen im Südwesten die Schneekuppe des Sincholagua

---

* Reiss, Tgb. 15. 2. 1872. — Der Chusalungo ist von vier Eruptionszentren aus aufgebaut. Der Chusalungo chiquito ist eine steile Mauer, an die sich im stumpfen Winkel der Nordteil anschließt, der sich seinerseits wieder im Nordwesten an den Chusalungo grande anlehnt. Ebenso selbständig ist der Südwestgipfel. Jeder gemeinschaftliche Abhang fehlt diesen Ausbruchsmassen, sie sind alle deutlich voneinander getrennt[3].

und im Südosten die Eispyramide des Quilindaña empor, zwischen beiden sieht man ganz freistehend den prachtvoll geformten Cotopaxi und an seiner Ostseite bei ganz klarem Wetter den Gipfel des Chimborazo.

Den großartigsten Anblick bietet aber doch der Antisana, dessen mit dichten Schnee- und Eismassen bedeckter Abhang bei jeder Beleuchtung neue Formen zeigt. Aus der weißen Decke treten eine Anzahl ganz frischer Laven hervor, im Südsüdwesten ein kleiner, schon ziemlich bewachsener Strom: El Sarahuazi-Volcan, im Südwesten der lange und mächtige Guagraialina-Volcan, der sein Ende erst dicht vor der Tür des Hauses erreicht, im Westen der kleine, aber ziemlich dicke Yana-Volcan oder Volcan de Santa Luzía* und endlich im Nordnordwesten der ungeheure Maucamachai-Volcan**, der gegen Norden zu in ein tiefes, altes Tal hinabfällt und dessen Grund erfüllt[8]. Es ist das gleiche, das wenig unterhalb Papallacta in den Papallactafluß mündet und dort Yurac-yacu (Weißwasser) heißt.

Mein erster Ausflug galt der Nordseite des eigentlichen Antisana, da ich von dort aus in das Papallactatal sehen und so an die bei der vorigen Reise abgebrochenen Beobachtungen anknüpfen wollte. Am Westfuß des Berges entlang, zwischen ihm und dem Chusalungo, führte unser Weg auf einer sumpfigen Hochfläche hin nach einem großen, Santa Luzíapamba genannten Plateau, von wo aus, gegen Norden zu, der steilere Abhang nach einem tiefen, von Westen nach Osten ziehenden Tale beginnt, in dem die vom Chacana kommenden Gewässer nach dem Rio de Papallacta abfließen. Ein meist aus alten Gesteinen gebildeter Gebirgsrücken „La Medialuna" (4270 m) springt hier weit nach Norden vor und endigt in schroffen Abstürzen gerade über dem Ort Papallacta, dessen Häuser man tief unter sich auf einer kleinen, grünen Fläche liegen sieht (3156 m). Der Blick von hier auf das ausgezackte Guamanígebirge, den Cayambe und Sara-Urcu ist wundervoll. Gegen Osten zu dehnen sich unendliche Reihen immer niedriger werdender Ketten aus, über deren bewaldete Gipfel ein kegelförmiger Berg sich majestätisch erhebt. Es ist

---

* Reiss, Tgb. 12. 1. 1872. — Der Volcan de Santa Lucía, wie man ihn nennen könnte, kommt an der Westseite des Berges unter dem Schnee hervor, fließt zuerst von Osten nach Westen und dann, scharf umbiegend und dem Laufe eines Tales folgend, von Norden nach Süden. Die oft 100—150 Fuß mächtige Masse ist unterhalb der Biegung von zwei hohen Seitenwällen eingefaßt, zwischen denen die noch flüssige Lava weiterströmte, während die schon erstarrten seitlichen Teile bereits zur Ruhe gekommen waren.

** Reiss, Tgb. 12. 1. 1872. — Der Maucamachai-Volcan ist der nördlichste der Lavaströme des Antisana. Er fließt in einem gegen Norden ausholenden Bogen in zwei Armen nach Papallacta zu. Der westliche von ihnen ist nur kurz und reicht in dem Tale von Santa Lucíapaccha bis 4258 m herab, der östliche stürzt sich in einem anderen Einschnitt in Fällen in die Tiefe, überflutet die Talscheidewand gegen Osten und sendet auch über sie einen Arm hinab. Am Südfuß des Medialuna-Rückens breitet er sich dann in einer kesselförmigen Erweiterung, den Cimarronas de Medialuna, weit aus. Auch er hat an den Seiten kleine Seen angestaut. Sein unteres Ende ist nicht sichtbar.

ohne Zweifel ein Vulkan, aber wo er liegt und wie er heißt, weiß hier niemand, wahrscheinlich hat noch nie ein Reisender von seinem Dasein gewußt. Nach einem meiner Führer soll es der Cuyufa sein, nach anderen der Guacamayo, doch war die Existenz eines solchen Kegels bisher unbekannt[9].

Das vom Chacana kommende Quertal ist dasselbe, aus dem weiter unten der Lavastrom von Papallacta hervortritt. Von Medialuna aus übersieht man es in seiner ganzen Länge. Ich brauchte einen ganzen Tag, um von diesem Rücken aus bis an den Punkt zu gelangen, an dem diese neue, am linken Gehänge ausgebrochene Lava das Bachbett erreicht. Die ausgedehnten und tiefen Sümpfe in diesem Teile des Gebirges zwingen zu großen Umwegen; Lasttiere können gar nicht passieren, und so mußte ich auch hierher all mein Gepäck durch Peones tragen lassen. Die Scheide, die das Tal des Reventazon von den nördlicheren Papallactazuflüssen trennt, ist an einer Stelle, aus der die aus Lava gebildeten Ausläufer des Chacanagebirges sich an einen hohen, aus quarzführenden Gesteinen gebildeten Gipfel anlegen, sehr niedrig, und hier, bei Potrerillos (3947 m), fand der Ausbruch statt[10]. Schlacken, Bomben oder Aschen wurden dabei nicht ausgeworfen, sondern es floß nur Lava aus, die einen kreisförmigen Wulst bildete, der dann nach abwärts durchbrochen wurde, um der nachdrängenden, sich zum Strom gestaltenden Masse Platz zu schaffen. Immer neu hervortretendes Material schob den schon erstarrten Ring weiter und weiter nach außen, so daß eine kraterartige Umwallung entstand, in deren Mitte mächtige Lavafelsen aufragen*. Die Verhältnisse erinnern sehr an Methana, wo ebenfalls inmitten eines mondsichelförmig aus Lava gebildeten Ringes feste, zentrale Felsen sich erheben, von denen dann der Strom ausgeht. Nur sind hier die Umwallung und die Zentralmasse sehr klein geblieben, während der Strom eine beträchtliche Ausdehnung erreicht hat. Der Lavagipfel überragt das umgebende Gehänge um höchstens 20—25 m, der Durchmesser des kraterartigen Walles beträgt ca. 200 m. Von da aus fiel die Lava in zwei Armen steil hinab nach dem Tale, dessen Grund gegenwärtig 3616 m hoch liegt, und ergoß sich dann, sich vereinigend und den Windungen des von steilen Felswänden begrenzten Tales folgend, in das Papallactatal, sperrte es ab und bewegte sich noch ein Stück abwärts, bis sie nahe oberhalb des Ortes erstarrte. Sie mag ca. 1½ Stunde lang sein und an vielen Stellen eine Mächtigkeit von über 100 Fuß besitzen. Ein Seitenarm staute sich talaufwärts an und erreichte nur eine geringe Ausdehnung. Oberhalb von ihr bildete sich ein beträchtlicher See, der Volcancocha; kleinere entstanden an den Mündungen der seitlich herabkommenden Bäche; die große Laguna de

---

* Stübel an Reiss, 2. 10. 1871. — Der Ausbruchspunkt liegt am Abhang eines Berges, den man wohl nicht mit mehr Recht wie hundert andere Berge für einen besonderen Vulkan ansehen kann, wenn man will. Die Lava ist etwa so aus den Felsen geflossen wie das Wasser, das Moses mit seinem Stabe hervorzauberte.

Papallacta erwähnte ich schon. Alle diese Gewässer müssen unter der Lava durchsickern, und daher erklärt sich der große Wasserreichtum des beim Ort Papallacta austretenden Flusses.

An der Volcancocha brach natürlich wieder Nahrungsmangel unter den Peones aus, und so mußte ich am 17. die Rückreise nach dem Hato antreten. Wir stiegen zuerst nach dem Rücken zwischen Cachiyacuhorno und San Clemente, also nach dem Kamm der nördlichen Umwallung der Chacana-Caldera empor, mußten dann aber in den Chacanakessel* selbst hinab und schließlich wieder an einer andern Stelle über schroffe Abstürze hinauf, um so, dicht unter dem Gipfel des Chacana, in das eine der beiden großen Täler, welche, gegen Südwesten zu abfließend, sich mit dem Rio Isco vereinigen, zu gelangen. Von da ging es zwischen Tablarumi und Chusalungo hindurch über die großen sumpfigen Ebenen nach unserer Hacienda.

Die Verpflegungsschwierigkeiten hielten mich zunächst dort fest: ich mußte nach Píntac und Quito schicken, um für meine Leute und mich selbst Nahrungsmittel besorgen zu lassen. Die Zeit vertrieb mir der inzwischen angekommene Mayordomo der Hacienda. Er hatte ein unbrauchbares Pferd mitgebracht, um eine Kondorjagd für mich zu veranstalten. Das arme Tier wurde ca. ¼ Stunde vom Hause auf einer weiten Fläche erdrosselt, um so als Lockspeise für die Vögel zu dienen. Am nächsten Morgen standen alle Pferde gesattelt vor dem Hato, und von Zeit zu Zeit brachte ein als Spion ausgestellter Indianer Nachricht über das Verhalten der „Buitres" (Geier). Als ungefähr 12—15 Stück sich während einiger Stunden gütlich getan hatten, brachen wir zum Angriff auf. Fünf berittene Indianer und der Mayordomo, alle mit Lassos bewaffnet, rückten in aller Stille aus, und auch ich schloß mich zu Pferde an, um die Jagd aus nächster Nähe zu beobachten. Im kurzen Trapp ging es eine Anhöhe hinan, wo uns nur ein kleiner Hügel noch von der erhofften Beute trennte. Die Reiter umschwenkten ihn rechts und links und sprengten in scharfem Galopp, mit geschwungenem Lasso in der Hand, vor, ich ritt ihn hinauf, um das Schlachtfeld zu überschauen.

In der Mitte der Ebene lag der schon fast bis auf die Knochen verzehrte Kadaver, darauf und im Kreise umher saßen die riesigen Aasgeier, das treffende Symbol der südamerikanischen Republiken. Von zwei Seiten jagten die Indianer auf ihren elenden Kleppern heran, zusammen-

---

* Reiss, Tgb. 17. 1. 1872. — Der Hondon von San Clemente ist eine Caldera wie die des Chiles, ein langes, tiefes und breites Tal mit sehr steilen und felsigen Seitenwänden und einem kreisförmigen Abschluß, der durch die beiden hohen Gipfel des Chacana gebildet wird. Der Talboden ist stufenartig in Plateaus gegliedert, die alle sumpfig sind und von denen das Wasser in Fällen nach dem nächsttieferen Absatz hinabstürzt. Das oberste Plateau ist von einer mächtigen Schutthalde eingenommen, die von den Gipfeln herabzieht. Die Umwallung besteht aus einem völlig ausgebleichten und zersetzten Gestein, das schieferig zerfällt und oft schroffe Felsen bildet.

gekrümmt in ihren engen, mit schmutzigem Schafpelz bedeckten Sätteln, die Beine bekleidet mit eng anliegenden Reithosen aus zottigem Ziegenfell, den großen Sporn am nackten Fuß, statt des Steigbügels einen roh geschnitzten, hölzernen Schuh, mit fliegender Ruana, den großrandigen, von Schmutz strotzenden Filzhut zurückgeschlagen und den Lasso in weitem Bogen über dem Haupte schwingend: es war wirklich ein schöner Anblick. Durch das Getöse der heranschnaubenden Pferde wurden die Kondore lange, ehe die Reiter in die Nähe kamen, aufgeschreckt; schwerfällig auffliegend suchten sie zu fliehen. Schon gab ich die Beute verloren und ritt langsam meinen Begleitern nach; ein mächtiger Buitre flog mir dabei fast an den Kopf. Als er dem Griff meiner Hand auswich, konnte ich deutlich den verzweiflungsvollen Gesichtsausdruck des Vogels erkennen, der vergeblich bemüht war, sich in die Lüfte zu erheben. Wirklich kam er, zu meinem großen Erstaunen, in weitem Bogen wieder zur Erde nieder.

Und nun begann die eigentliche Jagd. In rasender Karriere sprengten wir durch Sumpflöcher, über Erdhaufen, über Grasbüschel und Gräben dem mit unglaublicher Raschheit fliehenden Tiere nach. Näher und näher rückten wir heran; schneller und schneller lief der Kondor, plötzlich überkollerte er sich drei- oder viermal und blieb dann wie angewurzelt stehen, den Kopf auf die Erde gedrückt, die Flügel halb geöffnet nach oben gerichtet. Der Mayordomo ritt heran und warf ihm die Schlinge um die Flügel; ein Indianer sprang vom Pferde und bemächtigte sich des willenlosen Königs der Anden. Das Tier machte gar keinen Versuch, sich nur irgendwie zu bewegen. Sein einziges Bestreben war, durch Würgen das Fleisch aus dem Kropfe hervorzubringen, um es dann mit der Klaue vollends herauszuziehen. Um dies zu verhindern, wurde ihm der Schnabel zugebunden, und dies genügte zu seiner Fesselung. Die übrigen Indianer hatten auf dieselbe Weise ebenfalls ein Männchen gefangen.

Die schweren Tiere zu tragen war meinen inzwischen herbeigeeilten Leuten zu mühsam: so nahmen sie je zwei meiner Diener zwischen sich, ergriffen die Schwungfedern der Flügel und führten sie so an der Hand, wohin sie wollten. Ein dritter Peon folgte der Prozession mit einem Stricke, der ihnen vorsichtshalber am Fuße befestigt war. Schwerfällig und demütig humpelten die dick angefressenen Tiere zwischen ihren Begleitern dahin, wehmütige Blicke ihren in immer weiteren Kreisen sich erhebenden und der Verfolgung sich entziehenden Gefährten nachsendend. Ich habe sie erdrosseln lassen und gemessen: sie hatten 10 Fuß Flugweite.

Am 22. Januar brach ich dann nochmals nach dem Chacana auf. Über die weite Ebene von Yantapamba zogen wir nach der Westseite des Chusalungo grande, folgten dort einer tiefen, zwischen Chusalungo und Tablarumi eingeschnittenen Quebrada, dem San Agustincuchu, und gelangten so auf eine Einsattelung, welche die beiden Berge trennt und von der man in das an der Ostseite des Chacana nach dem Reventazon de Potrerillos führende Tal von Sumfohuaico hinabblickt. Seinen oberen Teil umgingen wir nach Westen hin und schlugen auf dem Paß zwischen Chacana und Tablarumi in 4341 m Höhe das Lager auf.

Noch an demselben Tage besuchte ich den Tablarumi, ein 4580 m hohes, aus zwei unter rechtem Winkel zusammenstoßenden Armen gebildetes Massiv, das aus übereinandergehäuften Lavaströmen mit zwischenlagernden Bimssteintuffen aufgebaut ist[11]. An seinem von Norden nach Süden verlaufenden westlichen Flügel findet sich ebenfalls ein junger Lavaausbruch[12], bei dem, ähnlich wie bei Potrerillos, ein bedeutender Strom zutage trat, doch müssen hierbei heftige Explosionen erfolgt sein, da Blöcke bis nach dem ca. 2,5 km entfernten Urcucui (Hasenberg, 4457 m) geschleudert wurden*. Die Lava ist sehr mächtig, schlackenfrei und zerbröckelt kokkolithartig zu kleinen Körnern von dunkelblauer Farbe mit großen Feldspaten. Von ihm aus kehrte ich nach drei Tagen nach dem Hato zurück, um von dort nach der Südostseite des Berges aufzubrechen**.

---

* Reiss, Tgb. 24. 1. 1872. — Der Lavaausbruch von Cuscungo am Westhang des Tablarumi gleicht ganz dem von Potrerillos, ist jedoch bedeutend kleiner. Der in mächtige Felspfeiler zerspaltene Strom ergießt sich talwärts gegen den Nordfuß der Hatucloma und ist nur kurz. Der Ausbruchspunkt, der nur an der Anordnung der Lavafelsen kenntlich ist, liegt etwa 50—60 m höher als das Ende.

** Reiss, Tgb. 27. 1. 1872. — Wir reiten bei prachtvollem Wetter um 7 Uhr vom Hause weg und am Nordfuß der Guamaní-loma (4309 m) vorbei durch das Tal des Sarahuasi-huaico. Der Antisana erscheint auf dieser Seite furchtbar steil. Sein Südgipfel stürzt in fast senkrechten Felswänden zur Schlucht von San Simon-Machaicuchu (4444 m) ab, die bereits zum Rio Chulcupaillana entwässert. An ihrer linken Seite zieht eine hohe, teils aus mächtigen, flach gegen Süden einfallenden Laven, teils aus Schiefern bestehende und ganz mit Gras bewachsene Loma nach Süden. Wir überschreiten sie und gelangen in das breite, sumpfige Tal des Rio Azufre chiquito. Auch dieses wird durchquert, und auf der Höhe der linken Talwand erhalten wir dann endlich einen Blick in die Schlucht des Rio Azufre grande und damit in den Krater des Antisana[13]. Ein mächtiger Gletscher quillt aus ihm hervor, dessen kolossale Seitenmoräne, aus gelbem Geröll und gewaltigen Felsblöcken bestehend, das Tal gerade am Gletscherende quer durchzieht. Die Wasser stürzen über sie herab und haben tiefe Furchen in sie gegraben. Der breite Talboden an ihrem Fuß ist ganz mit hellem Geröll bedeckt und fällt in Terrassen nach dem Chulcupaillana ab.

28. 1. 1872. — Wir steigen morgens zum Gletscher auf. Er füllt den mittleren Teil des Hondons völlig aus. Von seinen Seitenmoränen lehnt sich die östliche an die Talwand an, die westliche steht frei im Grunde und ist wohl über 300 Fuß hoch. Beide ziehen vom Fuß des Gletschers noch weiter herab bis zu einer Talstufe. Eine eigentliche Endmoräne fehlt. Die Eismasse ist von enormer Mächtigkeit, bis zu 400 Fuß dick und vielfach zerklüftet. Sie umschließt häufig Einlagerungen von Geröllen, die in regelmäßigen Schichten angeordnet sind. Von der linken Seitenmoräne hat man einen guten Blick in den Krater. Er ist eng und wenig tief, gegen Westen durch den schroffen Südgipfel begrenzt und hat einen engen Ausgang nach Südosten. Der Hauptgipfel des Berges liegt ganz von ihm ab. Über seine Seitenwände hängen überall Schnee- und Eismassen herab, voneinander durch scharfe Felsgrate getrennt. Im Grunde vereinen sie sich und zwängen sich durch den engen Ausgang über schroffe Felsen hinab.

XXVI.

Latacunga, 13. Februar 1873.

Wie ich seit meiner Abreise von Quito am 5. November 1872 bis 9. Dezember meine Zeit verbrachte, habe ich bereits in dem Schreiben, das ich an den Präsidenten sandte, geschildert[1]. Ich wollte nun einmal den Westfuß des Iliniza, dann aber auch den berüchtigten Kratersee des Quilotoa kennenlernen. Es gehen viele Sagen von ihm um. Wunderbare Ausbrüche mit Flammenerscheinungen soll er gehabt haben, Silber- und Bleibergwerke sollen an ihm vorkommen, aber noch nie hat ein Reisender ihn besucht[2]. Ich entschloß mich also, von Santa Ana aus über Sigchos zunächst nach Chugchilan zu gehen[3].

Santa Ana (3150 m) liegt in einer durch Tuffmassen ausgefüllten Ebene, die, am Fuße des Cotopaxi, der Chaupiberge und des Iliniza beginnend, sich gegen Süden bis jenseits Latacunga und Ambato erstreckt. Von hier aus führte die Reise über Toacaso (3261 m) nach den zwischen Iliniza und der südlichen Westkordillere gelegenen Llanos de Curiquingue (3551 m) und dann über die 3621 m hohe Portada de Huinzha (Diebspaß) nach den von der Westseite des Iliniza herabkommenden Tälern. Fast alle diese Gewässer vereinigen sich zum Rio Hatuncama, der tief eingesenkt nach Westen fließt und, in den von Süden kommenden Rio Toachi mündend, zum Einzugsgebiet des Rio Esmeraldas gehört. Sein großes, weites Tal ist in alte Gesteinsformationen (Schiefer, Grünstein, Porphyrite usw.) eingegraben, dann aber durch mächtige Bimsstein- und Trachytschuttmassen wieder ausgefüllt worden, durch die jetzt mehrere tausend Fuß über den Talboden sich erhebende, weitausgedehnte Plateaus gebildet werden. Die Gewässer haben die Tuffe wieder durchschnitten und fließen nun in tiefen, von fast senkrechten Wänden begrenzten Schluchten abermals im Grunde des alten Flußbettes. Der Weg führt hoch über ihm am linken Gehänge entlang, bald an den steilen Felsen hinlaufend, bald in die Seitentäler einbiegend. Auch in ihnen findet sich die gleiche Bimssteinerfüllung, während an den Haupttalwänden die alten Massen aufgeschlossen erscheinen. Bei fortwährendem Regen gelangten wir spät am Nachmittag nach der in einem Seitental gelegenen Hacienda Chisaló (3043 m), wo wir glücklicherweise Futter für unsere Tiere fanden, denn auf dem ganzen Wege bis dorthin hatte es keine Weideplätze gegeben. Am folgenden Tage erreichten wir dann zeitig Sigchos (2928 m), nachdem wir den tiefen Rio Toachi auf einer schlechten Brücke (2497 m) gequert hatten.

Der Ort bietet eine prachtvolle Aussicht; noch schöner aber ist sie vom Pucará de Chisaló (3259 m): man übersieht das große, weite

Hatuncamatal mit seinen Plateaus, zu beiden Seiten begrenzt vom alten Kamm und gratartigen Höhenzügen, die bis zu ihren Gipfeln mit prachtvollen Wäldern bedeckt sind, während den Hintergrund der großartig schöne Iliniza mit seinen beiden Schneegipfeln und den zwischen ihnen herabkommenden Gletschern bildet. Nach Westen blickt man in das weite Toachital, das nahebei den Rio Hatuncama aufnimmt. Auch dieses ist in die alten Formationen eingesenkt und, wie das des Hatuncama, mit ca. 1000 Fuß mächtigen Bimssteinablagerungen erfüllt, durch die das Wasser bis auf sein altes Bett sich durchgenagt hat, so daß gegenwärtig nur noch zu beiden Seiten sich Plateaustreifen an die höheren alten Berge anlehnen. Auf diesen trockenen Flächen liegen die Siedlungen, und unter ihnen auch, auf der linken Seite des Flusses, Sigchos[4].

Der Ort ist sehr groß angelegt: unter rechten Winkeln sich schneidende Straßen umschließen große, quadratförmige Räume in beträchtlicher Anzahl, aber in jedem von ihnen stehen ein, höchstens zwei elende Strohhütten. Von hier ritt ich dann auf dem höchsten Kamme des Gebirges entlang bis zu dem Orte Chugchilan (3247 m). Ich hatte diesen Weg gewählt, um einen Überblick über die zum Flußgebiet des Rio Palenque gehörigen Waldtäler zu gewinnen; aber das Wetter machte mir auch hier, wie so oft, einen Strich durch die Rechnung. In Nebel und Regen traf ich ein, aber der nächste Morgen brach hell und klar an, so daß ich das ganze eigentümliche Landschaftsbild und den vielgesuchten Quilotoa übersehen konnte.

Das Toachital, auf dessen linker Seite der Ort liegt, ist hier, wie bei Sigchos, von mächtigen Tuffablagerungen erfüllt. Aber es ist hier sehr weit, und in seiner Mitte, etwas an die linke Talwand angelehnt, erhebt sich über die von ihm aus abfallenden Tuffplateaus der steile Kegel des Vulkans, dessen breiter, vielfach ausgezackter Rand schon von weitem das Vorhandensein eines mächtigen Kraters verrät. Zahlreiche Bäche kommen von den Hängen herab, in engen, zwischen 1000 und 2000 Fuß tiefen Schluchten, deren oft senkrechte Wände an den meisten Stellen völlig unzugänglich sind, in die Tuffmassen einschneidend. Ihre fast schneeweißen Felsen, die das Auge blenden, die Ebenen, in die sie eingesenkt sind, die hohen, grünen Berge auf beiden Seiten, die steilen Abhänge und der weitgedehnte Kraterrand des Quilotoa, dessen ungeheure Ausbrüche das Material zur Ausfüllung des alten, weiten Tales und zum Aufbau des 4010 m hohen Berges lieferten, das sind die charakteristischen Züge dieser Landschaft[5].

Von Chugchilan aus stiegen wir an den Gehängen einer dieser Schluchten auf nicht allzu schlechten Wegen bis zum Bachbett in 3038 m Höhe hinab[6], wo wir, wie auch an den Berggehängen zu beiden Seiten des Toachitales, alte Schiefer und Grünsteine anstehend fanden, dann ging es rasch aufwärts bis an den Kraterrand. Hier schlug ich in einer kleinen

Schlucht, in 3926 m Höhe, mein Zeltlager auf. Es gewährte einen guten Überblick über die eigentümlichen Verhältnisse dieses Ausbruches. Die sonst sehr schmale Westkordillere ist in diesem Teile von so beträchtlicher Breite, daß sich in ihr zwei große Längstäler entwickeln können, die von den etwa 5 Stunden südlich des Quilotoa gelegenen, dem Gebirgskamm aufgesetzten höheren Felsgipfeln herabziehen. Die Haciendas von Tigua (3466 m) und Zumbagua (3539 m) liegen in ihnen. Sie vereinigen sich zu dem von Süden nach Norden verlaufenden Einschnitt des Rio Toachi. Gerade an der Vereinigungsstelle, da wo das Tal am weitesten ist, fanden die Eruptionen statt[7]. Mächtige Trachytergüsse[8], begleitet von ungeheuren Bimssteinauswürfen, müssen während langer Zeiten sich hier wiederholt haben. Der weite Krater spricht für großartige Explosionen und Gasentwickelungen. Der zwischen 3000 und 4000 Fuß hohe Kegel wurde zum größten Teil unter seinen eigenen Auswurfsmassen begraben, so daß gegenwärtig nur sein höchster Teil über die ihn umlagernden Bimssteinplateaus aufragt. Der Krater mag einen Durchmesser von ca. 3 km besitzen; seine äußern Abhänge sind meist steil, oft über 30—35° geneigt, während die Innenwände in Felsabstürzen bis zu dem 3570 m hoch gelegenen Niveau seines Sees abfallen[9]. Zu ihm, der in schönen, grünen Farben zwischen den hellen Felsen der Umrandung schillert, kann man nur an der Westseite, wo ein großer Erdsturz den Abstieg ermöglicht, ohne Gefahr hinabgelangen. Er hat salziges, warmes Wasser, dem fortwährend unzählige Gasblasen entsteigen[10]. Ich kenne keinen Punkt in Europa oder Amerika, der an Großartigkeit und Eigentümlichkeit der Szenerie mit dem landschaftlichen Bilde sich vergleichen ließe, das sich hier bietet, zumal wenn bei klarem Wetter die Schneehäupter des Chimborazo, Quilindaña und Cotopaxi über den umgebenden Bergen sich zeigen, die beiden Schneepyramiden des Iliniza vom dunkelblauen Himmel sich abheben und man talabwärts dann in die weite Caldera des Pichincha blickt, gekrönt durch die dem Krater entsteigenden weißen Dampfwolken.

Vom Quilotoa aus ritt ich auf halsbrecherischen Wegen nach der Hacienda Tigua (3466 m), überquerte dann die Kordillere gegen Osten und gelangte am Weihnachtsfeiertage nach Latacunga, der Hauptstadt der Provinz Leon (2801 m).

XXVII.

Riobamba, 6. Mai 1874†.

Seit Mitte Januar hatte ununterbrochene Trockenheit geherrscht: glühende Sonne bei Tage und starke Fröste bei sternhellen Nächten waren

---

† Anmerkung des Herausgebers: Die Hauptexpeditionen des Jahres 1873 sind in den Ergänzungen (Teil D) zusammengestellt.

den Feldfrüchten derart verderblich geworden, daß die Preise der Lebensmittel fast das Doppelte wie in normalen Zeiten betrugen. Ich durfte wohl hoffen, daß die Regenzeit nur allmählich eintreten werde und mir so Zeit vergönnt sei, die mühsame Expedition nach dem Cerro Altar noch bei erträglichem Wetter auszuführen. Aber bereits in der Osterwoche fielen Tag und Nacht sintflutartige Regen, so daß man in der Stadt das Getöse der von den Bergen niederstürzenden Wildbäche deutlich hören konnte. In sonst trockenen Bachbetten kamen Schlammströme herab, und die größeren Flüsse schwollen reißend an. In enormer Breite wälzte der alle Gewässer der Umgegend in sich vereinigende Rio Chambo seine Fluten am Fuß der Ostkordillere entlang, unpassierbar für Tiere und Menschen.

Als endlich zwei fast regenfreie Tage eintraten, beschloß ich den Aufbruch am Freitag, den 17. April, zu wagen. Ich hoffte, nunmehr meine Maultiere durch den bereits zurückgehenden Fluß bringen zu können. Am Abend vorher ging jedoch abermals ein furchtbares Gewitter nieder, das die ganze Nacht hindurch anhielt, und als frühmorgens bei prächtigem Sonnenschein alle Berge sich klar zeigten, sahen wir zu unserm Schrecken ihre Abhänge bis herab zur Waldregion mit einer blendend weißen Schneedecke überzogen, und der Fluß war wieder so angeschwollen, daß ein Übergang nur unter Lebensgefahr möglich war. Trotzdem marschierten wir ab.

Wir wollten nun bis zu einer passierbaren Brücke flußabwärts gehen und wanderten daher gegen Norden am Rio Chambo entlang, sahen gegen Mittag Penipe (2470 m) am anderen Ufer liegen und gelangten gegen 3 Uhr nach der Hacienda Caguají (2302 m), gerade gegenüber dem bis tief herab beschneiten Kegel des Tunguragua (5087 m). Den folgenden Tag kreuzten wir den Fluß (2233 m), um auf seinem rechten Ufer nun wieder stromaufwärts nach Penipe zu wandern. 1½ Tag brauchte ich so, um den nur wenige Stunden von Riobamba entfernten Ort zu erreichen, wurde aber für meine Mühe durch den prächtigen Anblick des oft ganz klaren Tunguragua reichlich entschädigt. Durch die Gemeindevorsteher ließ ich nun im Dorfe selbst und in Puela (2396 m) die bereits seit acht Tagen meiner harrenden Peones zusammenrufen und bestellte sie alle auf Montag früh zum gemeinsamen Aufbruch nach der Hacienda Releche (3117 m), einer elenden Strohhütte im Tal des Rio blanco, eines Seitenflusses des Rio Chambo, der sein Wasser aus dem mit Gletschermassen erfüllten Krater des Cerro Altar erhält. In strömendem Regen langten wir dort am späten Nachmittage an[1].

Am nächsten Morgen stiegen wir an steilem Abhang, zuerst durch Wald, dann durch hohes Páramogras, nach dem hohen Kamm empor, der den Rio blanco auf der Nordseite begrenzt, und erreichten, auf ihm gegen Osten vordringend, gegen 11 Uhr die schroffen Kegelwände des dem Gebirge aufgesetzten Altar oder Cerro de Collanes (5404 m). Ein rascher

Der Cerro Altar.

Abstieg brachte uns nach dem breiten und sumpfigen Tal von Collanes, in dem an Dr. Stübels altem Lagerplatz* die Zelte aufgeschlagen wurden (3836 m).

War der Marsch hierher auch äußerst anstrengend gewesen, so vergaßen meine Peones doch alle Müdigkeit, als sie mich beide Läufe meiner Flinte mit Kugeln laden sahen. Denn es hatte seine eigene Bewandtnis um die Freudigkeit, mit der sich die Leute zu dieser Reise angeboten hatten. Seit etwa 12 oder 15 Jahren hatten die reichen, aber geizigen Besitzer einer benachbarten Hacienda das Eintreiben und Hüten des Viehes vernachlässigt, um so den dazu nötigen Aufwand zu ersparen. Infolgedessen waren die Tiere verwildert; Generationen waren im Páramo geboren und gestorben, ohne vom Menschen behelligt zu werden, und heute irren gegen 2000 Rinder herrenlos auf den weiten Hochgebirgsgrasflächen umher, herrenlos, denn nach dem Gesetz ist jedes nicht mit einer Marke versehene Stück vogelfrei. Die Hoffnung, solche „Orejanos", so heißen sie wegen der unverstümmelten Ohren, da das Zeichen der Hacienda an den Ohren angebracht wird, jagen und so reichlich und gratis Fleisch erlangen zu können, war es, welche die Bewohner Puelas und Penipes mit Enthusiasmus für die Expedition erfüllten. Trotz Regen und Wind machte sich denn auch sogleich die ganze Gesellschaft auf, um einen Stier zu stellen. Ein mächtiges Tier wurde mit Hilfe von Hunden von einer Herde zahmen Viehes getrennt und von allen Seiten durch schreiende und Tücher schwenkende Menschen umkreist. Wenn es sich durch wütende Angriffe Luft zu verschaffen suchte, wichen die Leute vor ihm zurück, nicht ohne mehr denn einmal in Lebensgefahr zu geraten, während die hinter ihm befindlichen Jäger unter lauten Rufen vordrangen, so daß es stets eng eingeschlossen blieb. Auf diese Weise wurde der Stier schließlich nach einer kleinen, trockenen Fläche inmitten eines Sumpfes gedrängt, wo er, aufs höchste gereizt, die Erde aufwühlend und Dampf aus den Nüstern stoßend, haltmachte. Von Zeit zu Zeit verscheuchte er durch eine heftige Attacke die kläffenden Hunde oder verfolgte mit gesenktem Haupt einen sich zu nahe heranwagenden Peon; aber immer kehrte er wieder auf denselben Punkt zurück, so daß der mit der Flinte betraute Diener in aller Ruhe seine Schüsse entsenden konnte. Von vier Kugeln durchbohrt, hauchte das Tier endlich unter furchtbarem Gebrüll sein Leben aus. Wie Aasgeier stürzte sich die hungrige Meute über die ersehnte Beute. Abhäuten, Zerlegen und Zerteilen war das Werk weniger Minuten, und gegen 5 Uhr kehrte die Gesellschaft mit ca. 300—400 Pfund Fleisch beladen nach dem Lager zurück.

Da der Abend klar war, so konnte ich die Terrainverhältnisse von meinem günstig gelegenen Lager aus gut übersehen. Vor mir dehnte sich

---

* Vom 30. Oktober bis 4. November 1872. — Stübel, Itinerarprofil.

gegen Osten ein breites, sumpfiges Hochtal* aus, umgeben von sehr steilen, aber mit Gras bewachsenen Bergen und im Hintergrunde abgeschlossen durch die Felsmasse des Cerro Altar, dessen äußerst steiler Kegel dem hohen, alten Gebirge aufgesetzt ist. Sind schon seine äußern Abhänge fast unersteiglich, so bilden sie nach innen senkrechte Felswände, an denen nicht einmal der Schnee haften kann und die, in abenteuerliche Zacken zerrissen, diesen größten Krater Ecuadors umgeben[2]. Von allen Seiten stürzen fortwährend unter donnerartigem Getöse Schneemassen von oben in ihn hinab und häufen sich dort zu einem ausgedehnten Firnfelde an, das einen langen, mächtigen Gletscher entsendet, der gegen Westen zieht und dort über eine ca. 1500 Fuß hohe, fast senkrechte Wand, die den Kraterboden (Plazapamba, 4330 m) von dem Sumpftal Collanes trennt, hinabfällt. Ein Teil der Masse ist dabei abgerissen und liegt in Trümmern am Fuß der Felsen bei dem ‚Pasuasu' genannten Wäldchen; ein anderer Teil senkt sich unzerbrochen hinab und erreicht als zusammenhängende Eismasse den Grund. Es ist dies der am weitesten herabgelangende Gletscher Ecuadors (4028 m)[3]. Die Szenerie, die der Altar, sowohl hier als auf seiner Südseite bei Condorasto, bietet, gehört unstreitig zum großartigsten, was wir in diesen Ländern bisher gesehen haben, und an Großartigkeit der Gebirgsbildung ist hier wahrlich kein Mangel[4].

Das Wetter des folgenden Tages war äußerst günstig: Wolken drangen zwar fortwährend von Westen her in das Tal herein, aber gegen Osten begrenzte blauer Himmel die blendend weißen Schneezacken des Vulkans, und bei meinem Besuch des Kraters konnte ich alles auf das beste übersehen. Während ich so mit Beobachten und Sammeln beschäftigt war, gaben sich meine Leute ganz dem seltenen Fleischgenuß hin. Sechs Feuer brannten rings um das Zeltlager, und ohne Unterlaß wurde gebraten und

---

* Reiss, Tgb. 21./22. 4. 1874. — Das Collanestal ist ca. 4 km lang und vielleicht 500—600 m breit, seinen sumpfigen Grund durchschneidet der sehr wasserreiche und milchig trübe Rio blanco. Die Seitenwände sind im unteren Teil talusartig abgeböscht und mit Gras bewachsen, im oberen Drittel steil abgeschnittene, pseudoparallele Laven. Im Hintergrund lehnen sie sich an die Felsen der Kraterumwallung an, die beiderseits als unersteigliche Gipfel aufragen. Gegen den Krater selbst ist das Tal durch eine Felsstufe abgeschlossen, während es gegen Westen bei einigen niederen Hügeln endigt, in die kleine Cochas eingebettet sind. Hinter ihnen geht es in eine tiefe Quebrada über. Sollten diese Kuppen, auf denen wir unser Lager aufgeschlagen haben, alte Moränen sein (3836 m)?

Der Gletscher, der sich, im nördlichen Teile abgebrochen, im südlichen zusammenhängend, am oberen Talschluß über die Stufe herabsenkt, ist von zwei mächtigen Schutthalden eingefaßt, die in weitem Bogen seine Stirn umgeben und sich als schmale Rücken aus dem Krater zum Gletscherfuß herabziehen. Sie stehen weiter auseinander, als es die heutige Breite des Eises bedingen würde, der Gletscher scheint also früher mächtiger gewesen zu sein. Der Rio blanco tritt unter dem Eis oberhalb der Stufe hervor, fällt über die Felsen herab und verschwindet unten wieder unter einer mächtigen Schneehalde, die er schließlich in drei Armen verläßt.

gesotten, so daß ich bei meiner Rückkehr die ganze Bande völlig überfressen antraf, unfähig, sich zu bewegen, und mit stieren Augen und schmerzendem Leib auf dem Boden liegend. Viele behaupteten, daß nur Müdigkeit der Kinnladen sie am weiteren Essen hindere, und gerne will ich dies glauben, denn das Fleisch war so hart und zäh, daß ich mit meinen schlechten Zähnen gänzlich vom Zerkleinern absehen mußte.

Die nächste, sternklare Nacht brachte uns erst Regen und dann Schnee, der ohne Unterbrechung bis gegen morgens 10 Uhr fiel. Beim Zelt lag er über einen Fuß hoch; kein Gras war mehr zu sehen, und so weit das Auge reichte, erschienen alle Abhänge blendend weiß. Somit war meinen Untersuchungen ein frühzeitiges Ziel gesetzt. Abermals einsetzender Regen schmolz die weiße Decke zum Teil wieder, und so brach ich am nächsten Tage auf, um nach der Hacienda Releche zurückzukehren. Ogleich ein jeder schwer an seiner Beute schleppend abzog, blieb doch ca. ¼ des Stieres zurück, denn selbst mein Hund hatte des Guten zuviel getan, so daß er, wie die Peones, nur mit Widerwillen den Anblick des Fleisches ertrug. Aber gerade diese Fülle bedrohte mein Unternehmen, da die Träger nun an nichts weiter dachten als an die Freude und Bewunderung, die sie, so reich beladen, in ihren Familien und Dörfern einernten würden. Als ich aber in Releche die Fortsetzung der Reise anordnete, brach Revolution aus: alle erklärten, von hier aus zurückkehren zu wollen, da sie zu einer weiten Reise keine Nahrungsmittel mehr besäßen! Nur mit Mühe und durch harte Bedrohung gelang es mir, die Ordnung wieder herzustellen und die Bande zum Weitergehen zu bewegen.

Der Rio blanco war nur wenig angeschwollen; ich konnte meine Mulas durch den Fluß bringen, um jenseits den hohen, steilen Abhang zu ersteigen. Auf seinem Rücken liegt die Indianersiedelung Chañag (3225 m). Von ihr aus verfolgten wir das Rio blanco-Tal aufwärts, gingen dann auf dem rechten Gehänge des mehr südlich herabkommenden Rio Sali entlang und erreichter so den Hato Inquisai (3509 m), eine elende Strohhütte, die kaum für vier Menschen Raum bietet. Da sie oft im Schnee begraben liegt, ist sie nicht bewohnt und dient nur als Zufluchtsort bei allzu schlechtem Wetter. Hier blieben die Maultiere unter Aufsicht eines Dieners zurück, während wir zu Fuß am nächsten Tage die Reise nach dem Condorasto antraten. In Nebel und Regen ging es im Tal des Rio Tiyacu chiquito auf gutem Weg aufwärts. Der Fluß kommt von der Südwestseite des Altar aus einem tiefen, von hohen Felsen umgebenen Talkessel, in den von allen Seiten die Gewässer in schönen Fällen hinabstürzen[5].

Um an den Südabhang des Berges zu gelangen, mußten wir nahe dem oberen Talschluß den hohen Paß von Yuibug (4277 m) auf der Grenze zwischen altem Schiefer und neuer Lava überschreiten. Wegen seiner großen Schneemassen, die in den Monaten Juli, August und September den Übergang erschweren, ist er sehr gefürchtet. Dr. Stübel mußte etwa

3—4 Fuß tiefen Schnee durchwaten und konnte bei seiner Rückkehr, da inzwischen abermals zwei Tage lang Schnee gefallen war, nur mit Mühe seine Peones hindurchbringen: sie warfen die Gepäckstücke hinweg und suchten sich durch wilde Flucht zu retten*. Einige meiner Leute hatten ihn auf dieser Reise begleitet, und die andern schwelgten in den tollsten Gerüchten. Die Angst war deshalb groß. Da leise Vorstellungen kein Gehör bei mir fanden, so versuchte man es abermals mit offenem Widerstand. Erst als ich durch einen wuchtigen Schlag meines Gebirgsstockes den Führer zu Boden streckte und den Lastträgern freistellte, entweder in gutem Einvernehmen mit mir weiter oder unter dem Feuer meines Revolvers zurückzumarschieren, wurde die gefürchtete Höhe im Sturmschritt überschritten, und nicht eher kam es zu einem Halt, bis der beschneite Teil des jenseitigen Abhanges überwunden war. Gefahr war keine vorhanden, wenn auch der Marsch an dem steilen, oft sumpfigen, oft felsigen Abhang, in herabrieselndem Wasser und fußhohem, ganz durchnäßtem Schnee, bei Regen und heulendem, kaltem Wind keineswegs angenehm war. Die unter der Schneedecke verborgenen, stacheligen Pflanzen, die scharfen Gesteinsstücke und der hier und da vereiste Schnee zerschnitten die nackten Füße der Peones, so daß eine breite Blutspur ihren Weg bezeichnete. Da ich zurückgeblieben war, um Höhen zu messen und Gesteine zu sammeln[6], erwarteten sie mich auf einem kleinen, schon schneefreien Vorsprung des Abhangs und empfingen mich mit wildem Hoch- und Jubelgeschrei, abwechselnd mein gutes Glück und meinen guten Charakter preisend. Durch einen Schnaps erhöhte ich die gute Stimmung und fort ging es abermals, nun durch Sümpfe, in denen oft die Kerle bis an die Hüfte versanken. Da der Führer den Weg verlor, so wurde zur allgemeinen Freude früh am Nachmittag das Lager auf einer kleinen, ziemlich trockenen Anhöhe aufgeschlagen.

Gegen Abend hellte es sich einigermaßen auf, so daß ich einen Überblick über die Umgebung erlangen konnte. Wir befanden uns in einem weiten Kesseltal am Südfuß des Altar; ca. 2000 Fuß hohe, kahle Felsen begrenzten den Zirkus gegen den Vulkan, und auf ihrem oberen Rande ruhten mächtige Gletscher, deren Gewässer sich in unzähligen Fällen in einen großen See, den Verdecocha (3750 m), der den Talgrund erfüllte, ergossen. Die Ost- und Westseite der Umwallung bildeten ausgezackte Schieferberge[7], die namentlich im Osten gleichfalls in nackten Wänden aufragten und von denen ebenfalls bedeutende Bäche in hohen Fällen

---

* Stübel an Reiss, Penipe, 25. 10. 1872. — Die Reise nach dem Condorasto war von mehr Unannehmlichkeiten begleitet als irgendeine der früheren. Mit dem Leben davongekommen zu sein, darf ich als einzigen günstigen Umstand hervorheben. Das Wetter war furchtbar. Die tagelang anhaltenden Schneefälle schnitten uns den Rückweg ab, meine stärksten Peones wurden ohnmächtig und warfen die Lasten weg, ich selbst war so erfroren, daß ich lange kein Wort hervorbringen konnte.

herabkamen. Der See mochte ca. 1000 m Durchmesser haben. Seine flachen Ufer gingen in fast unpassierbare Sümpfe über, die sich bis an den Fuß der steilen Felsen erstreckten. Der Ausfluß fand sich an der Südseite, er brach zwischen kleinen, fast senkrecht abgeschnittenen Hügeln hindurch, stürzte sich, in vier Arme geteilt, in zahlreichen Fällen über mehrere Talstufen nach der Waldregion hinab und wendete sich dann gegen Osten dem Amazonenbecken zu. Kein Baum war hier zu sehen, nur niederes Gras und eine dichte Decke vom Sumpfpflanzen bedeckte den Boden, alle höheren Teile waren kahle Felsen, schwarz, wo sie aus vulkanischem Material bestanden, hell und oft glänzend an den Schieferbergen*.

Ein kurzer Marsch brachte uns am nächsten Morgen nach einer der östlichen Schieferzacken, dem Condorasto, wo gewinngierige Ignoranten einen unfruchtbaren Bergbau betreiben (4130 m). Immer noch fiel der Regen fort und fort und vergrößerte Sumpf und Morast. Am nächsten Tage marschierten wir dann nach dem Südende des Sees, an den Fuß des größten, Yanapaccha genannten Wasserfalls. Auch dorthin mußten wir Bach auf Bach und Sumpf auf Sumpf, in denen die Leute oft bis an den Leib versanken, durchwaten und konnten schließlich nicht dort bleiben, weil keine Handbreit trockenen Landes zu entdecken war. Abermals verlangten fast alle Peones schleunigste Rückkehr, und diesmal legte ich keinen Widerspruch ein. Wie toll stürmte die Bande den Berg hinauf, über den Paß von Yuibug hinweg nach dem Tal des Tiyacu und hinunter nach Inquisai, wo einige Stunden Sonnenschein wenigstens das Nötigste wieder einigermaßen trockneten.

Am 29. April entließ ich meine Begleiter aus Puela und Penipe, während ich selbst mit meinen Maultieren vom Gebirge nach Quimiac (2751 m) hinabstieg. Das Dorf liegt am Westfuß der Ostkordillere, ca. 4—5 Stunden südlich von Penipe und nur etwa 2 Stunden von Riobamba entfernt. Aber auch hier trat mir der angeschwollene Rio Chambo hinderlich in den Weg, und abermals mußte ich auf weitem Umwege eine passierbare Brücke suchen. Infolgedessen traf ich erst am 30. wieder in der Stadt ein.

XXVIII.

Guayaquil, 10. Oktober 1874†.

Nach Mitte August hatte ich endlich meine Arbeiten und Vorbereitungen zur Abreise in Riobamba abgeschlossen und am 27. konnte ich aufbrechen. Begleitet von meinem Hauswirt, seinen Kindern und einem

---

* Reiss, Tgb. 26. 4. 1874. — Der Kessel des Verdecocha ist von abgerundeten, ganz bewachsenen Hügeln ausgefüllt und vollständig versumpft. Überall wo Felsen zutage treten, sind sie glatt geschliffen und zeigen unzweifelhafte Gletscherschrammen.

† Anmerkung des Herausgebers: Die Zeit von Ende April bis Mitte August 1874 verbrachte Reiss in Riobamba, kleinere Ausflüge in die Ostkordillere unternehmend

Hausfreunde verließ ich die Stadt nach einem herzzerbrechenden Abschied von meiner treuen, schwarzen Köchin. Die arme, jetzt 60 Jahre alte Frau, als Sklavin geboren, hatte sich in ihrem Leben nur selten einer guten Behandlung zu erfreuen gehabt und diente mir mit einer fast leidenschaftlichen, nur bei Schwarzen zu findenden Anhänglichkeit. Tagelang saß sie weinend in der Küche, und im letzten Augenblick verfiel sie unter heftigem, in Schreikrämpfe ausartendem Weinen in Ohnmacht, so daß ich mich in aller Eile davonmachte, um neue, ähnliche Szenen zu vermeiden. Die arme Schwarze ist wohl der einzige Mensch in Ecuador, der sich meiner mit Liebe erinnern wird, und darum tat auch mir der Abschied weh.

Wie ein Gefangener nach jahrelanger Haft fühlte ich mich glücklich in dem Bewußtsein, endlich die Kette nie enden wollender Arbeit zerbrochen und meine Freiheit wieder erlangt zu haben. Bei außergewöhnlich gutem Wetter — selbst der Chimborazo zeigte sich in seiner ganzen Pracht — ging es in raschem Tempo auf alten, bekannten Wegen über die Sandflächen von Riobamba an der Hacienda Zobol (3278 m) und am Chimborazo vorbei bis nach Sesgon, einer kleinen Strohhütte höher oben am Berge (3520 m), wo wenig später von Latacunga her auch Dr. Stübel, pünktlich wie immer, mit seinem ganzen Gefolge eintraf.

Gemeinsam setzten wir nun am nächsten Tage die Reise fort, zum letzten Male mit solchem Troß, denn wir hatten 25 Maultiere und Pferde und einige 20 Leute bei uns, die einer hinter dem andern in langer Reihe marschierten, als wir den 4281 m hohen Paß des Cruz del Arenal an der Südseite des Chimborazo überstiegen. Kalt blies der Wind an dem klaren Morgen über die kahlen Páramohöhen dahin, in prachtvoller Klarheit lag dicht vor uns die steile Schneelehne des Königs der Anden. Befriedigt zurückblickend, durchwanderten wir im Geiste nochmals diese Gehänge, uns freuend, daß solche Arbeiten zwar ausgeführt, aber nicht mehr auszuführen waren. Für keinen Preis der Erde würde ich die jetzt abgeschlossene Reise nochmals gemacht haben.

In Guaranda (2668 m) blieben wir einen Tag, um den Tieren Ruhe zu gönnen, genossen zum letzten Male die herrliche Aussicht und schlugen dann den Weg nach dem heißen Tieflande ein. Ein überaus steiler Abstieg von ca. 8 Stunden brachte uns über den Paß von Pucará (3060 m) und San Antonio (1471 m) in den teils schönbewaldeten, teils mit Zuckerrohr bestandenen Talgrund des oberen Rio de Pozuelos. Ihm folgten wir auf fast ebenem, nur ganz allmählich fallenden Wege und erreichten so in 1½ Tag die große Alluvialebene, die den Fuß der Kordillere von der

---

und mit der Ordnung seiner Sammlungen und Beobachtungen beschäftigt. — Brief an den Vater, Riobamba, 10. 6. 1874.

Südsee trennt[1]. Hier sind alle Berge verschwunden: ein ungeheures, bewaldetes Tiefland dehnt sich weithin aus, durchschnitten von vielen Strömen und Kanälen, in denen meist schmutziges Wasser träge dahinfließt. Der Einfluß von Ebbe und Flut macht sich bereits bemerkbar, und in der Winter- oder Regenzeit kommen so ungeheure Wassermengen von den Anden herab, daß die Flüsse, da kein genügendes Gefälle vorhanden ist, bis 20 Fuß über ihr Sommerniveau steigen und das ganze Land weit und breit überschwemmen*. Man fährt alsdann mit den Kanus durch den Wald wie in Venedig mit der Gondel durch die Straßen. Alle Wohnstätten sind infolgedessen als Pfahlbauten errichtet. Aus Holz gezimmert, ruhen sie auf Gerüsten, deren Höhe von dem an dem betreffenden Orte beobachteten höchsten Wasserstande abhängt. Erst 6, 8 und 12 Fuß über dem Boden beginnt das eigentliche Haus, während der Unterteil nur aus einer Reihe in die Erde gerammter Pfähle besteht. Die meisten dieser im Walde vereinzelt stehenden Hütten sind sehr einfach eingerichtet, denn in der ewig gleichen Temperatur des warmen Landes ist man mit wenig zufrieden, aber in den Ortschaften und Städtchen, die ganz in der gleichen Weise angelegt sind, sind große Wohnungen mit Küche und allem Zubehör auf solche Unterbauten gestellt, und als Fußsteige dienen hohe Bambusbrücken, die die Straßen entlang führen und nach denen von jedem Hause aus ein Steg geschlagen ist.

Bodegas oder Babahoyo ist der Endpunkt des Landweges von Quito nach Guayaquil, von hier ab gehen kleinere und größere Flußdampfer, und somit müssen hier alle Waren umgeladen werden. Es hat sich infolgedessen ein ziemlich lebhaftes Speditionsgeschäft hier entwickelt; wichtiger aber ist der Platz, weil die meisten Cerranos, die Bewohner des Hochgebirges, den Aufenthalt im heißen Lande scheuend, hier ihre Einkäufe vornehmen und nicht nach dem als ungesund verschrienen Guayaquil fahren. Auch hier steht bei den jährlichen Überschwemmungen das Wasser bis 10 Fuß hoch in den Straßen. Der jetzige Präsident hat deshalb die Verlegung des Ortes nach einer höheren Stelle des gegenüberliegenden Flußufers angeordnet, und bereits stehen dort ansehnliche Holzgebäude am Strande entlang, in deren unteren Räumen das Ladegetriebe

---

* Theodor Wolf an Reiss, Guayaquil, 10. 1. 1879. — Regenzeit in Guayaquil. — Eigentlich sollte man den Januar unseren Frühling nennen, denn nach den ersten, sanften Regen beginnt es sich auf der ausgedörrten Savanne und im blätterlosen Wald zu rühren, in wenigen Tagen entfaltet sich ein so zartes Grün und ein so herrlicher Blütenschmuck über Sträucher und Bäume, wie ihn der immergrüne Urwald nicht kennt, und erinnert wirklich lebhaft an deutschen Maienflor. Man atmet in diesen Tagen mit Lust die durchwürzte, feuchte Luft ein. Leider dauert dies nur einige Tage, und dann werden wir auf mehrere Monate unter Wasser gesetzt, die Wohlgerüche fliehen auf die Berge und hinterlassen in der Stadt eitel Gestank, und ein Heer von Musikanten, deren Zahl Legion ist (die Riesenfrösche), martern unser Gehör Tag und Nacht, und die Mosquitos...! Dann ist es allerdings Winter bei uns!

einer kleinen Seestadt sich in buntem Leben entwickelt. Hier blieben wir 14 Tage, machten einige kleine Ausflüge, lagen der Kaimanjagd ob und pflegten im übrigen der Ruhe, deren wir so sehr bedurften. Dann ging es nach Guayaquil.

Die Stadt liegt noch weit von der See entfernt, aber der Fluß hat hier bereits ¾ Stunde Breite, und die Differenz zwischen Ebbe und Flut beträgt hier schon 12—15 Fuß. Alle von Europa nach Ecuador eingeführten Waren müssen sie passieren; daher gleicht der ganze Ort einem Basar: Laden drängt sich an Laden, so daß man kaum begreifen kann, wo sich die Käufer alle finden sollen. Der Gesamteindruck, den man erhält, ist freundlich und lebhaft: alle Häuser, ohne Ausnahme aus Holz gebaut, besitzen breite Lauben, sowohl ebener Erde vor den Läden als auch im oberen, bewohnten Stockwerk. Gasflammen erleuchten die Straßen und Magazine, besonders den breiten, El Malecón genannten Kai am Flusse, der der Glanzpunkt der Stadt ist.

Mit Ausnahme eines kleinen Ausfluges nach dem Bau der ersten Eisenbahn blieben wir auch hier immer in der Stadt. Viele Geschäfte, zum Teil unangenehmer Natur, waren abzuwickeln, ehe wir Ecuador verlassen konnten, und die Ruhe in der so lange entbehrten Wärme tat uns gut.

C.
Peru und Brasilien.
(1874—1876.)

XXIX.
Lima, 14. November 1874.

Am 19. Oktober verließen wir Guayaquil auf einem ziemlich großen Dampfer, der nach Art der Flußboote mit hohen, dem Verdeck aufgesetzten Kajüten versehen war. Hier im Stillen Ozean, an der Westküste Südamerikas, können solche Schiffe fahren, da das Wasser äußerst ruhig ist und Stürme zu den Seltenheiten gehören. Passagiere waren im ganzen nur drei in der ersten Kajüte, nämlich Dr. Stübel, ich und ein Peruaner; wir hatten also alle mögliche Bequemlichkeit. Dafür aber waren alle zum Auf- und Abgehen bestimmten Deckteile mit Früchten bedeckt, die von hier aus nach Peru und Chile versandt werden, und auf den Bergen von Orangen, Bananen usw. saßen eine Unmenge Affen und Papageien, deren Geschrei und Schmutz ziemlich unangenehm wurde.

Etwa 7 Stunden fuhren wir noch auf dem Guayaquilflusse, denn so weit liegt die Stadt vom Meere entfernt. Das Land am Strome ist wieder mit dichter Vegetation bedeckt, die aber an Schönheit und Großartigkeit sich durchaus nicht mit den Wäldern am Rio Magdalena messen kann. Einige Inseln liegen an der Mündung, unter ihnen als größte Puna, und in einiger Entfernung sieht man hoch über den Wolken die Kämme der mächtigen Kordillere. Bei eintretender Nacht gelangten wir in die offene See und somit aus dem warmen Wasser des Flusses (26° C) in die kühle Polarströmung, der die Küste Perus und namentlich Lima ihr gemäßigtes Klima zu verdanken haben, und trafen am nächsten Morgen in Payta ein.

Welch ein Unterschied gegen Ecuador! Dort üppige Vegetation, hier alles kahl, kein Baum, kein Strauch, ja kein Grashalm gedeiht auf den gelben Sandsteinfelsen, die steil abgebrochen die weite Bucht umschließen. Der Ort, ebenso traurig wie seine Umgebung, liegt am Fuß dieser Berge auf einem kleinen Geröllstrand, und um doch einigermaßen die Erinnerung an Laubwerk aufrechtzuerhalten, hat man eine Reihe Bäume auf die gelben Kirchhofsmauern gemalt. Wir gingen an Land und erstiegen die niederen Klippen; aber auch hier bot sich uns dasselbe öde Bild: eine weite Wüste dehnte sich vor unseren Blicken aus, aus der einige Berggipfel wie Inseln emporragten, aber nirgends auch nur eine Spur von Vegetation[1]. Hier regnet es alle 2—3 Jahre einmal! Das Trinkwasser muß 2—3 Stunden weit hergeholt werden, und die Lasttiere, die es bringen, finden erst in derselben Entfernung spärliches Futter. Unsagbar trostlos wirkt dies alles, und die Existenz des Ortes wäre unerklärlich, diente er nicht als Hafenplatz einer blühenden Provinz, deren ertragreiche Haciendas weitab in der Kordillere sich befinden[2].

Nachmittag verließen wir Payta, passierten in der Nacht die Lobos-Inseln, auf denen gegenwärtig Guano abgebaut wird, und brachten fast den ganzen folgenden Tag auf hoher See zu, ohne Land zu sehen. Erst am 22. näherten wir uns wieder mehr der Küste, so daß wir durch den hier fast ununterbrochen herrschenden Nebel das Ufer erkennen konnten, das hier ebenso traurig ist wie bei Payta. Abends gegen 5 Uhr liefen wir dann in den Hafen Limas, in Callao, ein.

XXX.
Ancon, 11. Januar 1875.

Wenige Tage vor dem Termine unserer Abreise nach dem Amazonas wurde Dr. Stübel etwas unwohl, so daß wir sie zunächst aufschieben mußten. Da wir aber unser Haus in Lima nicht länger bewohnen konnten, weil der Eigentümer einziehen wollte, so zogen wir uns an die Seeküste nach Ancon zurück. Der Ort liegt nördlich von der Hauptstadt in einer kleinen Bucht mit schönem Sandstrand, sonst aber in unglaublich öder Gegend: eine wahre Wüste umgibt ihn. Die Bai ist von ziemlich hohen Bergen eingeschlossen und bietet ein prächtiges Bad. Sie war früher völlig unbewohnt, aber der vorige Präsident, Balta, brachte sie in Mode, ließ eine Eisenbahn von Lima dorthin bauen und zwang alle seine Freunde und solche, die Geld an der Regierung verdienen wollten, sich hier Landhäuser zu errichten. So entstand ein Ort ohne alle Berechtigung zum Leben, denn in Ancon gibt es gar nichts außer Fischen; selbst das Trinkwasser muß von Lima herbeigeschafft werden. Seit Baltas Ermordung[1] verfiel die Gründung denn auch mehr und mehr.

In etwa 1½ Stunde fährt die Bahn von Lima nach Ancon durch eine traurige Landschaft: ziemlich hohe und steile Berge, aus kahlen Felsen aufgebaut, ohne eine Spur von Pflanzenwuchs, treten als Ausläufer der Kordillere bis nahe an die Küste; oft sind es lange, schmale Ketten mit weiten, buchtenartigen Zwischenräumen, oft isolierte, inselartige Felspartien, die aus der das Flachland bildenden Sand- und Schuttebene aufragen. Es ist unstreitig ein alter Meeresboden, über den die Bahn hier führt. Aber so wüstenhaft auch diese Gegend erscheint, so ist sie doch äußerst fruchtbar, sobald nur Bewässerung vorhanden ist. Da, wo größere Quertäler der Anden ausmünden und ihre Bäche nicht im Sande versiegen, liegen reiche Zuckerhaciendas mit oft sehr ansehnlichen Gebäuden und Fabrikanlagen. Tausende von Chinesen[2] arbeiten hier in der schmachvollsten Sklaverei, und die wenigen Besitzer dieser großen Güterkomplexe ziehen aus ihnen ungeheure Einkünfte. Eine einzige dieser Haciendas bezahlt der Bahn für den Zuckertransport auf eine Strecke von etwa 2½ Stunden alljährlich die Summe von 150000 Frank.

Wie gegenwärtig einzelne wenige Stellen, so war vor und selbst zur Zeit der Eroberung des Landes durch die Spanier dieser ganze Küstenstrich bebaut. Häufig finden sich die Reste großer Inkadörfer; an allen Bergabhängen sind noch die Terrassierungen zu erkennen, mit deren Hilfe, ähnlich wie bei den Weinbergen im Rheingau, auch der fast unzugängliche Boden urbar gemacht wurde. Möglich war dies nur durch ausgedehnte Bewässerungsanlagen, und wirklich erzählen uns die alten Chroniken[3] von großartigen Unternehmungen dieser Art, wie sie auf Befehl der Inkas von den Indianern ausgeführt wurden. Die Roheit und Unwissenheit der Spanier, deren einziges Streben war, durch Mißhandlung der Eingeborenen große Mengen gediegenen Goldes zu erlangen, ließ diese Bauten zerfallen, und ihre Nachkommen müssen die Folgen tragen. Indianer gibt es jetzt nur noch verhältnismäßig wenig in diesem Teile der Küste, die Chinesensklaven müssen sie ersetzen, aber da China ihre Ausfuhr nach Peru verboten hat und außerdem die Aufmerksamkeit der europäischen Mächte auf diesen scheußlichen Handel gelenkt wurde, dürfte bald Arbeitermangel eintreten.

Einen unzweideutigen Beweis für die frühere große Bevölkerungsdichte gerade dieser Küstenstriche liefern die ausgedehnten Totenfelder bei Ancon, Pasamayo und Chancay[4]. Dicht beim Bade selbst liegt ein alter Begräbnisplatz, der nahe an der Küste beginnt und etwa ¼ Stunde landeinwärts reicht. Tausende von Toten sind auf ihm bestattet worden. Die Gräber sind sehr sorgfältig angelegt, es sind meist 5—6 Fuß tiefe, runde oder viereckige Löcher, die mit festen Erdstücken oder hier und da selbst mit Steinen ausgemauert sind und meist eine, aber auch zwei oder mehr Leichen enthalten. Die große Trockenheit des Klimas — hier regnet es nie — begünstigte ihre Erhaltung, und so läßt sich der eigentümliche Bestattungskult dieser Indianer und die Stufe der Kultur, die sie erreicht hatten, noch heute klar erkennen. Der Tote wurde in kauernde Stellung gebracht, Arme und Beine zusammengelegt, das Gesicht mit Baumwolle bedeckt, der Mund mit Baumwolle gefüllt und oft auch die untere Kinnlade befestigt; bei einigen ist der ganze Körper in Baumwolle gehüllt. Dann wurde die Leiche in Tücher fest eingeschlagen und zusammengebunden, oft auch in einen eigentümlichen

Netzsack gesteckt, mit Seegras oder Blättern umpackt, abermals in Tücher gewickelt, dann mit besonders hergerichteten und übersponnenen Rohrstäben umgeben und schließlich nochmals in Tücher eingenäht und mit Stricken umschnürt, so daß das Ganze ein großes Bündel bildete. Zwischen die Tücher und oft in die Hände des Toten legte man Trinkgefäße, Fischnetze und allerlei andere Kleinigkeiten. In sitzender Stellung wurde dann die Leiche in das Grab gebracht und zu ihrer Linken ein Arbeitskorb mit allen nötigen Utensilien zum Stricken von Netzen, zum Spinnen und Weben sowie Schüsseln mit Mais und Bohnen, zur Rechten aber große Gefäße für Flüssigkeiten und Trinkgeschirre aufgestellt.

Bei der Trockenheit des Bodens sind die Körper mumifiziert worden: pergamentartig ist das Fleisch zusammengeschrumpft, aber die ganze Form, selbst die Bemalung der Haut sowie Kopfhaar usw. ist wohlerhalten. Die Gewebe der Tücher sind nicht zerstört und lassen die Kunstfertigkeit der Leute erkennen. Wir haben höchst merkwürdige Webarbeiten und Schnitzereien ausgegraben. Es scheint, daß dem Toten stets die ihm lieben Gegenstände mitgegeben wurden, denn man findet eine Menge von Hausgeräten, die man in Gräbern nicht vermuten sollte; auch Mumien von ganz eigentümlichen Hunden und von Lamas. Durch den Eisenbahnbau ist das Totenfeld durchschnitten, und durch Schatzgräber sind Hunderte von Gräbern geöffnet und die Gebeine herausgeworfen worden. Silber und Gold hat man aber nur in einigen wenigen Gräbern gefunden; offenbar war es ein armer, von Fischerei lebender Stamm, der hier die letzte Ruhestätte seiner Lieben angelegt hatte.

Nächst den Ausgrabungen auf diesem Totenfelde lieferte uns die Jagd Unterhaltung. Die Küste ist sehr reich an Seevögeln. Hauptsächlich Möwen und Pinguine bevölkern zahlreiche kleine Inseln, die bis weit in das Meer hinaus sich erstrecken. Es sind kleine Felskuppen von 60 bis 200 Fuß Höhe, in abenteuerliche Formen zerrissen und mit Guano bedeckt. Selbst bei ruhiger See brechen sich hier die Wogen mit Macht, so daß man nur an wenigen Stellen landen kann. Möwen, Enten, Pinguine und der abenteuerliche, leider aber sehr scheue und deshalb schwer zu erlegende Pelikan mit seinem wahrhaft vorweltlichen Äußeren brüten hier in ungezählten Mengen. Auf den entfernteren und seltener besuchten Klippen sonnen sich Tausende von Seehunden auf den Felsvorsprüngen und steigen auch oft hinauf bis zu den höchsten Spitzen. Stundenweit hört man ihr Gebrüll. Oft schlafen sie fest, aber selbst wenn sie wach sind, lassen sie das Boot nahe heran kommen.

XXXI.

Chachapoyas, 4. Juni 1875.

Am Gründonnerstag, dem 25. März, konnten wir endlich Lima verlassen. Bei herrlichem Mondschein lichteten wir in Callao die Anker und fuhren dicht an den hohen Felsen der Insel San Lorenzo vorüber hinaus gen Westen in das offene Meer. Lange noch blinkten die Lichter des weit am Ufer sich ausdehnenden Callao, bis wir in die auf der antarktischen Strömung liegende Nebelschicht eintraten. Der Dampfer „Panama", den wir benutzten, machte eine Küstenreise: an allen kleinen Nestern wurde angelegt, so daß uns Gelegenheit geboten wurde, den ganzen Küstensaum von Lima bis Pacasmayo kennenzulernen. Es war ein trauriges Vergnügen. Kahle, felsige Berge, meist mit Dünensand überweht, ohne alle Vegetation, wechseln ab mit flachem Sandstrand von unendlicher Öde. Nur hier und da an der Einmündung kleiner Flüsse liegen Haciendas, die Zuckerrohr kultivieren, oder Indianerdörfer mit wohlangebauten Feldern, aber diese grünen Oasen sind verschwindend klein und können den Wüsteneindruck dieses fast unbewohnbaren Landstriches nur erhöhen.

Die Landungsplätze sind meist offene Reeden, an denen nur bei ganz ruhiger See eine Ausschiffung möglich ist; bei einigermaßen bewegtem Meere ist die Brandung so heftig, daß Boote häufig umschlagen. Die Indianer benutzen deshalb dann ihr eigenes originelles Fahrzeug, ein Bündel zusammengebundenen Schilfes, auf dem sie gewissermaßen über die Wellen reiten. Meist liegen an dem Sandufer der Küste nur einige elende Holzhütten, während die kleinen Städtchen weiter im Inland erbaut sind. Wirkliche Häfen sind nur die Baien von Samanco und Ferrol am Monte Chimbote. Sie böten alle nur wünschenswerte Sicherheit und könnten große Flotten beherbergen, werden aber wohl gerade deshalb nicht benutzt. Sie sind von hohen, steil abfallenden Felsmassen, denen ein Sandstrand vorgelagert ist, in weitem, fast völlig geschlossenen Kreise umgeben, haben enge, aber tiefe Eingänge und sind nur durch eine wenige Schritt breite Landzunge voneinander getrennt. Seehunde sind jetzt ihre glücklichen Bewohner, und ihre Ruhe ist erst in den letzten Jahren durch einen jener unsinnigen Eisenbahnbauten gestört worden, an denen Peru so reich ist[1].

Die Guañape-Inseln, deren Guano in letzter Zeit nach Europa verschifft wurde, passierten wir in der Nacht, dagegen die Macabi-Inseln bei Tage: es sind zwei schroff abgeschnittene Felsen, oder besser nur einer, der in der Mitte durch eine Kluft in zwei Teile zerspalten ist. Der wilde, einsame Felszacken mit dem weißen Guano auf den dunklen Grünsteinen, rings umgeben von unabsehbaren Wassermassen und beleuchtet von der glühenden Sonne, bietet ein eigentümliches Bild, zumal von der Nordostseite, wo dieser scheinbaren Unnahbarkeit hohnsprechend eine Reihe netter Holzgebäude, die Wohnungen der abbauenden Arbeiter, in unglaublichen Situationen an die Felsen geklebt sind und eine eiserne Hängebrücke die beiden Teile der Inseln verbindet. Die Lager sind hier sowohl wie auch auf Guañape und auf den Lobosinseln erschöpft; noch liegen Tausende von Tonnen zum Abtransport bereit, aber neues Material wird nicht mehr gewonnen. Die Arbeiten sind daher bereits eingestellt, und man beginnt jetzt die ganz am Südende Perus gelegenen Vorkommen von Pabellon de Pica auszubeuten[2].

Am Ostersonntag, dem 28. März, trafen wir gegen Abend endlich in Pacasmayo (ca. 7^0 25′ südl. Br.) ein. Es ist eine kleine Hafenstadt, der Ausgangspunkt einer zweck- und ziellosen Eisenbahn[3]. Was nützen solche Bauten in Wüsten und Einöden? Menschen sind hier nur vereinzelt vorhanden, und Ausfuhrartikel gibt es überhaupt nicht. Der Betrieb beschränkte sich denn auch bis zu unserer Ankunft auf zwei Fahrten in jeder Woche, wobei eine ungeheure Lokomotive einen leeren Personenwagen 3. Klasse und einen ebensolchen Packwagen mit großer Mühe die starken Steigungen hinaufschleppte. Wir hatten Fahrkarte Nr. 57, und auf Dr. Stübels Anfrage erhielten wir die Erklärung, daß dies der ganze Verbrauch in etwa 1½ Jahr sei. Die Bahn durchquert von der Küste aus gegen Osten ein flaches Geröllland und tritt dann in das von hohen, schroffen und ganz kahlen Bergen begrenzte Tal des Rio Jequetepeque* ein, dessen Grund sie bis zu dem kleinen Orte La Viña, 74 engl. Meilen von der Küste entfernt, benutzt. Hier beginnt der Aufstieg nach dem bewohnten Hochland, und hier endigt sie auch[4]. Der Bau ist so unsolid ausgeführt, daß, ehe der Unternehmer sie der Regierung übergeben konnte, ein leichtes Anschwellen des Flusses die sämtlichen Kunstbauten auf mehrere Stunden Weges völlig zerstörte. Mit Mühe wurden wir noch bis zu der Station Chilete befördert (etwa vier Stunden vor La Viña), indem eine kleine Maschine Wagen für Wagen über die dem Einsturz nahen Brücken brachte. Wenige Tage später wurde der Betrieb ganz eingestellt.

Wir beabsichtigten zwei Tage in Chilete zu bleiben, um eine reiche silberhaltige Bleimine zu besichtigen, die zur Zeit dort ausgebeutet wurde**. In ihr trafen wir einen Deutschen an, Herrn Wertheman[5], in

---

* Reiss, Tgb. 29. 3. 1875. — Das Tal des Rio Jequetepeque hat einen breiten Geröllgrund, der zu beiden Seiten von überaus schroffen Felsen, an denen Sandwehen hoch hinaufreichen, begrenzt ist. Es sind alles geschichtete Schiefer und weiter oben schwarze Kalke, die in wilden Verbiegungen durcheinandergeworfen sind. Bald fallen sie flach gegen Westen ein, bald stehen sie senkrecht, bald lassen sich überhaupt keine Richtungen feststellen. Auf der linken Talseite führt eine Inkawasserleitung entlang, die aus dem Tal von Ventanillas kommt. Der Fluß, den sie ableitete, ist jetzt vertrocknet. Die starke Zerschluchtung der Landschaft, die Menge alter Indianerbauten und Terrassenanlagen in diesem Gebiet, in dem es fast niemals regnet, ist überhaupt auffallend. Sollte sich das Klima geändert haben?

** Reiss, Tgb. 30. 3. 1875. — Die Mine von Chilete liegt etwa eine Stunde von der Station entfernt auf dem linken Kamme eines Seitentales, der so schmal ist, daß kaum künstlich Platz für die Gebäude geschaffen werden konnte. Das Erz, Bleiglanz, Bleiblende und Silber, kommt in Kluftausfüllungen eines ungeschichteten Grünsteins vor, der mannigfach zersetzt ist. Die Ausbeute beträgt 5 kg Silber auf die Tonne Erz. Ob

Pacasmayo. Chilete. Cajamarca.

dessen Gesellschaft wir später unsere Reise bis Chachapoyas fortsetzten. Den Weg nach Cajamarca wollten wir auf Maultieren zurücklegen, die uns der Subpräfekt des Ortes zu senden versprochen hatte. Zur bestimmten Zeit kehrten wir vom Bergwerk nach der Eisenbahnstation zurück, aber keine Maultiere kamen. Die Lage war recht unangenehm: Mulas waren in der Nähe nicht aufzutreiben, und von Cajamarca kamen keine, denn infolge der Regenzeit war der Pfad in den Gebirgen recht schlecht, und überdies war er vom eigentlichen Endpunkt der Bahn, La Viña, bis nach Chilete beim Bahnbau absichtlich zerstört worden. So mußten wir bis zum 5. April in dem einsamen Stationsgebäude verbleiben. Endlich lief die Nachricht ein, Soldaten seien auf dem Weg von Cajamarca nach Lima, und wir konnten hoffen, die Maultiere zu erlangen, welche das Gepäck der Truppen bringen sollten. Die Soldaten kamen, ca. 200 Mann mit 75 Frauenzimmern und unendlich vielen kleinen Kindern, und wir nahmen Besitz von den Mulas.

Gewöhnlich braucht man zwei Tage von Chilete bis Cajamarca, wir aber mit den müden Tieren waren vier unterwegs. Man verfolgt von La Viña aus zunächst das große Tal und steigt dann direkt gegen Osten steil empor. Bei La Magdalena wächst das letzte Zuckerrohr, und von da geht es in einem Zuge bis 3500 m Höhe. Ist der Kamm des Gebirges erreicht, so führt der Weg ca. eine Stunde lang fast horizontal über die Hochfläche bis zu einem steilen Abstieg, an dessen Fuß der Ort Cajamarca auf einem kleinen Plateau, einem alten Seebecken, liegt. Die Berge, aus Kalk und Sandstein bestehend, die oft durch Grünsteinmassen unterbrochen werden, sind steil und kahl und bieten einen trostlosen Anblick.

Cajamarca (2735 m) ist berühmt in der Geschichte Perus, denn hier führte Pizarro seinen kühnen Banditenstreich aus, nahm den Inka gefangen und ließ ihn enthaupten. Noch zeigt man in der Stadt nahe der Plaza ein aus schön behauenen und gut gefügten Steinen errichtetes Gebäude als das Gefängnis des Herrschers. Es ist jenes Haus, dessen inneren Raum er mit Gold zu füllen versprach, als Lösegeld für sein Leben. Der Indianerfürst hielt sein Wort, der Spanier aber bemächtigte sich des Goldes und ermordete den Geber[6].

Der Empfang, den wir hatten, war schlecht; von unserer Ankunft an regnete es fort und fort bis zum 20. April, und erst dann wurde das Wetter etwas besser. Der Übergang vom heißen Lande nach dem Hochgebirge ist an sich stets mit vielen Unannehmlichkeiten verknüpft, und hier kam noch dazu, daß wir so lange Zeit in dem vom Fieber heimgesuchten Chilete hatten bleiben müssen. Nun mußten auch wir unsern

---

der Abbau Dauer verspricht, läßt sich auf Grund der jetzigen Aufschlüsse nicht sagen. Die Mine deckt zur Zeit nur knapp die Unkosten, da die Anlage sehr teuer war und die Beamten und Arbeiter kolossale Gehälter beziehen.

Tribut zahlen. Zuerst wurde Herr Wertheman krank, dann Dr. Stübels Diener, dann Dr. Stübel selbst und zuletzt ich, so daß unser Haus schließlich ein wahres Lazarett geworden war. Diese Wechselfieber, hier Tercianas genannt, sind nicht leicht zu heilen und hinterlassen meist eine große, langandauernde Schwäche. Drei Wochen verbrachten wir so frierend und ungemütlich.

Am 29. April konnten wir endlich unsere Reise fortsetzen. In Cajamarca waren wir auf dem Rücken der Kordillere, wir mußten nun gegen Osten zu ihren höchsten Teil überschreiten, um nach dem tiefen Tale des Marañon, also des oberen Amazonenflusses, zu gelangen. Drei Tage lang ritten wir über die hochgelegenen Grasflächen, die hier, nicht wie in Ecuador und Colombia Páramos, sondern Punas heißen, und erreichten Höhen von fast 3800 m*. Endlich ging es steil hinab nach dem in einem Hochtale gelegenen Örtchen Celendin (2640 m)[7]. Da wir uns hier neue Maultiere verschaffen mußten, konnten wir erst am 4. Mai weiterziehen. Ein 3160 m hoher, steiler Bergrücken trennte uns noch vom Marañon, wir erstiegen ihn in 1½ Stunde und blickten nun hinab in das tiefe Tal, wohl das tiefste, das wir bisher gesehen hatten. Seine Breite beträgt von Wand zu Wand wohl kaum mehr denn 2—2½ Stunden, die Kämme zu beiden Seiten erreichen etwa 3200 m und der Ort Balsas im Grunde liegt in 900 m Höhe. Die Kalk- und Schieferberge sind wild zerrissen und ganz kahl, höchstens wachsen kandelaberartige Säulenkakteen an den untern Teilen der Gehänge. Die Schichtung der Gesteine mit all ihren abenteuerlichen Verwerfungen ist überall sichtbar. Nach etwa drei Stunden Hinabkletterns waren wir am Fluß, der, 100 m breit und sehr tief, mit reißender Geschwindigkeit dahinströmt. An ein Durchreiten war nicht zu denken; ein kleines Floß, durch sechs nackte Kerle gerudert, diente zur Überfahrt; die Maultiere mußten durchschwimmen. In der Mitte des Bettes wurde das Fahrzeug durch die Wellen umhergeschleudert wie auf leicht bewegter See[8].

Schiffbar freilich ist der Fluß in diesem seinen oberen, von Süden nach Norden gerichteten Lauf noch nicht, denn überall stören reißende Fälle und Schnellen, und erst wenig oberhalb des berühmten Pongo de Manseriche, durch den er, in rechtem Winkel gegen Osten umbiegend, in die großen Ebenen am Ostfuß der Kordillere tritt, wurde er früher öfters unter großen Gefahren befahren. Gegenwärtig ist auch das fast unmöglich, denn die dort wohnenden wilden Indianer verhalten sich allen Frem-

---

* Reiss, Tgb. 1.5.1875. — Die Punas hinter Cajamarca sind trostlose Kalkplateaus, über die einzelne Hütten mit dürftigen Feldern verstreut sind. Tiefe Mulden mit kleinen Seen im Grunde, aus denen Bäche abfließen, die dann wieder in den Felsen verschwinden, trichterförmige Löcher und Einstürze im Kalk, dann wieder ein wildes Gewirr abenteuerlich zerwaschener Kalkfelsen, zwischen denen man sich hindurchwinden muß, charakterisieren diese Landschaft, über die hinweg und schließlich steil hinab der Weg nach dem Becken von Celendin führt.

den gegenüber feindlich und haben bereits mehrere Ortschaften zerstört, so daß man nur mit bewaffneter Macht sich dorthin wagen kann.

Wir mußten also das Marañontal wieder verlassen und den Fluß zu erreichen suchen, wo für die Schiffahrt keine Schwierigkeiten mehr vorhanden sind. Dazu war freilich noch ein weiter Marsch nötig, denn von den zwei, dem Strome im Osten parallel laufenden Flüssen ist der erste, der Utcubamba, gefährlich und ergießt sich noch oberhalb des Pongo de Manseriche in ihn, bietet also keine Vorteile, und erst der zweite, bedeutend größere, aber auch viel weiter östlich gelegene, der Huallaga, mündet außerhalb dieser Engen. Über ihn führt deshalb der gewöhnliche Weg.

Langsam erstiegen wir die Berge im Osten, überschritten die Wasserscheide gegen den Utcubambafluß in 3700 m Höhe und folgten dann dem Tal des Utcubamba für mehrere Tage abwärts bis zu dem etwas seitab auf einer Anhöhe liegenden Städtchen Chachapoyas (2324 m). Gewöhnlich braucht man von Celendin bis hierher 4—5 Tage; wir aber waren neun unterwegs, da wir mit Ruhe das Land besichtigen wollten. Es gewinnt hinter den letzten Kämmen des Marañontales einen ganz anderen Charakter. Die Vegetation wird üppiger, das Wasser fließt reichlicher, und wenn auch die Berge kahl sind, so ist doch der Grund der Täler gut bebaut, sie erscheinen lieblicher und erinnern an manche europäische Szenerie. Man trifft nun auch auf dem Weg einige Indianerdörfer, aber zu essen ist nichts zu erlangen, weder für Geld noch für gute Worte.

Am 12. trafen wir in Chachapoyas, der Residenz des Herrn Wertheman, ein. Vor allem wollten wir hier eine alte Inkafestung besuchen. Bereits nahe den obersten Quellen des Utcubamba, noch mit freiem Blick nach dem Marañontal, hatten wir in Jalca die Ruinen eines solchen alten Indianerbaues auf einem hohen, ganz schmalen Felskamm liegen sehen. Ca. 80—100 kreisrunde turmartige Häuser von 10—15 Fuß Höhe und 9—12 Schritt Durchmesser im Innern, mit etwas nach innen geneigten Mauern aus roh behauenen Steinen, erheben sich, terrassenförmig auf Felsabsätze geklebt, übereinander; vom Dach ist keine Spur mehr vorhanden, doch scheint es, wie man aus zwei noch bewohnten Türmen schließen kann, spitz und kegelförmig gewesen zu sein. Viel schöner und großartiger sind aber die Ruinen im mittleren Utcubambatal bei Chachapoyas[9]. Der Fluß hat sich hier bis zu etwa 1800 m Höhe eingegraben, und schroff steigen zu seinen beiden Seiten die Kalksteinberge bis zu 3000 m empor; tiefe Seitentäler zerschneiden sie in schmale Grate, deren oberste Teile durch oft senkrecht abstürzende Felsen von über 300 Fuß Höhe gebildet werden. Auf einem von ihnen, bei der Hacienda Cuelap, liegt die Festung Malca (3025 m) und ihr gegenüber, getrennt durch die tiefe Schlucht von Celcas, ein zweiter, ähnlicher Bau: Maucalpa.

Wir besuchten die Anlage bei Cuelap. Bereits am Fuße der letzten, höchsten Steilwände sahen wir zahlreiche Ruinen teils runder, teils viereckiger Bauwerke. Die Burg selbst ist ca. 600 m lang und 200 m breit. Ein unregelmäßig verlaufender Ringwall von 60 Fuß Höhe umgibt den ganzen Raum. Er ist als Rohmauer aus trocken übereinandergehäuften Blöcken aufgeführt und nur an der Außenseite durch regelmäßig behauene Steine, die bis 4 Fuß lang, 3 Fuß breit und 2 Fuß hoch sind, verkleidet. Im Innern ist der unregelmäßige Felsboden teilweise terraplaniert, um so in der Festung abermals kleine Festungen zu gewinnen. Eigentümlich sind die drei Eingänge angelegt: sie öffnen in ca. 2 m Breite die ganze Mauer wie durch einen Schlitz, durch den man in einen von etwa 25 Fuß hohen Wänden begrenzten Korridor gelangt, der nach dem Innern sich mehr und mehr verengert und langsam ansteigt. Kaum 1 m breit endet er dann gerade in der Mitte der Anlage. Ein Eindringen des Feindes durch diesen Gang muß fast unmöglich gewesen sein, da am Innenausgang ein einzelner Mann zur Verteidigung genügte, während von den Zinnen zu beiden Seiten Steine auf die Bedränger geschleudert werden konnten.

Am Nord- und Südende befinden sich, noch innerhalb der großen Umfassungsmauer, zwei kleine Innenburgen, die beide je einen Turm von ca. 20—30 Fuß Höhe besitzen. Der südliche von ihnen ist umgekehrt konisch und faßförmig gebaut. Sie konnten nur mit Leitern erstiegen werden, zumal sie innen nicht hohl, sondern mit Steinen ausgefüllt sind, also nur als Plattform dienten. Aller übriger Raum wird durch kreisrunde Hausruinen eingenommen, die oft mit einfachen Ornamenten verziert sind. Im Mauerwerk sowohl der Türme als auch des Walles sind hinter mächtigen Steinen Gräber mit zahlreichen Gerippen von sehr eigentümlicher Schädelform verborgen. Skulpturen konnten wir außer drei roh gemeißelten Gesichtern auf den Steinen der Mauern nur wenig finden. Leider ist jetzt alles völlig von Wald und Gestrüpp überwuchert und dadurch fast unzugänglich und unübersichtlich geworden. In Verbindung mit Malca und Maucalpa scheint eine ganze Reihe solcher Befestigungen aus gut gebauten, runden Häusern zu stehen, die, an oft fast unersteiglich scheinende Felswände angeklebt, über das gesamte Utcubambatal verbreitet sind. Meist sind Kalksteinhöhlen mit in sie einbezogen, die stets als Grabstätten benutzt worden sind. Auch am Fuß der ca. 300 m hohen Felsen von Cuelap sind einige solcher Höhlen durch Mauerwerk abgeschlossen. Dem bedeutendsten dieser Nebenwerke, dem von Macra, etwas nördlich von Cuelap, statteten wir noch einen kurzen Besuch ab.

XXXII.

Tarapoto, 19. Juli 1875.

Am 15. Juni verließen wir Chachapoyas und unseren Landsmann, Herrn Wertheman. Am zweiten Tage schon erreicht man den letzten bewohnten Ort, das Dörfchen Molinopamba (2364 m), dessen Bewohner als Maultiertreiber und Lastträger die Verbindung mit Moyobamba vermitteln. Das Tal des Rio Sonche, in dem man nun aufsteigt, ist kahl, aber kurz vor dem Tambo Ventilla passiert man eine schmale Waldzone, in der die Menge der hier wachsenden Wachspalmen auffällt. Bereits in Ventilla (2522 m) kam es uns ziemlich kühl vor, als wir aber am 18. den hohen Páramo von Pishcuhacañuna (3586 m, d. h. Ort, wo die Vögel sterben) überschritten hatten und bei Bagazan im Freien schlafen mußten (2965 m), konnten wir vor Kälte kein Auge schließen. Das Thermometer zeigte 0,8° unter Null, und der Boden war am nächsten Morgen hart gefroren. Oft hatten wir in Ecuador wochenlang in größeren Höhen und bei größerer Kälte ganz vergnügt und behaglich gelebt, aber der längere Aufenthalt an der heißen Küste hatte uns verweichlicht und gegen Temperaturwechsel empfindlich gemacht.

Hinter Bagazan beginnt endlich der Abstieg nach dem warmen Lande und dem Wald, der sich von hier bis Pará ausdehnt. In kleinen Tagereisen verfolgten wir das Tal des Rio Bagazan abwärts, die Nächte in offenen Schuppen zubringend, die von der Regierung zur Bequemlichkeit der Reisenden errichtet worden sind. Schon nahe der Ebene von Moyobamba verließen wir den Fluß, der weiter unten den Namen Rio Tonchiman annimmt, und querten, um so den Weg abzukürzen, einen Bergrücken. Von seiner Höhe (La Ventana) hatten wir zum erstenmal einen freien Blick auf die Landschaft im Osten: niedere, nirgends mehr als 2000 m hohe Berge umschließen ein weites Flachland, durch das der Rio Mayo sich hinwindet, sich ständig vergrößernd durch wasserreiche Zuflüsse, vor allem durch den Rio Tonchiman. Ringsum dehnt sich der Wald, und nur hier und da deuten hellere Flecke auf menschliche Kulturarbeit. Trotzdem ist dieses weite Tal, ein alter Seeboden, relativ gut bevölkert, denn hier liegen die Städte Rioja und Moyobamba und eine ganze Anzahl kleinerer Orte. Es sind die am weitesten vorgeschobenen Siedlungen des Amazonasbeckens, durch mehrtägige Waldeseinöde von der Umwelt getrennt. Bald erreichten wir nun die Ebene selbst und den aus den Felsen am Fuße der Berge hervortretenden Rio Negro. Es ist dies der Rio Bagazan, den wir bereits mehrere Tage lang verfolgt hatten. Während er in seinem oberen Teile so wasserreich ist, daß er sogar den Bau von Brücken nötig machte, kann man ihn weiter unten fast trockenen Fußes überschreiten, denn sein Wasser versinkt in dem klüftigen Kalkgebirge und fließt unterirdisch weiter, bis es als Rio Negro plötzlich wieder zutage tritt. An der Austrittsstelle ist der Fluß ca. 40 m breit, tief und reißend[1]. Das kleine Städtchen Rioja (850 m), das wir dann passierten, lebt hauptsächlich von der Hutindustrie, denn hier, wie auch in Moyobamba und bis Tarapoto hinab werden Palmstrohhüte (Panamahüte) geflochten und in Masse nach Brasilien ausgeführt.

Am 24. Juni hielten wir endlich unseren Einzug in das ausgedehnte Moyobamba (8—10000 Einw., 866 m)². Hier endet die Möglichkeit, Gepäck auf Maultieren zu transportieren: alles muß durch Indianer getragen werden. Nach dem Rio Huallaga gibt es von hier zwei Wege: der kürzere führt über Balzapuerto direkt nach Yurimaguas, bis wohin jeden Monat einmal die Dampfboote fahren; der andere, längere, aber weit bessere zielt über Tarapoto nach der Mündung des Rio Mayo. Wir wählten diesen, obgleich gerade auf ihm der Transport unserer Sachen die größte Schwierigkeit bot, denn da von dort keine Waren kommen, so waren für ihn auch keine Träger aufzutreiben. Es mußten Boten sechs Tagereisen weit ausgesandt werden, um durch die Ortsautoritäten die nötigen Indianer zusammenbringen zu lassen, und dies nahm so viel Zeit in Anspruch, daß wir trotz aller Bemühungen des Präfekten doch über zwei Wochen in Moyobamba bleiben mußten. In dem herrlichen Klima war das freilich auszuhalten. Moskitos gibt es hier noch keine; es ist weder heiß noch kalt, und selbst die häufigen Regen sind nicht besonders unangenehm, da der sandige Boden rasch abtrocknet. Wir machten astronomische Beobachtungen, Spaziergänge in die Umgegend, einen Ausflug nach dem Morro, einem hohen Felsen in der Mitte der Moyobambaebene, und benutzten unsere Muße zum Ordnen und Berechnen aller Beobachtungen.

Sehr allmählich traten die Indianer an, erst 6, dann 10 und so fort, bis im Laufe zweier Tage alle 30 Träger sich eingefunden hatten. Es waren halbnackte Gestalten, zum Teil bemalt mit Rot und Schwarz, stiermäßig betrunken und 16 Hunde mit sich führend. Keiner sprach Spanisch, und ihr Quichua war für uns unverständlich. Am 4. Juli konnten wir endlich abreisen, aber obgleich wir alle mögliche Vorsicht anwendeten, fanden die Kerle doch Mittel und Wege, bereits am frühen Morgen sich zu betrinken. Branntwein und Hunde scheinen die dominierenden Leidenschaften dieser halbzivilisierten Wilden zu sein; sobald sie Geld und Gelegenheit haben, besaufen sie sich bis zur Bewußtlosigkeit, und jeden Hund, den sie sehen, wollen sie kaufen, wobei sie ganz gute Preise bieten.

Der Marsch des ersten Tages war sehr mühsam und brachte uns wenig vorwärts. Die Träger konnten in ihrer Betrunkenheit kaum weiterkommen, denn wenn sie sich auch in jedem kleinen Wässerchen badeten, so unterhielten doch mitgenommene Quantitäten von Schnaps die erhöhte Stimmung: bald überkugelte sich der eine, bald der andere mit seinem Gepäckstück, und es bedurfte stets zweier Männer, um den Gefallenen mit seiner Last wieder auf die Beine zu bringen. Unendliche Geduld war nötig, denn verdirbt man es mit den Leuten, so werfen sie einfach die Sachen weg und verschwinden im Walde. Um so besser ging es dann allerdings die folgende Zeit. Ohne auszuruhen, liefen die Kerle auf dem schlechten Wege von morgens 7 oder 8 Uhr bis mittags 12 oder 1 Uhr und nach ½ Stunde Rast abermals bis 5 oder 6 Uhr abends. Es war peinlich anzusehen, wie die Stricke der 75—80 Pfund schweren Petacas (Lederkoffer) tief in die nackten Rücken einschnitten, aber Schnaps, Papierzigaretten und gute Worte taten das ihrige, und in sechs Tagen gelangten wir nach dem ersehnten Tarapoto (374 m)[3].

Wir trafen wieder einmal an einem Festtage ein. Es scheint, als hätten hier die Missionare seinerzeit eine alte indianische Sitte mit einem katholischen Feiertag verbunden, und in diesem abgelegenen Neste haben sich die alten Sitten und Gewohnheiten merkwürdig gut erhalten. Das Fest der „Invencion de la cruz" (Erfindung des Kreuzes) wird durch öffentliche Tänze gefeiert, die ganz den Beschreibungen entsprechen, wie sie die alten Chroniken aus der Zeit der Conquista geben[4]. Acht Tage dauert diese Feier, und wir kamen gerade in den letzten Tagen an. Auffallend war es uns, daß keinerlei Unordnung dabei vorkam, denn obwohl viele Umzüge von je 80—150 Personen zu gleicher Zeit stattfanden und ein bacchanalischer Taumel alle erfaßt hatte, war doch kein Betrunkener sichtbar.

XXXIII.

Iquitos, 6. September 1875.

Am 21. Juli verließen wir Tarapoto und ritten nach Chapaja am Rio Huallaga. Acht Tage blieben wir dort, um die Salzmine bei Pilluana* zu besuchen, und am 30. endlich begann auf zwei kleinen Flößen die Fahrt durch die Stromschnellen nach Chasuta. Hier gab es abermals drei Tage Aufenthalt, ehe wir die nötigen Ruderer erhielten, so daß wir erst am 2. August auf den gleichen Fahrzeugen die Reise durch die letzten Gebirgsriegel und Stromschnellen fortsetzen konnten. Am 4. hatten wir

---

* Reiss, Tgb. 31. 7. 1875. — Fährt man von Chapaja aus flußaufwärts, so schwindet allmählich das flache Vorland, das das rechte Ufer bildet, und an seine Stelle treten 150—200 Fuß hohe Hügel, die mit dichtem Gestrüppwald bestanden oder mit Gras bewachsen sind und, von zahlreichen Wasserrissen durchfurcht, sehr steil nach dem Fluß abfallen. Das sind die Salzhügel von Pilluana. Durch Derrumbos sind sie gut auf-geschlossen. Sie bestehen vor allem aus Gipsen, roten Tonen und Steinsalzen, eine rot und weiß gebänderte Masse mit rauher Außenfläche, aus der überall härtere Bruchstücke wie aus einer Breccie herausragen. Durch die Gewässer sind ihre Hänge in eine Unzahl kleiner, übereinanderstehender Pyramiden aufgelöst, so daß das Ganze dem Ende eines riesigen Gletschers gleicht. Das Steinsalz kommt darin ausschließlich als Bindemittel vor, das die Gips- und Tonbruchstücke verkittet, selten findet man mehrere Zoll starke Adern reinen Salzes. Am Fluß selbst mag die Ausdehnung des Lagers etwa 500—600 m betragen, aber weiter aufwärts treten die Hügel wieder zurück, und sie sollen 1½ Tag weit zu verfolgen sein. Die Minen werden nicht regelmäßig abgebaut, sondern ein jeder, der Bedarf hat, geht hin und bricht sich das von ihm benötigte Quantum selbst. Das geschieht meist nach Hochwassern, die stets große Erdpartien zum Einsturz bringen und so Salz bloßlegen.

dann die Berge hinter uns, und in weiteren vier Tagen ging es bei prachtvollem Wetter auf dem nun ruhig dahinströmenden Flusse durch die Waldebene bis nach Yurimaguas (170 m). Von dort ab ist er so breit, daß er große Flöße tragen kann. Wir bauten deshalb Hütten auf die unseren und gedachten gemütlich den Huallaga und den Amazonas abwärts zu fahren. Aber für mich war es anders bestimmt: durch einen unvorsichtigen Schuß renkte ich mir den Arm aus dem Gelenk. Die Indianer richteten ihn zwar wieder ein, aber viermal sprang dabei die Kugel aus der Pfanne, und die Entzündung wurde so stark, daß ich unter heftigen Schmerzen das Bett hüten mußte. Die furchtbare Hitze, unzureichendes Essen und die erzwungene Ruhe ließen heftiges Fieber hinzukommen, und so war ich während der ganzen nun folgenden dreiwöchigen Flußreise, unbeweglich ans Lager gefesselt, eine Beute der Moskitos. Abgemagert und so geschwächt, daß ich kaum mehr auf den Beinen stehen konnte, gelangte ich endlich, Tag und Nacht fahrend, am 26. August nach Iquitos. Dr. Stübel ließ mich nicht im Stiche, sondern traf wenige Stunden nach mir ein. Hier nahm mich der Subpräfekt freundlichst auf, ein Arzt untersuchte meinen Arm, Chinin vertrieb das Fieber, und langsam erholte ich mich.

XXXIV.

Rio de Janeiro, 15. Dezember 1875.

Während Dr. Stübel von Iquitos direkt nach Pará ging, blieb ich zunächst zurück, um den Rio Ucayali kennenzulernen. Es war dies freilich eine unglückliche Reise ohne alle wissenschaftliche Resultate, zumal wir nur bis Sarayaco gelangen konnten, da die Räder des Dampfers zerbrachen.

Am 8. Oktober verließ dann auch ich Iquitos auf dem peruanischen Dampfer, siedelte in Tabatinga auf ein brasilianisches Schiff über und fuhr auf ihm in 14 Tagen bis hinab nach Pará. Wir waren nur zwei Passagiere, ich und ein halb polnischer, halb deutscher Kaufmann aus Moyobamba. Schon am 4. November kehrte ich der Stadt Pará, einem wahren Höllennest von Hitze, in Gemeinschaft mit Dr. Stübel wieder den Rücken, und am 18. November trafen wir in Rio de Janeiro ein, todmüde und ermattet von den Fiebern des Amazonas. Es trieb uns heimwärts[1].

D.
Ergänzungen.

I.

Iliniza, Corazon und Cotopaxi.
(Brief von W. Reiss an García Morena.)

Píllaro, 7. Januar 1873.

Am 5. November 1872 verließ ich Quito und begab mich direkt nach der Hacienda Chaupi. Dort fand ich freundliche Aufnahme bei Herrn Felipe Barriga, der mir auch bei der Beschaffung der Führer und aller Hilfsmittel, die ich zu meinen Erkundungen am Iliniza und Corazon nötig hatte, behilflich war.

Der Iliniza hat zwei scharf getrennte Gipfel. Der nördliche scheint der ältere zu sein, denn die Ausbrüche des südlichen haben seinen Südhang zum großen Teil überdeckt. So entsteht zwischen beiden eine Einsattelung, die jetzt von Gletschern erfüllt ist, die vom Südgipfel herabkommen. Sie ist ziemlich breit und zwingt durch ihre Abdachung von Osten nach Westen das Eis, gegen das obere Ende des Hondons von Cutucuchu abzufließen[1].

Fast alle hohen Berge der Westkordillere sind sehr steil und gegen Westen durch tiefe Täler zerfurcht: der Iliniza allein macht davon insofern eine Ausnahme, als man diesen Westabfall leicht zu Pferde überschreiten kann, dafür ziehen aber im Osten tiefe und fast unzugängliche Quebradas nach dem Hochland von Callo und Machachi herab. Sicherlich ist der Iliniza einer der schönsten Berge des südlichen Ecuador: seine isolierte Lage, seine große Höhe, der Gesamteindruck seiner beiden schneebedeckten Spitzen lassen ihn aus der Reihe der übrigen Berge dieser Kordillere heraustreten. Ein schmaler Grat, der zum Teil aus älterem Gestein (Cruzloma de Atatinqui), zum Teil aus jungvulkanischem Material besteht, verbindet ihn mit dem Corazon, während nach Süden hin zwischen ihm und der älteren Kordillere von Guangaje und Isinlivi die Ebene von Curiquingue sich ausdehnt. Auf ihrer Abdachung liegt das

Dorf Toacaso. Die alten Schichten, auf denen die vulkanischen Massen des Iliniza ruhen, bilden gegen Westen die waldbedeckten Rücken um den Rio Hatuncama und den Rio Toachi. Der Cerro Azul verdient unter ihnen wegen seines Reichtums an Chinarindenbäumen besondere Erwähnung.

Der Nordgipfel des Iliniza besteht aus mächtigen Laveströmen von sehr eigentümlicher Zusammensetzung: sie bilden keine festen, kristallinischen Massen, sondern es sind Breccien, also Agglomeratlaven oder Eutaxite, während die der Südspitze kompakt und deutlich kristallinisch sind. Es ist bemerkenswert, daß unter diesen wesentlich trachytischen Gesteinen sich solche finden, die viel Olivin enthalten. Kurz, der Iliniza ist ein alter Vulkan, dessen ursprüngliche Formen schon stark durch die Erosion zerstört sind, wenn auch einige der jüngsten Laven sich noch das eigentümliche und charakteristische Aussehen derartiger Ströme bewahrt haben. Auf eine vielleicht noch vorhandene innere Wärme des Berges deuten nur noch die heißen Quellen von Caricunucboquio und Guarmicunucboquio, die am Osthange an den Quellen des Rio blanco zutage treten.

Schon im Jahre 1870 hatte ich, zusammen mit Dr. Stübel, den Corazon[2] besucht und die tiefe, vom Berge umschlossene Caldera bewundert, aber es war uns damals nicht möglich gewesen, von unserem Standpunkte aus in sie hinabzusteigen. Um sie nunmehr kennenzulernen, ging ich nach der Südwestseite des Vulkans, von wo ich ohne besondere Mühe in ihren Grund vordrang. Sie ist die tiefste von allen, die mir in Ecuador bekannt sind, und wird von Felswänden umgeben, die mindestens so steil wie die des Pichinchakraters sind. Denn der Gipfel des Corazon erhebt sich bis zu 4816 m, die Lomas in der Caldera sind nur 3612 m hoch, sie hat also eine Tiefe von 1204 m, der Krater des Pichincha demgegenüber nur 773 m (Gipfel des Pichincha 4787 m, Kraterboden 4016 m). In der Mitte zwischen beiden steht mit 807 m Tiefe die Caldera oder der Krater des Rumiñahui, den man von der Straße von Machachi nach Tiupullo erblickt (Gipfel 4757 m, Calderagrund 3950 m). Alle übrigen Krater oder Calderas haben, mit Ausnahme der des Antisana, im Vergleich zu der des Corazon nur unbeträchtliche Tiefen.

Die hier gegebene Höhenangabe des Corazon beruht auf meinen trigonometrischen Messungen, bei denen ich beide Male, zuerst im Jahre 1870, dann wieder im November 1872, den Gipfel des Berges zu etwas mehr als 4800 m bestimmte. Er ist also um einige 30 m höher als die Barometerbeobachtungen ergaben.

Der Himmel war während meines Aufenthaltes auf der Spitze ganz wolkenlos, und mehrmals hatte ich Blicke bis zu den Höhen, die sich im Westen hinziehen, ja fast bis zu den Ebenen am Meer. Besonders das Tal des Rio Cariyacu übersah ich bis zu seiner Vereinigung mit dem Rio

Toachi, und es drängte sich mir der Eindruck auf, daß man selten eine Bodengestaltung antreffen dürfte, die sich so wie dieser schöne Grund zur Anlage einer Straße eignete.

Unter den sie umgebenden, mächtigen Gebirgen verschwinden fast die Höhenzüge, die man gewöhnlich Cerritos de Chaupi nennt, obgleich man in jedem anderen Teile der Welt dieses vulkanische Massiv als ein hohes und großes bezeichnen würde. Sie zeigen von fast allen Seiten drei Gipfel, die eine kleine Kordillere zu bilden scheinen, aber in Wirklichkeit sind es nur die höchsten Punkte einer Caldera-Umrandung, die den ziemlich großen Hondon de San Diego umschließt. Er entwässert nach Norden in den Rio Curiquingue und führt so sein Wasser den Bächen zu, die unter der Brücke von Jambeli hindurchfließen. Die Eruptionen, die diesen Berg aufschütteten, schufen gewissermaßen einen Querriegel zwischen Rumiñahui und Iliniza und unterbrachen so das tiefe Tal, das sich zwischen den beiden alten Kordilleren hinzieht und jetzt, von vulkanischen Auswurfsmassen erfüllt, die Hochebenen von Machachi und Latacunga bildet[3].

Schon bei meinen früheren Reisen hatte ich den Cotopaxi[4] von allen Seiten geprüft in der Absicht, eine Stelle zu suchen, an der man eine Besteigung mit einiger Hoffnung auf Erfolg wagen könne, und ich hatte mich schließlich für den steilsten Teil des Berges entschlossen, wo einige schwarze Streifen vom Kraterrande bis zur unteren Schneegrenze hinabliefen. Da mich trigonometrische Messungen bei der Hacienda von Chaupi festhielten, hatte ich Gelegenheit, den Vulkan während einiger Tage zu beobachten. Anfang November waren seine Hänge ganz mit Schnee bedeckt, und nirgends zeigte sich ein schwarzer Fleck, so daß der Ausdruck Humboldts, der Cotopaxi wirke wie auf der Drehscheibe geformt, fast gerechtfertigt zu werden schien. Bei der trockenen und warmen Witterung des November aber schmolz allmählich die weiße Decke, die während der Stürme des vergangenen Monats gefallen war, und bald erschien schwarzes Gestein an verschiedenen Stellen des Westhangs. Zuerst wurde der Kraterrand frei, dann ein schmaler, schwarzer Streifen am Südwestgipfel, der sich jeden Tag nach unten verlängerte. Ganz in der gleichen Weise sah man auch an der unteren Schneegrenze an diesem Teile des Berges schwarze Felsen heraustreten, und sie vermehrten sich augenscheinlich allmählich in der Richtung nach dem Krater hinauf. Von Tag zu Tag näherten sich die äußersten Punkte der beiden schwarzen Streifen, der eine nach unten, der andere nach oben sich verlängernd, mehr und mehr, schließlich stießen sie zusammen und bildeten einen schwarzen, schmalen Pfad von der unteren Schneegrenze zum Südwestrand des Kraters. Das geschah am 24. November, und schon am 25. begab ich mich nach Santa Ana de Tiupullo, um sofort Anstalten zu einer Besteigung des Cotopaxi zu treffen.

Am 26. stellte ich, während die Peones noch ihre Vorbereitungen trafen, einige Beobachtungen an und besuchte den Cerrito de Callo[5] und die Ruinen des Inkapalastes[6]. Dieser kleine Berg scheint den Gipfel eines Ausbruchs darzustellen, ähnlich dem des Panecillo bei Quito, aber er ist heute fast verschüttet und überdeckt durch die Ausbruchsmassen und Schlammströme des Cotopaxi. Die Ruinen seiner Inkabauten sind sehr interessant, aber es berührt schmerzlich, zu sehen, wie man diese letzten Reste einer vergangenen Kultur zerstört. Eigentümer und Pächter der Hacienda von San Agustin de Callo behandeln sie wie eine Sache, die nicht nur keinen Wert hat, sondern geradezu im Wege ist. Die Mauern der alten Tempel, die 300 Jahre den Unbilden der Witterung und den Vulkanausbrüchen standgehalten haben, dienen heute als Schweinestall oder werden niedergerissen, weil man ihre gut behauenen Steine benutzen oder Raum für neue Gebäude schaffen will, die doch nichts weiter als ein Haufen Lehm sind und ebensogut an einer anderen Stelle der Hacienda hätten stehen können. Diese Ruinen sind tatsächlich nicht das Eigentum der Besitzer der Hacienda, sondern sie gehören dem ganzen Lande, von dessen alter Geschichte sie die ruhmreichsten Zeiten lebendig erhalten, ja der ganzen zivilisierten Welt. Es wäre äußerst wichtig, das Wenige, was noch übriggeblieben ist, in Sicherheit zu bringen. Zur Zeit ist nur noch ein Stück unversehrt, aber auch dieses letzte Andenken an die Inkakunst will man jetzt dadurch vernichten, daß man auf den alten Mauern eine neue Hütte errichtet. Wenn man das Fundament jetzt auch sicherlich unberührt läßt, so wird man es doch sicherlich bald beschmieren, mit Kot bewerfen und dabei behaupten, daß man die Hütte übertünchen müsse. Dann wird man Türen und Fenster hineinbrechen und diese nachher schließlich wieder mit Lehm zustopfen. Es gibt keine andere Rettung für diese interessanten Reste, als daß sie die Regierung unter ihren Schutz nimmt.

Am Morgen des 27. waren alle Berge von der Spitze bis zum Fuße in Wolken gehüllt, und leider befand sich unter den Peones, die mir der Teniente político von Mulaló gesandt hatte, auch nicht einer, der die Gegend um den Cotopaxi kannte. Da ich aber die Formen des Berges genau studiert hatte, so hielt ich von Santa Ana aus geradewegs auf den Südwestgipfel zu; da hier kein angebautes Gebiet liegt, so war dies leicht, zumal bald die Spitze des Berges aus den Wolken hervortrat.

Wir überschritten den Rio Cutuchi, der, von Limpiopungo kommend, den Westfuß des Cotopaxi umfließt, in der Nähe einiger zur Hacienda von San Joaquin gehörender Schäferhütten (3150 m). Er strömt hier in einem breiten Bett zwischen niederen Tuffhügeln dahin. Die Ebenen, die sich hier an den Fuß des Berges anlehnen, endigen an seinem Ufer in steilen, aber niedrigen Wänden, und da sie alle aus weichen Tuffen bestehen, so ist der Aufstieg überall leicht. Um einen Führer zu finden, stiegen wir bis zu dem Ventanillas genannten Punkte empor, fanden jedoch die Schäferhütten von den Hirten verlassen und unbewohnt.

Von Ventanillas an hebt sich das Gelände kaum merklich bis zum Fuß der steilen Kegelhänge, aber diese ebenen Flächen, die, von Santa Ana aus gesehen, nur geringe Ausdehnung zu haben scheinen, sind doch in Wirklichkeit ziemlich breit. 3—4 Fuß hohes, vereinzelt stehendes Gesträuch (rastrojo) bildet die Vegetation dieser trockenen, ausgedörrten Landschaft, in der das Vieh wegen des Wassermangels nicht existieren kann, denn alle Feuchtigkeit wird sofort von den durchlässigen Tuffen aufgesogen und tritt in spärlichen Quellen an den Uferwänden des Flusses wieder hervor, während das höhergelegene Land völlig trocken bleibt. Nur während heftiger Regengüsse stürzen von allen Seiten kleine Bäche herab, reißen das Erdreich hinweg und vernichten das wenige Gras, das sich im Schatten der Sträucher erhalten hat.

Oberhalb Ventanillas, gegen Limpiopungu zu, kreuzt man den Weg, der von Mulaló nach Pedregal führt, und um 9 Uhr 15 Minuten, 2 Stunden nach unserem Aufbruch von Santa Ana, standen wir am Beginn des Aufstiegs zum Kegel. Der Weg, den wir nun nehmen wollten, war nicht leicht zu verfehlen, denn die Stelle, auf der ich an der unteren Schneegrenze meine Zelte aufzuschlagen gedachte, war der obere Teil einer Loma, die beiderseits von den beiden tiefen Quebradas von Manzanahuaico und Pucahuaico begrenzt war. Beide Schluchten gehen fast von dem gleichen Punkte des Gehänges, ein wenig oberhalb der Schneegrenze, aus. Die nördliche von ihnen, Manzanahuaico, zieht gegen Westen und vereinigt sich bei San Joaquin mit dem Rio Cutuchi, die südliche, Pucahuaico, gegen Südwesten und bildet mit dem Sisihuaico (oder Sigsihuaico) den Rio Saquimalac, der bei Mulaló vorbeifließt und sich erst viel tiefer dem Rio Cutuchi zuwendet. Die Loma zwischen den beiden Quebradas stellt also ein deutliches Dreieck dar, dessen Basis am Rio Cutuchi liegt und dessen Spitze an der Schneegrenze der von uns zum Lager ausersehene Platz ist, anders ausgedrückt: sie wird, während sie zunächst sehr breit ist, nach oben zu immer schmäler, bis sie an der Schneegrenze, wo beide Einschnitte nur noch durch einen schroffen Felsgrat getrennt sind, ihr Ende erreicht. Hatten wir also einmal den Rio Cutuchi zwischen den Mündungen der beiden Quebradas überschritten, so galt es fortan, immer gerade emporzusteigen und weder nach rechts noch nach links eine der tiefen Schluchten zu kreuzen.

Inzwischen klärte sich das Wetter etwas auf, und wir konnten uns über die Gegend, die wir erreicht hatten, orientieren: ein hoher und steiler, das übrige Gehänge überragender Rücken lag zu unserer Linken, der sich wie ein Vorgebirge über das ebene Vorgelände hin bis zum Rio Cutuchi erstreckte und als guter Augenpunkt auf unserem Wege dienen konnte. Ziemlich tiefe Quebradas, am Arenal beginnend, durch schmale Grate getrennt, aber kein Wasser führend, kamen vom steilen Teile des Gehänges herab und verloren sich vollständig in den Ebenen des Cutuchi. Ihre Talwände waren von kleinen Bäumen bestanden, die sich zu richtigen Wäldchen zusammenschlossen, so daß es einige Mühe kostete, einen Pfad für die Lasttiere freizumachen. Über ihnen erreichten wir jedoch bald wieder Grasland und konnten nun erkennen, daß wir eine zweite Plateaustufe (meseta), ein wenig höher aber viel weniger breit als die erste, erstiegen hatten. Ein neuer, sehr steiler Abhang lag vor uns, durch unzählige kleine Runsen wie liniiert, vom Wasser zerfurcht, das in Sturzregen fällt und in Bächen über die kahlen Hänge herabbraust. Denn bis hier herauf reicht das Gesträuch nicht, und auch das Gras wächst nur spärlich und wird fast vernichtet durch die Asche und den Sand des Vulkans.

Wenn auch an dem Abhang, der über dem zweiten Plateau ansteigt, noch überall die gelben Tuffe anstehen, so glaube ich doch hier den Beginn des Arenals ansetzen zu müssen. Kurz, aber steil ist dieser Anstieg, der uns nun zum eigentlichen Arenal brachte und damit zu dem Teile des Berges, wo jedes Pflanzenleben aufhört und nur Asche und schwarzer Sand den Boden bedeckt. Fast der ganze Westhang des Cotopaxi zwischen 3900 und 4600 m gewährt dank dieser Arenales den Anblick einer kahlen, schwarzen, traurig stimmenden Wüste. Sie wirkt entmutigend auf den Wanderer, der die Entfernungen und die Größenverhältnisse der Dinge nicht mehr zu beurteilen vermag. Bei jedem Schritte sinkt der Fuß tief in den Sand, und nur mit großer Anstrengung kommt man vorwärts. Der Wassermangel in einer Gegend, die dazu bestimmt scheint, Durst zu erregen, das oft fast metallische Blinken der Asche, die eintönige Gestaltung der Gehänge, deren Relief durch den, je höher man steigt, immer tieferen Sand wieder ausgeglichen wird, die nie unterbrochene Stille dieser Landschaft, in der der Mensch als Eindringling erscheint, das alles wirkt vereint auf die Einbildungskraft und wendet die Gedanken jenen geheimnisvollen, unterirdischen Kräften zu, die, menschlichem Forschungsdrange spottend, plötzlich Tod und Verderben um sich schleudern und die erst vor kurzem aus einem von Pflanzen und Tieren belebten Land eine Wüste machten.

Bei gutem Wetter sind diese Arenales ohne Schwierigkeit zu überschreiten. Die weite Aussicht, die man von ihrer Höhe aus genießt, und die Nähe des schneebedeckten Kegels lenken den Reisenden ab. Aber bei schlechtem Wetter, in Wolken eingehüllt, bei Wind und Schnee, sind sie fast unpassierbar. Es war daher nicht verwunderlich, daß meine Peones unter diesen Umständen bald den Mut verloren. Vor allem die unter ihnen, die zum ersten Male in solcher Höhe weilten, zeigten mehr Lust, umzukehren als vorwärts zu gehen, ja selbst die ältesten meiner Leute, die mich schon seit drei Jahren begleiteten, marschierten nur widerwillig weiter. Ohne zu wissen, ob das Ziel des Tages schon nah oder noch fern sei, drangen wir in dichten Wolken vorwärts und konnten weder den Weg, der vor uns lag, noch die zurückgelegte Strecke überblicken. Als tiefe Quebradas oder hohe Berge erschienen uns die unbedeutenden Bodenwellen, mehrfach verloren wir die Richtung und stiegen, ohne beurteilen zu können, wie hoch wir bereits waren, auf unnützen Umwegen empor. Ein feiner, von heftigem, kalten Winde gepeitschter Regen vermehrte noch das Unangenehme unserer Lage.

Plötzlich erblickten wir, als sich der Nebel ein wenig hob, zu unserer Linken eine tiefe Schlucht, deren Grund von einem ganz frischen und an vielen Stellen noch rauchenden Lavastrom erfüllt war. Da dieses Material nur der untere Teil der Masse sein konnte, die den schon erwähnten schwarzen Streifen bildete, so mußten wir uns bereits nahe dem Ziele des heutigen Tages befinden. Bald darauf erblickten wir auch den Schnee, und nun ging es mit neuem Mute vorwärts. Allein die Maultiere konnten kaum weiter, sie versanken fast bis zum Knie im Sand und litten außerordentlich unter der bereits sehr dünnen Luft. Ich war deshalb gezwungen, meine Lasten auf den letzten 4 oder 5 Cuadras des Weges (ca. 650 m) auf den Schultern der Peones tragen zu lassen. Um 2 Uhr nachmittags erreichte ich das Ende der Loma, die fast in eine Spitze ausläuft, denn die Felswände der beiden Quebradas stoßen hier zusammen, und die Lavaströme, die von oben herabkommen und wenig oberhalb von ihr ein einziges Steinmeer bilden, teilen sich nun in zwei Arme: der eine strömt in den Manzanahuaico, der andere in den Pucahuaico hinab. Von all dem konnten wir freilich nichts weiter sehen als die vor uns sich auftürmenden steilen Felsen, die uns ein weiteres Vordringen unmöglich machten.

Während eines starken Schneefalls, der in kurzer Zeit den schwarzen Sand fast einen Zoll hoch weiß überdeckte, schlugen wir die Zelte auf (4627 m). Es war keine leichte Arbeit, denn der größte Teil der Peones weigerte sich, irgendeinen Dienst zu tun, saß unzufrieden auf dem Schnee und sah mir zu, wie ich Hand anlegte, um die Zelte für die Leute herzurichten. Schließlich riß mir die Geduld, und ich scheuchte sie mit sehr handgreiflichen Gründen aus ihrer Niedergeschlagenheit auf. Die Stangen für die Zelte hatte ich von der Hacienda von Chaupi mitgebracht und ebenso die Kohlen zum Tauen des Schnees und zum Kochen des Wassers. Denn wenn man so hoch am Gehänge des Cotopaxi lagern will, muß man zum Schnee seine Zuflucht nehmen oder das Wasser vom Rio Cutuchi herauftragen lassen. Ohne dieses kann man in solcher Höhe, in der der Durst vielleicht noch schrecklicher quält als in der Tierra caliente, nicht existieren.

Etwa gegen 6 Uhr abends wurde plötzlich der obere Teil des Berges klar, und wir genossen einen großartigen und erhabenen Anblick. Der Schneekegel erhob sich unmittelbar vor uns, wie es uns schien, ungemein breit, aber nicht sehr hoch und infolgedessen auch nicht allzu steil. Von den fast senkrechten Felsen, die den Krater auf dieser Seite umgaben, wie auch vom Kraterrande selbst stieg der Dampf der Fumarolen in weißen Wölkchen auf. Dieser Rand erschien als eine breite Linie mit je einer hohen Felszacke auf der Nord- und auf der Südseite. Unterhalb der Wände, die den Krater krönten, zogen sehr steile Arenales herab, auf denen man, ebenso wie auf dem Schnee, die Spuren der von den Felswänden herabgerollten Steine erkennen konnte, und am Südwesthang trat aus ihnen eine gewaltige Lavamasse heraus, die auf unseren Lagerplatz zustrebte, wo sie sich teilte und in die beiden schon erwähnten Quebradas eindrang. Soviel ich sehen konnte, bestand diese Lava aus vier Hauptströmen, die, sich bald trennend, bald wieder sich vereinigend, den schwarzen Streifen bildeten, der schon von fern am Hange des Berges zu erkennen ist. Diese gesamte Lava war noch warm, wie die zahlreichen Fumarolen, deren Wasserdampfwolken in ihrer ganzen Länge deutlich aufstiegen, bewiesen. Meine Peones verglichen sie sehr treffend mit den Rauchsäulen von Kohlenmeilern. Da die Nacht hereinbrach und noch immer nicht alle meine Leute eingetroffen waren, so mußte ich bis fast zu der Stelle, an der wir die Maultiere abgeladen hatten, wieder hinabsteigen, um die Säumigen zu größerer Eile anzuspornen. Das Thermometer stand am Abend auf dem Gefrierpunkt, und 0^0 war auch die Bodentemperatur, während der Nacht ging es dann auf $-3{,}5^0$ C herab. Ich habe indessen schon in geringerer Höhe, im Hondon von Cutucuchu am Westhang des Iliniza, -6^0 C ablesen können.

Der 28. November erfüllte alle unsere Hoffnungen: der Gipfel des Berges lag frei vor uns, aber zu unseren Füßen ballten sich die Wolken, verhüllten wie eine riesige, wattene Decke alles bis zur Höhe von 3900 m und krochen an den Hängen der höheren Berge empor, so daß nur die Spitzen einiger Schneeriesen über ihnen sichtbar blieben. Leider war es nicht möglich, sehr zeitig aufzubrechen, denn der am vorigen Tage teilweise abgeschmolzene Schnee war während der Nacht zu spiegelglattem Eis geworden, und so mußten wir, um sicheren Tritt zu haben, bis 6¾ Uhr warten. Wir stiegen zuerst über die Felsen an der Seite des Manzanahuaico hinab und dann wieder zwischen ihnen und der neuen Lava empor bis zu der Stelle, wo diese sich von ihrer Hauptmasse abtrennt. Von da an mußten wir auf dieser selbst marschieren, aber da die Blöcke, aus denen sich die Oberfläche dieser Ströme zusammensetzt, ein festes Auftreten gestatteten, so kamen wir gut vorwärts, da wir von Block zu Block wie auf Treppen emporsteigen konnten. Die Laven, oder besser die Lava, denn es scheinen nur verschiedene Arme desselben Stromes zu sein, bilden, wie fast immer, breite Rücken mit sehr steilen, seitlichen Gehängen, die mit Steinschutt, der während der Bewegung des Stromes von den großen Blöcken abbröckelte, bedeckt sind. Die Oberfläche der Rücken selbst besteht aus großen, fast immer schlackigen Steinmassen, die zu den wunderlichsten

Formen, hier zu Spitzen und malerischen Zacken, dort mehr regelmäßig übereinandergehäuft sind. Fast immer sind die Ränder der Böschungen höher als der mittlere Teil des Stromes, dessen Hauptmasse so zwischen hohen, parallel laufenden Leisten dahinzieht.

Die vier Ströme, die bei diesem Ausbruch hervorbrachen, bilden jetzt ein ungeheures Steinmeer (pedregal), und es ist nicht mehr möglich, den Verlauf jedes einzelnen Armes genau zu verfolgen. Bald fließen sie zusammen und trennen sich dann wieder und umschließen so tiefe Löcher, die jetzt von Sand und Schutt erfüllt sind. In der Nähe unseres Zeltes, kurz bevor sich die beiden Arme von Manzanahuaico und Pucahuaico abtrennen, mag die Lava eine Breite von 600—800 m haben, nach oben zu wird sie immer schmäler und endet schließlich in einer Höhe von 5560 m bei einigen schwarzen, von einem Arenal umgebenen Felsen.

Das Material der Massen ist schwarz und hat das gleiche Aussehen wie das der anderen neuen Laven, die an den verschiedenen Teilen des Berges vorkommen, aber es hat noch, wie ich schon sagte, in seiner ganzen Ausdehnung innere Wärme. Während die Lufttemperatur noch nicht den Nullpunkt erreichte, ergaben meine Messungen in den Rissen des Gesteins 20—32⁰ C. Das erwärmte Gas, das aus diesen Sprüngen entweicht, scheint nur aus atmosphärischer, mit etwas Wasserdampf vermischter Luft zu bestehen und ist wohl auf die Verdunstung des Schnees zurückzuführen, der auf die im Innern noch warme Masse fällt. Diese höhere Temperatur der Lava erklärt auch das Fehlen der Schneedecke, und es ist mir nunmehr auch wahrscheinlich, daß auch noch andere der frischen Ströme, wie man sie in gleicher Beschaffenheit an den übrigen Teilen des Berges antrifft, noch eine erhöhte Temperatur besitzen mögen, nur konnte ich sie nicht beobachten, weil am Tage die Differenz, die zwischen der Eigentemperatur der Lava und der Erwärmung, die die Sonne hervorruft, zu gering war.

Diese erhöhte Temperatur wird keineswegs durch die Glut im Innern des Berges hervorgerufen, denn keine Spalte verbindet diese Lava mit dem Zentralherd, sie ist vielmehr lediglich ein Rest der Hitze, die der Strom besaß, als er in flüssigem Zustand aus dem Innersten des Vulkans hervorbrach. Infolge der Schlackendecke über dem Material wird diese Wärme sehr lange festgehalten, es erkaltet sehr langsam, insbesondere dann, wenn die Masse sehr groß ist, und nach der Bodengestaltung kann man nicht daran zweifeln, daß der Strom eine Dicke von 30, 40, ja 60 m hat, denn er hat nicht nur die oberen Teile der beiden, schon mehrfach erwähnten Quebradas ausgefüllt, sondern auch den Grat zwischen beiden bedeckt, so daß an Stelle einer Depression am Berghange jetzt eine hohe Leiste entstanden ist.

Nach den Nachrichten, die ich erlangen konnte, handelt es sich hier um die Lava des Ausbruchs von 1854, bei dem die Schlammströme des

Rio Cutuchi die Brücke von Latacunga zerstörten. Noch erinnern sich viele des prachtvollen Anblicks, den der nach ihrer Meinung von oben bis unten gespaltene Berg bot, so daß man am ganzen Abhange die innere Glut sehen konnte. Aber diese Glut war nichts anderes als der herabstürzende Lavastrom, und die Schlammströme wurden durch den Schnee hervorgerufen, der unter der Hitze der gleichen Lava schmolz. Das so plötzlich in großer Menge entstandene Wasser mußte Verwüstungen am steilen Gehänge des Berges anrichten und, vermischt mit Sand und Steinen, sich als Schlamm über die Ebenen an seinem Fuße ergießen. Noch glühende Lavablöcke wurden dabei mitgeführt, so daß der Rio Cutuchi noch bei Callo einem feurigen Strome glich, ja man versichert, daß glühende Felsstücke bis Latacunga hinabgetragen worden seien.

Und wie bei diesem Ausbruche, so geschah es auch bei allen andern: die Schlammströme, der Schrecken der Anwohner des Berges, sind immer bedingt durch Lavamassen, die glühend auf den Schnee der Hänge herabstürzen, aber niemals durch Wassereruptionen. Ebensowenig schmilzt auch der Schnee des ganzen Berges unter der inneren Glut, wie man gemeinhin annimmt. Wenn das jemals der Fall gewesen wäre, so hätten Schlammströme aus allen Quebradas herabkommen müssen. Das ist aber nie eingetreten, sondern die Avenidas beschränken sich auf die Schluchten, in denen eine der zahlreichen jungen Laven, die rings um den Cotopaxi auftreten, herabzieht.

Wenn zuweilen der ganze Berg schwarz erscheint, so liegt dies nicht daran, daß der Schnee fehlt, sondern daß er mit frisch gefallener, schwarzer Asche bedeckt ist. Kurz nach dem Ausbruch von 1854 stieg Herr Gómez de la Torre mit einigen Begleitern an dem Vulkan empor. Nach dem Bericht dieser Herren soll die innere Glut, d. h. also die glühende Lavamasse, in zwei parallelen Reihen angeordnet gewesen sein, die sich am Kegelhang herabzogen und untereinander durch zahlreiche, feurige Querlinien verbunden waren. Diese Beschreibung stimmt sehr gut zu der bereits geschilderten Beschaffenheit der Lava. Die beiden parallelen Striche entsprechen den Berührungslinien des sich noch bewegenden Stromes mit den schon erstarrten seitlichen Böschungen, und die Querreihen wurden hervorgebracht durch die Schlackenschollen, die, auf der flüssigen Lava schwimmend, in der Mitte des Stromes sich schneller bewegten als an den Seiten und sich so zu gebogenen, nach abwärts konvexen Linien anordneten, zwischen denen die noch heiße Masse des Innern sichtbar ward.

Keine Schlackenanhäufung, kein Krater bezeichnet die Stelle, wo diese Lava hervorbrach. Ihre am höchsten gelegenen Felsen verschwinden unter einem steilen Arenal, das von den Wänden des Gipfels herabreicht und sich schließlich zwischen den verschiedenen, schon erwähnten Armen des Stromes verliert. Nachdem wir in zwei Stunden mehr als 900 m gestiegen waren, erreichten wir um 8 Uhr 45 Minuten sein oberes Ende.

Von hier an war der Aufstieg schwieriger: In einer Fläche feinen und tiefen Sandes, deren Neigungswinkel von 35° am unteren sich auf 40° am oberen Ende steigerte, bot sich die einzige Stelle, an der wir vordringen konnten, denn rechts und links war das Arenal von Schneefeldern eingerahmt oder, besser gesagt, von hartem, glattem Eise, das keinen sicheren Schritt zuließ, während der Sand, der eine Temperatur von 25° hatte, uns einen zwar sehr mühevollen, aber doch gefahrlosen Weg wies. In Kehren klommen wir so allmählich empor, denn der Sand ermüdete uns bald, so daß wir in immer kürzeren Zwischenräumen stillstehen mußten und ich von da an meine Zigarre nicht mehr rauchen konnte. Zu unserer Linken ließen wir den Beginn eines anderen Lavastromes hinter uns, der wahrscheinlich zu dem gleichen Ausbruch gehört und ebenfalls noch warm sein muß, denn auch auf seiner Oberfläche schmilzt der Schnee sehr schnell. Seine Lava muß mit großer Schnelligkeit geflossen sein, da sie nicht der natürlichen Neigung des Bodens folgte, sondern schräg zur Abdachung des Berges in der Richtung auf eine andere Quebrada hinabstürzte. Aber nur ein Teil des Materials vermochte im Bette dieser Schlucht abzuströmen, während die Hauptmasse infolge der Schnelligkeit, mit der sie den steilen Kegelhang hinabschoß, auf den das Tal auf der entgegengesetzten Seite begrenzenden Rücken hinaufgetrieben wurde und sich dort ausbreitete. Dieser schwarze Streifen, der oberhalb der Schneegrenze von einer Quebrada zur anderen hinüberreicht, verleiht der Westseite des Berges ein eigentümliches Aussehen und ist aus großer Ferne sichtbar.

Bisher war der schneebedeckte Teil des Cotopaxi klar geblieben. Die Sonne, die sich hinter ihm erhob, warf auf die Wolkenfläche den ungeheuren Schatten des Kegels, der sich bis zum Iliniza erstreckte, aber von Minute zu Minute mehr zusammenschrumpfte, bis schließlich das Gestirn auch unseren Weg beschien. Von den übrigen Bergen blieben nur der Iliniza und der Chimborazo sichtbar, aber über den Wolken erblickte man im Südosten eine dichte Rauchmasse von vier dicken, mit vulkanischer Asche beladenen Säulen, die senkrecht zu außerordentlicher Höhe emporstiegen und dann, vom Ostwinde weggetrieben, die Atmosphäre auf viele Meilen hin mit einer zweiten, horizontal lagernden Wolkenschicht erfüllten. Dort lag der Sangay, dessen Gipfel unsichtbar blieb, aber dessen Eruptionen in dieser Weise sich bemerkbar machten.

Mit der Sonne stiegen auch die Wolken allmählich empor und zerstreuten sich etwas, so daß abwechselnd bald die eine, bald die andere der zu unseren Füßen liegenden verschiedenen Landschaften unserem Blick sich öffnete. Wie auf einer großen Landkarte lagen das Hochland von Latacunga, der Rumiñahui, der zwischen seinen phantastischen Felszacken Schnee trug, die Ebenen von Hornoloma und des Pedregal und in größerer Ferne auch das Tal von Chillo vor uns. Mehr in unserer Nähe, fast zu unseren Füßen, erhob sich der Felszacken der Cabeza del Cotopaxi, zu dem ein so steiler Eis- und Schneehang hinabführte, daß das Hinabschauen fast Schwindel erregte. Die Wolken stiegen indes schneller als wir, und während einige Wölkchen, vom Osten kommend, den Gipfel umspielten, erreichte uns das Gewölk aus dem Westen. Da man, wenn man den Weg nicht mehr vor sich sieht, sehr leicht den Mut und das Vertrauen zur eigenen Kraft verliert, kam auch mir während des Aufstiegs über das Arenal ein- oder zweimal der Gedanke, daß ich den Gipfel nicht würde erreichen können.

Zudem waren wir am schwierigsten Punkte der ganzen Besteigung angelangt: es erwies sich als unmöglich, das Arenal bis zu seinem oberen Ende zu verfolgen, denn wir wären dann an übermäßig steile Felsen gelangt. Wir mußten also etwas nach Süden traversieren, um einige Felsbänder zu erreichen, die vom südwestlichen Kraterrand in der Richtung nach der Cabeza del Cotopaxi hinabliefen. Da der Sand hier hart und mit Eis untermengt war, so blieben unsere Versuche, zu ihnen hinüberzugelangen, zunächst vergeblich, bis ich schließlich etwas weiter oben, oberhalb der Stelle, wo sie aus dem Schnee herausragten, einen sicheren Übergang fand.

Um 10 Uhr 15 Minuten war ich drüben (5712 m), und hier setzte ich mich zum ersten Male, um meine Begleiter zu erwarten. Allein soweit meine Blicke reichten, entdeckte ich nur meinen Mayordomo, den treuen Gefährten auf allen meinen Reisen seit bereits mehr als vier Jahren, und meinen armen Hund, der heulend und klagend mit vieler Mühe folgte, da er seinen Herrn nicht verlassen wollte. Die Felsen, an denen wir uns befanden, waren die zerstörten Reste eines alten Lavastromes, durchsetzt von zahlreichen Fumarolen, die schon den stechenden Geruch schwefliger Säure zu verbreiten begannen. Von unten hatte ich die Beschaffenheit dieser Felspartien nicht genau erkennen können, und ich hatte einige Zweifel gehegt, ob es möglich sei, auf diesem Wege weiterzukommen. Nun erwies sich ihre Abdachung zwar als sehr steil und das Erdreich, das sie vielfach bedeckte, zwar als sehr hart und glatt, so daß der Anstieg auf ihnen einige Schwierigkeiten bereitete, aber indem wir uns auch der Hände bedienten und uns alle Augenblicke ausruhten, kamen wir doch, wenn auch sehr langsam, empor.

Wir hielten uns immer am Rande des Schnees, der das Südgehänge bedeckt, von dem aus ja schon mancher Versuch, den Gipfel des Berges zu erreichen, gemacht worden ist. Wer jedoch, wie jetzt wir, Gelegenheit hatte, diesen Absturz von oben zu sehen, den wird es nicht wundern, daß es auf diesem Wege noch niemandem geglückt ist. Ein festes, blaues Eis, dessen Neigung 35—40° beträgt, bedeckt diese Gehänge. Es hat zwar keine vollständig ebene Oberfläche, sondern ist aufgelöst in zahllose, 3—4 Zoll hohe, kleine Spitzen und Zacken, aber trotzdem könnte man es nicht überschreiten, ohne auf dem ganzen Wege Stufen zu schlagen und sich der Gefahr eines Sturzes auszusetzen, der hier den sicheren Tod bedeuten würde.

Der Anstieg auf dem festen Gestein war weniger mühsam als auf dem Arenal, das keinen festen Schritt gestattete. Auch konnten wir hier unseren Weg verfolgen, ohne beständig auf die Steine achten zu müssen, die sich von den Gipfelfelsen loslösten, in mächtigen Sprüngen über das Arenal herabrollten und wie Kugeln an uns vorbeipfiffen. Bald mußten wir uns niederducken, bald zur Seite springen, um nicht von ihnen getroffen zu werden, denn da sie, oft kopfgroß, aus einer Höhe von 300 m herabstürzen, so entwickeln sie genug Kraft, um auch ernstliche Verletzungen hervorzurufen.

Ich war bis dahin vorausgegangen, als ich aber sah, daß mein Mayordomo den Mut verlor, sobald er ein Stück zurückblieb, ließ ich ihm den Vortritt und folgte nach. Wir hatten auf diesem letzten Teil des Weges nur sehr unsicheren Tritt, denn das zersetzte Gestein zerbrach und zerfiel unter der Last des Menschen. Einer der Blöcke, der an einer Stelle, an der ich ihm nicht ausweichen konnte, schließlich doch noch auf mich fiel, verletzte mich so, daß ich, dem Gipfel schon ganz nahe, fast hätte umkehren müssen, und noch heute, nach mehr als einem Monat, ist die Wunde noch nicht ganz geheilt. Die Spitze blieb weiterhin in Wolken, und daher erschienen uns die Felsen, die wir noch vor uns hatten, sehr hoch und sehr entfernt. Aber plötzlich, nach einer kurzen Traverse nach Süden, standen wir am Ziel. Im gleichen Augenblick zerteilten sich die Wolken, und zum ersten Male schauten menschliche Augen in den Grund des Cotopaxikraters.

Ich kann und will es nicht leugnen, daß das Gefühl, der erste zu sein, der den höchsten tätigen Vulkan der Erde erstiegen hatte, eine tiefe Befriedigung in mir auslöste. Und das gleiche Gefühl las ich auch aus dem Gesicht meines Begleiters Anjel María Escobar aus Bogotá, der mit der Erreichung dieser Höhe eine ganz außerordentliche Leistung vollbracht hatte, denn er litt sehr unter der dünnen Luft, während ich davon auf dem ganzen Wege nichts verspürt hatte. Der Kraterrand war von Wolken umhüllt, die, ohne den Schlund zu füllen, über den Gipfel des Berges dahinstrichen. Wir standen auf dem Westteil seiner südlichen Lippe, neben der Südwestspitze, auf einer Stelle, die keinen Schnee aufwies.

Der Krater schien uns von elliptischer Form, von Norden nach Süden breiter als von Osten nach Westen. Die Felsen stürzen auf allen Seiten sehr schroff in ihn ab und stoßen im Grunde fast in einem Punkte zusammen, so daß kein eigentlicher Kraterboden vorhanden ist. Im Nordosten senken sich große Schneemassen fast bis zum Grunde hinab, während auf allen anderen Seiten nur wenige und unbedeutende Eisbildungen zu sehen sind. Zahlreiche Felsstürze, die überall niedergegangen sind, lassen den eigentlichen Bau der Wände nicht erkennen. Solche Derrumbos finden sich vor allem im Westteil sehr häufig, und fortwährend hört man das Getöse der herabrollenden Steine. Am wenigsten steil, so daß man hier vielleicht in den Krater eindringen könnte, sind die Wände im Südwesten, und dort sieht man auch einige ziemlich starke Fumarolen, die dichte Wolken eines weißen Dampfes, der stark nach schwefliger Säure riecht, ausstoßen. Auf ihnen haben sich Schwefelausblühungen angesetzt. Auch an anderen Stellen dieses Abhangs treten heiße Dämpfe hervor, aber ohne daß man eine Ablagerung von Sublimierungen oder die oft so starke Färbung des Gesteins, die man in vielen Kratern beobachtet, erkennen könnte. Die Tiefe des Cotopaxikraters mag etwa 500 m betragen, aber die Zahl kann keineswegs als genau gelten. Wenn man so vollständig isoliert, ohne daß Vergleichsobjekte in der Nähe sind, in freier Höhe steht, dazu erregt und erschöpft durch die Anstrengungen des Aufstiegs, ist es fast unmöglich, Entfernungen und Höhen sicher zu beurteilen, zumal wenn die Wolken die Aussicht zu verhüllen drohen, so daß man weder Zeit noch Ruhe zur Beobachtung hat.

Es fehlte nun nur noch wenig, um zu den Felsen der Südwestspitze, der zweithöchsten des Berges, zu gelangen. Meine trigonometrischen Beobachtungen, die ich verschiedene Male von verschiedenen Punkten und von einander unabhängigen Standlinien aus anstellte, ergaben für die Nordkuppe die Höhe von 5943, für die Südwestkuppe eine solche von 5922 m. Mein Barometer zeigte 5993 m, so daß die nach beiden Methoden erhaltenen Resultate viel größere Höhen ergeben, als sie bis jetzt von den älteren Reisenden veröffentlicht worden sind. Es ist wahrscheinlich, daß die Lufttemperatur, die ich der barometrischen Berechnung zugrunde legen mußte, anomal hoch sein dürfte, aber da vermutlich die gesamte Luft über dem Krater wegen der ihm entströmenden heißen Dämpfe eine etwas höhere Temperatur hat, so konnte ich keine besseren Daten erlangen.

Die Felsen der Südwestspitze sind überall von Spalten zerrissen, aus denen 68° C heiße Dämpfe in großer Menge ausströmen. Sie riechen so stark nach schwefliger Säure, daß es unmöglich wird, auszuhalten, sobald sie der Wind dem Beobachter zuführt. In diesen Fumarolen findet man Ablagerungen einer weißen Substanz, die bei den Untersuchungen des Herrn Pater Dressel sich als Gips herausstellte. Mit ihm verbunden aber waren — und das ist das Interessantere — auch Chloride, denn damit wurde zum ersten Male Chlor in einem der Vulkane Südamerikas nachgewiesen. Glaubte doch sogar Alexander von Humboldt, daß das Fehlen der Chlorwasserstoffsäure ein charakteristisches Merkmal für den Vulkanismus der Neuen Welt sei, und weder Boussingault noch Deville haben sie beobachtet. Zwar hatte ich bereits den indirekten Beweis für ihr Vorhandensein durch die Auffindung der Roteisensteine am Antisana geliefert, aber es blieb dem Herrn Direktor des chemischen Laboratoriums in Quito vorbehalten, den Nachweis der Existenz dieser interessanten Säure nun auch direkt zu erbringen. Die Niederschlagsprodukte der Fumarolen reagierten sehr eigentümlich: das Papier, in das die Handstücke eingewickelt wurden, zeigte bald veilchenblaue Flecke, die nach einiger Zeit verschwanden, aber obwohl ich sofort einige Proben nach Quito schickte, war es Herrn Pater Dressel nicht möglich, eine Spur von Jod oder von irgendeiner anderen Substanz, die diese Flecken verursacht haben könnte, zu entdecken.

Während ich, von Anjel María an einer Hand gehalten, fast rittlings auf dem Kraterrande saß und mit der anderen die Niederschläge der Fumarolen untersuchte, blies mir plötzlich ein Windstoß den mit schwefliger Säure geschwängerten Sand in beide Augen, so daß sie sich augenblicklich sehr stark entzündeten und ich an den Folgen mehrere Wochen zu leiden hatte. Dadurch fast blind, konnte ich nunmehr nur daran denken, so schnell wie möglich wieder hinabzusteigen. Um 11 Uhr 45 Minuten hatten wir den Kraterrand erreicht, um 1 Uhr 15 Minuten traten wir den Rückweg an. Wo wir konnten, vermieden wir das feste Gestein und gingen schnell auf dem Sande abwärts. Etwa 3 Cuadras (ca. 400 m) vom Gipfel entfernt trafen wir auf die ersten beiden Peones und bei 5700 m auf einen weiteren, der einen mit Frühstück gefüllten Sack trug. Doch konnten wir nichts essen, obwohl wir den ganzen Tag außer einer Tasse Kaffee am Morgen nichts zu uns genommen hatten. Durch einige Nopalfrüchte und einen Becher mit Eis gekühlten Branntweins erfrischten wir uns und liefen dann, unbekümmert um einen feinen Hagel, schnell weiter über den Sand hinab. Kurz darauf erreichten wir das obere Ende der neuen Lava, und um 3 Uhr 30 Minuten betraten wir das Lager, im gleichen Augenblick, als ein heftiger Schneesturm begann.

Ich hätte sehr gern noch den jungen Lavastrom und das westliche Gehänge des Berges eingehender untersucht, aber der Schneesturm, der 24 Stunden anhielt, zwang mich, meinen Lagerplatz zu verlassen und nach Santa Ana zurückzukehren, wo wir am 30. November zwischen 1 und 2 Uhr nachmittags eintrafen.

Ich habe diese meine Besteigung des Cotopaxigipfels so eingehend beschrieben, weil sie die erste war und weil ich weiß, daß die wenigen, die etwa nach mir einen Aufstieg aus wissenschaftlichen Interessen zu unternehmen imstande wären, dies nur tun könnten, wenn die Regierung sie unterstützt. Damit diesen mein Bericht als Führer dienen kann, habe ich mich besonders bei der Schilderung der ersten Tagereise aufgehalten, denn es hängt alles davon ab, an welcher Stelle man die untere Schneegrenze überschreitet. Ich will nicht sagen, daß eine Besteigung von einer anderen Seite aus unmöglich sei, aber ich glaube doch, daß der von mir gewählte Weg der beste und kürzeste von allen ist: er bietet nirgends Schwierigkeiten und noch weniger Gefahr. Von der Schneegrenze aus kann man hier in 4—5 Stunden zum Gipfel gelangen, aber da dieser Aufstieg immerhin langwierig und etwas mühsam ist, so tut man besser, die erste Nacht an der Schneegrenze zuzubringen, am zweiten Tage ein kleines Zelt auf dem Arenal in 5500 m Höhe aufzuschlagen, wo man, da der Sand warm ist, sehr gut schlafen kann, und erst am dritten Tage zum Krater hinaufzusteigen. Auf diese Weise käme man sehr zeitig und bei gutem Wetter oben an, könnte den Kraterrand in seinem ganzen Umfange erforschen, zum Kratergrunde hinabsteigen und so alle die Untersuchungen anstellen, die auszuführen mir nicht vergönnt war. Wenn also die wissenschaftlichen Resultate meiner Besteigung nicht den Erwartungen der Gelehrten entsprechen, so kann ich mich wenigstens mit dem Gedanken trösten, daß ich den Weg gezeigt habe, und daß andere, fähigere, kräftigere und glücklichere Reisende als ich von jetzt an nach dem Krater des Cotopaxi werden emporsteigen können, ohne von vornherein über das Hindernis der Hindernisse zu straucheln, nämlich über die allgemeine Überzeugung, daß er unerreichbar sei.

In den Berichten über die Besteigung hoher Berge ist viel von dem Einflusse die Rede, den die **immer dünner werdende Luft** auf den Wanderer ausübt. Ich habe unter Schwierigkeiten dieser Art am Cotopaxi nicht zu leiden gehabt. In so großen Höhen ist jede Bewegung anstrengend, aber das beginnt schon zwischen 4000 und 4500 m und scheint sich, wie ich glaube, mit zunehmender Höhe nicht zu vermehren. An anderen Bergen habe ich in geringerer Höhe bedeutend mehr gelitten, hauptsächlich unter einem sehr starken Kopfschmerz und unter einer solchen Atemnot, daß ich fast zu ersticken glaubte. Bei meinem Mayordomo und den Peones, die mich am Cotopaxi begleiteten, stellten sich alle diese Übel ein, ja einer von ihnen, ein sehr kräftiger Mann, blieb auf halbem Wege unter heftigem Erbrechen zurück, aber keinem von uns trat das Blut aus der Nase oder aus irgendeinem anderen Körperteil. Daß dieselben Erscheinungen auch bei den Tieren auftreten, sieht man daran, daß die Maultiere in Höhen, die 4000 m übersteigen, ihren Weg nur mit Anstrengung verfolgen, und selbst mein Hund, der für gewöhnlich nicht darunter zu leiden schien, erreichte nur jämmerlich heulend den Krater und mußte beständig aufgemuntert werden, damit er nicht zurückblieb.

Aus der folgenden kurzen Übersicht ergibt sich deutlich die Zeit, die man zu einer Besteigung braucht; sie würde sich aber, wenn keine Hindernisse einträten und es sich nötig machte, auch in zwei Tagen ausführen lassen.

27. November:

Santa Ana, Aufbruch um 7 Uhr vorm.	3238 m
Rio Cutuchi bei San Joaquin	3150 m
Fuß des Cerro Ami, um 9 Uhr 15 Min. vorm. $+8{,}1^0$ R	3547 m
Beginn des Arenal, um 11 Uhr $+8{,}8^0$ R	3890 m
Lava im Manzanahuaico, um 11 Uhr 45 Min. vorm. $+5{,}8^0$ R . . .	4195 m
Zeltlager an der Schneegrenze, 2 Uhr nachm.	4627 m

28. November:

Zeltlager, Aufbruch um 6 Uhr 45 Min. vorm. +2,0° R	4627 m
Beginn des Arenal, 8 Uhr 45 Min. vorm. —0,8° R	5559 m
Beginn der südlichen Lava, 10 Uhr 15 Min. vorm. —0,2° R	5712 m
Südwestgipfel, 11 Uhr 45 Min. vorm. —0,4° R	5992 m
Südwestgipfel, Aufbruch 1 Uhr 15 Min. nachm.	5992 m
Ankunft im Zeltlager 3 Uhr 30 Min. nachm.	4627 m

30. November:

Zeltlager, Aufbruch um 9 Uhr vorm.	4627 m
Santa Ana, Ankunft um 1 Uhr 30 Min. nachm.	3238 m

Am Cotopaxi hatte ich nun nur noch wenig zu untersuchen. Auf einem Ausflug nach Limpiopungo besichtigte ich den übrigen Teil des Westhanges bis in die Nähe der Lava von Yanasache, die ich schon im Anfang des Jahres 1872 kennengelernt hatte, und eine Exkursion nach Muyumcuchu brachte mich nach der Südseite des Berges, die durch die sogenannte Cabeza del Cotopaxi interessant ist. Diese Felsmasse wird von mächtigen Agglomeratbänken und schlackigen Tuffen gebildet, die von zahlreichen Gängen durchsetzt sind. Sie finden sich am eigentlichen Cotopaxi nicht, sondern gehören, ebenso wie die Felsen und Laven, die den Hondon des Sigsihuaico quer durchstreichen, einer viel älteren vulkanischen Formation an. Es ist wohl möglich, daß sie nur ein herausragender Teil der vulkanischen Hügelreihe sind, die jetzt von den jüngeren Eruptionen des Cotopaxi verschüttet ist und nur an wenigen Punkten sich noch studieren läßt. Diese alten Ausbrüche brachten viel Obsidian hervor, der in den Laven des Cotopaxi nicht mehr vorkommt, und es scheint, daß die Bimssteinablagerungen in der Nähe von Latacunga zu ihnen gehören.

Die südlichen und westlichen Hänge des Cotopaxi sind weniger interessant als die des Nordens und Ostens, denn der vorherrschende Ostwind wehte bei allen Ausbrüchen die Asche und den Sand hier herüber, während die Ost- und Nordseite fast frei blieben, so daß man dort die Laven, die den Berg aufbauen, gut beobachten kann. Die Ausdehnung der Gletscher ist auf dem Osthang gleichfalls viel beträchtlicher und deshalb auch die Gelegenheit, die Entstehung der Schlammströme zu erforschen, sehr günstig. Auch junge Ströme finden sich dort in ziemlicher Anzahl, wenn auch keiner so viel Lava ergoß wie der von 1854. Sie alle führen Quarzeinschlüsse, die an einzelnen Stellen zu Tausenden sich häufen. Es ist das wohl erklärlich, da die Glimmerschiefer ganz in der Nähe des Cotopaxi anstehen und die Berge Cubillan und Carrera nueva bilden. Sie werden also wohl zweifellos unter die Laven des Cotopaxi hinabreichen.

II.
Der Quilindaña
(nach den Tagebüchern von W. Reiss).

11. 4. 1872. — Der Quilindaña[1] erhebt sich frei aus einer von drei Seiten umgebenen Fläche als langgestrecktes Domgebirge von großem Umfang, aber geringer Höhe, dem in der Mitte eine schroffe, mit Schnee bedeckte Felsspitze aufgesetzt ist. An der Nordseite laufen von Osten nach Westen drei große, calderaartige Täler herab. Es sind von Osten nach Westen die Hondons von Buenaventura, des Amihuaico und des Torunohuaico. Alle drei haben in ihrem oberen Teile Kesselabschlüsse mit schroffen Felswänden.

12. 4. 1872. — Der Hondon des Amihuaico ist ein tiefes, von schroffen Wänden umgebenes Tal, das aber weiter unten sich völlig verliert und seine Wasser in kleinen Einschnitten über die Außenhänge des Berges hinabsendet. Es hat noch prachtvoll ausgebildete alte Moränen, die deutlich drei Rückzugsstadien des Gletschers erkennen lassen. Im ersten ist er sehr breit gewesen und hat seine Seitenmoränen hoch am Gehänge abgelagert, sie schließlich zu einer beträchtlichen Endmoräne vereinigend. Der von ihnen umschlossene Raum erscheint jetzt als Einsenkung mit sumpfigem Grunde, die durch einen Einschnitt in der Endmoräne entwässert. Der Gletscher der zweiten Periode war kürzer und schmäler. Seine Seiten- und Endmoränen sind von denen des ersten Stadiums umschlossen, aber nicht so deutlich erhalten. In der dritten Periode schließlich war das Eis noch weiter zurückgewichen, aber seine Ablagerungen sind wieder besser erkennbar. Sie enden an einer Stufe, über die der Talgrund rasch um 50—70 m zu einem obersten Plateau am Fuß der schroffen Rückumwallungsfelsen ansteigt. Alle diese Verhältnisse können unmöglich durch Schlammströme entstanden sein.

Das Tal von Buenaventura zeigt gleichfalls einen langgestreckten, sumpfigen Boden mit schroffem Felsabschluß nach hinten, und ebenso ist der Hondon des Torunohuaico angelegt, nur daß bei ihm die ungeheure Gipfelpyramide des Quilindaña selbst den Hintergrund bildet. Auch hier deuten eigentümliche Ritzungen und Wülste an der den Ausgang verlegenden Puntaloma auf Gletscherwirkung.

13. 4. 1872. — Wir reiten von Torunohuaico, eine Anzahl Quebradas querend und uns immer am Abhange in 4200—4300 m Höhe haltend, nach dem an der Westseite des Berges gelegenen Verdecocha. Er ist gleichfalls in ein tiefes, calderaartiges Tal eingebettet, dessen Wände aber noch schroffer abfallen als die des Hondons des Torunohuaico. Die Entstehung des Sees scheint gleichfalls durch Moränen bedingt zu sein. Sein Wasser fließt nach dem unmittelbar unter ihm angestauten Yuraccocha ab.

III.
Reise nach dem Cerro hermoso und Azuay.
(Brief von W. Reiss an García Moreno.)

Riobamba, 8. Juli 1873.

Nachdem ich drei Wochen auf die Untersuchung des Quilotoa und seiner Umgebung verwendet hatte, kam ich am Weihnachtstage nach Latacunga. Von dort begab ich mich in den ersten Tagen des Januar 1873 nach Píllaro, von wo aus bereits mehrere Reisen nach den Páramos von Llanganates unternommen worden waren. Unterstützt durch die Behörden gelang es mir, in wenigen Tagen eine hinlängliche Zahl von Peones zu gewinnen, die das für einen dreiwöchigen Aufenthalt in völlig unbewohnten Landstrichen unumgänglich nötige Gepäck auf den Schultern tragen sollten. Doch war damit erst wenig erreicht, da es unmöglich war, einen Führer zu finden. Bisher hatten alle Reisen dahin den Zweck gehabt, die reichen Erzlagerstätten aufzusuchen, von denen ein altes Routenbuch spricht[1], oder um einige Haciendas in der Tierra caliente an den Zuflüssen des Rio Cururay zu bearbeiten, während ich selbst einen mehr südlichen Weg nehmen wollte, um den einzigen Schneeberg zu untersuchen, der sich über der gesamten Kordillere von Llanganates erhebt. Die Existenz dieses Schneegipfels war den Bewohnern von Píllaro wohl bekannt, und alle bezeichneten ihn als Cerro hermoso. Da aber niemand bisher auch nur dem Fuße des Gebirges nahegekommen war, so wichen die Meinungen über den einzuschlagenden Weg sehr voneinander ab. Die einen rieten mir den nördlichen Weg, der nach den schon erwähnten Haciendas führt: ich sollte also zuerst nach der Tierra caliente hinab- und dann wieder zum Berge hinaufsteigen. Die anderen schlugen mir vor, zuerst nach Jaramillo zu gehen, einem alten Hato im Páramo, von dem aus man den Cerro hermoso gesehen habe und von dem er, aller Wahrscheinlichkeit nach, nicht mehr sehr fern sein könne. Da ich, wenn möglich, einen Abstieg nach der Waldregion vermeiden und lieber einen Pfad über den Páramo suchen wollte, so entschloß ich mich zu dem letztgenannten Wege, zumal er den Vorteil bot, bis Jaramillo, eine starke Tagereise von Píllaro entfernt, auch für Maultiere gangbar zu sein.

Der Aufbruch war auf den 8. Januar, morgens 6 Uhr, festgesetzt. Da indes die Peones durch die Polizei herbeigeholt werden mußten, so verzögerte er sich bis 9 Uhr. Die Expedition bestand aus 30 Trägern und 11 Maultieren.

Die Gebirge, die sich östlich von Píllaro erheben, sind die Fortsetzung der Kordillere, die sich vom Cotopaxi und Quilindaña bis zum Rio Pastaza erstreckt, eine breite Kette ohne ragende Gipfel und mit einem schroffen Absturz gegen Westen, während in östlicher Richtung die Queräste des Gebirges sich ziemlich weit erstrecken und nur allmählich in den Ebenen des weiten Amazonasbeckens sich verlieren. Zahlreiche, aber unbedeutende Schluchten kommen gegen Westen nach dem Rio Cutuchi herab, ein größeres Tal jedoch bildet nur der Rio Guapante, der die Gewässer vieler Páramos, sowohl des nördlichen Gebietes um Latacunga, als auch des Südens, aus der Umgebung von Píllaro, aufnimmt. Alle anderen größeren Flüsse ziehen gegen Osten und sammeln nach und nach die wasserreichen Quellbäche der Rios Cururay und Bombonazo, die zu den Systemen des Napo und Pastaza gehören. Die Kordillere ist sehr alt und durch die Erosion bereits so zerstört, daß nur schmale Grate die von Seen und Sümpfen erfüllten Quellgründe trennen.

Steigt man von Píllaro am westlichen Gehänge des Gebirges empor, so erreicht man sehr bald den Kamm, der die gegen Süden und die gegen Norden gerichteten Quebradas trennt und, ostwestlich streichend, die Wasserscheide zwischen den tiefen Tälern von Guagrahuasi, Cruzsacha, Yanacocha und Pujin bildet. Ihm folgend, kann man reitend alle die Gebirgszüge bis zum Tale von Jaramillo, die unter dem Namen der Kordillere von Píllaro[2] bekannt sind, überschreiten. Dieses Tal bildet dann die Grenze gegen die Kordillere von Llanganates, denn während man von Píllaro bis zum Rio Verde, der die Páramos von Jaramillo entwässert, nur älteren vulkanischen Gesteinen begegnet, verschwinden diese gegen Osten vollständig, und Glimmerschiefer und Gneis bilden auch die höchsten Gipfel. Die herkömmliche Teilung fällt demnach mit der geologischen zusammen. Zweifellos verbergen sich auch in der Kordillere von Píllaro unter den Laven und den vulkanischen Auswurfsmassen die alten Schiefergesteine, wenn ich sie auch, da mein Weg über den hohen Kamm führte, ohne in die Taltiefen hinabzusteigen, nicht feststellen konnte. Am westlichen Gehänge, um Píllaro und Quimbana herum, treten mächtige Lavabänke auf, während in den Felsen, die die oberen Teile der Schluchten trennen, vulkanische Tuffe und Konglomerate, von Gängen durchsetzt, vorherrschen. Die mehr zersetzten Laven der höheren Kämme sind zuweilen mit Eisenkies imprägniert und in ihren Hohlräumen mit Quarzkristallen erfüllt. Die Salbänder der Gänge bestehen manchmal aus Obsidian.

Mit so vielen Peones kommt man stets nur langsam vorwärts, und obgleich ich bis Jaramillo mein Gepäck auf Maultieren transportieren ließ, brauchten wir doch 3½ Tage, ehe wir von einem hohen Kamm aus den Schneegipfel erblickten. Der Weg führte bald über hohe Páramos, bald mußten wir uns durch dicht verschlungenes Riedgras Bahn brechen, bald stiegen wir in tiefe Talgründe hinab, uns durch den dichten, die Gehänge bedeckenden Wald mit dem Buschmesser hindurcharbeitend. Die von den Páramohirschen getretenen Wechsel erleichterten uns dabei sehr das Vordringen. Das Wetter war uns indes nicht günstig, denn es regnete und schneite ununterbrochen, und die Wolken verhüllten uns von 9 Uhr morgens an jeden Ausblick auf die Berge. So war ich, wollte ich mich in diesem Labyrinth von Tälern und Kämmen nicht verirren, genötigt, die Zelte jedesmal noch vor Abend aufschlagen zu lassen, und trotz aller Vorsicht hätte nicht viel gefehlt, daß wir nördlich des Berges vorbeigezogen wären, ohne ihn zu erblicken, und ihn immer weiter gegen Osten gesucht hätten.

Sechs Tage lang lagerten wir am steilen Gehänge eines Glimmerschieferkammes inmitten eines fast undurchdringlichen Dickichts von hohem Riedgras, in Wolken gehüllt und unter immerwährenden Regengüssen und Schneegestöbern, bis es uns endlich gelang, für einige Augenblicke den Schneeberg zu sehen und seine Höhe zu messen. Dann erst erstieg ich mit einigen Peones den Westhang des Cerro hermoso bis zur unteren Schneegrenze, um mir über die Gesteinsbeschaffenheit der Gipfelfelsen Gewißheit zu verschaffen.

Die Aussicht von Toldafilo (so nannten wir die Felsen an unserem Lagerplatz) umfaßt die ganze Ostkordillere vom Antisana und Cotopaxi bis zum Sangay. Ich konnte mich überzeugen, daß weder jene Kegel und Vulkane, die Herr Guzman in seine Karte eingetragen hat, noch überhaupt vulkanische Gebilde in diesem Teil der Kordillere vorhanden sind[3]. Der Antisana und der Sangay sind die beiden am weitesten gegen Osten vorgeschobenen Vulkankegel. Die Eruptionen, die zwischen diesen beiden Bergen stattfanden, haben im allgemeinen lediglich das Schiefergebirge mit einer dünnen Aschenschicht überdeckt, die vom Kamme bis hinab zu den sich zwischen Ost- und Westkordillere ausbreitenden Hochländern reicht. Eine Ausnahme scheint allerdings zu bestehen, denn ich erblickte schon früher vom Antisana aus im Osten und jetzt wieder vom Cerro hermoso aus im Nordosten weit abwärts am östlichen Kordillerengehänge, dort, wo schon die niederen Hügel beginnen, einen Kegel von gleich regelmäßiger Gestalt wie die des Cotopaxi und Sangay, der sich völlig isoliert über die waldbedeckten Berge, die ihm zur Basis dienen, erhebt. Es wurde mir versichert, daß der Weg von Papallacta zum Rio Napo an seinem Fuße vorüberführt und daß er Cuyufa heißt. Merkwürdigerweise erwähnt ihn Villavicencio, obwohl er einige Zeit am Napo lebte, nicht in seiner Geographie, es sei denn, daß er identisch ist mit dem Cerro Sumaco, unfern San José de Mote. Seine Untersuchung wäre jedenfalls von großem Interesse, denn seiner Form nach muß er vulkanischer Bildung sein[4].

Die Schieferberge, namentlich die östlich des Rio Topo, sind sehr steil, haben schroffe Formen und nackte Gehänge. Ihre Schieferungsflächen stehen fast vertikal und erglänzen unter den Strahlen der Sonne wegen des sie bedeckenden Glimmers wie Silber. Aber ihre jähen Grate erreichen keine größere Höhe als 4200—4300 m und überragen nicht den

Kamm der Kordillere. Nur der Cerro hermoso erhebt sich höher (4576 m), und er verdankt das seiner geologischen Zusammensetzung, die von der der anderen Berge abweicht. Der Unterbau seines Schneegipfels unterscheidet sich zwar nicht von den übrigen Lomas, aber er läuft nicht, wie diese, in einen sägeförmigen, scharfen Kamm aus, sondern über den vertikal gestellten Schiefern liegen schwarze Felsen in horizontalen Decken, und wenn schon die unteren Hänge unersteiglich scheinen, so ist es die Spitze wirklich, denn sie bildet, wenigstens auf der Westseite, eine senkrechte Mauer, über die ein großer Gletscher herabhängt, der sich mit den Firnmassen, die am Fuße der schwarzen Felsen liegen, vereinigt. Diese horizontalen Decken bestehen aus bituminösen Kalkschiefern, die so mit Eisenkies imprägniert sind, daß man überall, wie meine Begleiter sagten, an den aufgeschlossenen Felsen das „Gold" glänzen sieht. Sollten die großen Fundstätten der Páramos von Llanganates nichts weiter sein als Lager dieses Minerals, das den unerfahrenen Schatzgräbern Ecuadors schon so viel Geld gekostet hat[5]?

Wenn man den Cerro hermoso nur von der Westseite betrachtet, so begreift man nicht, wie sich auf ihm ein Gletscher bilden kann. Er nährt sich jedoch aus den großen Firnmassen, die sich auf einem etwas gegen Süden geneigten Plateau anhäufen, denn seine Gipfelfläche dehnt sich, wie man deutlich von einem mehr südlich gelegenen Punkte, zum Beispiel von Mocha aus, sehen kann, von Westen nach Osten. Schon Dr. Stübel hob die interessante Tatsache hervor, daß die Schneegrenze in der Kordillere nach Osten zu sich immer tiefer herabsenkt[6]. Der Cerro hermoso ist deshalb, obwohl er sich nicht bis zu 4600 m, also zur Höhe der unteren Schneegrenze in der Westkordillere, erhebt, dennoch nicht nur mit ewigem Schnee bedeckt, sondern hat sogar echte Gletscher mit Firnfeldern und blauem, kompakten Gletschereis. Zufrieden, das Ziel unserer Expedition erreicht zu haben und mit nun schon leichterem Gepäck verließen wir alle frohen Herzens die feuchten und kalten Páramos, beschleunigten unseren Marsch und gelangten in 2½ Tagen nach Píllaro. Von dort begab ich mich ohne Aufenthalt nach Ambato und dann auf der Landstraße nach Latacunga. Da meine Maultiere überanstrengt worden waren, verwandte ich die drei Wochen, die sie brauchten, ehe sie wieder zu Kräften kamen, zu trigonometrischen Arbeiten, überschritt dann die Westkordillere südlich des Rio Toachi und kehrte schließlich am 21. Februar von Angamarca nach Ambato zurück, um mit Dr. Stübel, den ich ein volles Jahr nicht gesehen hatte, zusammenzutreffen.

Da die gute Jahreszeit, die in diesem Jahre ungewöhnlich lange angehalten hatte, sich bereits dem Ende zuneigte, und ich auch des Lebens in den Páramos müde war, so entschloß ich mich zu einer Reise nach Cuenca, um zu untersuchen, wie weit die vulkanischen Bildungen sich nach Süden erstrecken.

Nur wenig südlich von Riobamba endet die scharfe Zweiteilung, die die Kordillere im Norden Ecuadors auszeichnet, und tritt erst in der Gegend von Cuenca wieder hervor. Bergzüge, die aus kristallinen Schiefern, Syeniten, Dioriten und anderen plutonischen Gesteinen, vielfach bedeckt mit jungvulkanischem Material, bestehen, füllen den Raum zwischen Riobamba und Guamote. Dr. Stübel hat ihnen den recht gut passenden Namen Cerros de Yaruquíes gegeben. Die Fahrstraße überschreitet sie auf einem Paß im westlichen Teile, und auch mehrere andere Wege führen über sie hin, die sämtlich in dem Flecken Guamote zusammenlaufen. Die Formgebung ihrer jungvulkanischen Massen ist besonders in den Kegeln Tulabug und Aulabug charakteristisch ausgeprägt, und unter den Gesteinen sind lose Blöcke eines Trachyts, die um Pulucate herum auftreten, wegen des Quarzes, den sie führen, besonders interessant[7].

Im Süden des Rio Guamote, der sich mit dem Rio Cebadas vereinigt, treten dann wieder die Schiefer und Urgesteine hervor. Sie erheben sich zu den Páramos von Zula und bilden die Basis des Azuay. Zwei Wege führen von hier nach Cuenca: der eine überschreitet die Höhe des Gebirges, der andere, etwas längere, umgeht es an seinem Westfuße und vereinigt sich dann, ohne in größere Höhen aufzusteigen, bei dem Flecken Cañar mit der Fahrstraße. Auf der Hinreise wählte ich diesen. Er berührt die Orte Tixan und Alausí, steigt dann in das Tal des Rio Sucus hinab und folgt ihm bis zu seiner Vereinigung mit dem Rio Chanchan (1857 m); dann klimmt er wieder nach Chunchi (2273 m) empor, wo der Übergang über die Waldberge beginnt. Schlecht ist er zu allen Jahreszeiten, fast ungangbar aber im Invierno, so daß ich mehr als 20 Stunden brauchte, um die 10 Leguas (56 km) zwischen Chunchi und Cañar (3176 m) zurückzulegen. Zur Rückreise wählte ich dann die Fahrstraße, so daß ich auf diesen beiden schnellen Reisen doch einen Überblick über den geologischen Bau des Azuay gewinnen konnte. Zu einem gründlichen Studium des Gebirges würden freilich mehrere Monate erforderlich sein, aber um diese neue Arbeit auf mich zu nehmen, fehlt mir jetzt die Zeit und die innere Ruhe. Doch wage ich zu hoffen, daß die wenigen Anregungen, die ich geben kann, andere Reisende veranlassen werden, dieses bis jetzt fast vollständig unbekannte Bergland eingehender zu untersuchen[8].

Der große Gebirgsknoten Azuay besteht in seinem nördlichen Teile aus alten Gesteinen: Schiefern, Porphyren, Dioriten usw., in seinem südlichen aus Sandsteinen, die von jungvulkanischen Bildungen überdeckt sind. Schiefer wie Sandsteine — die letzteren sind häufig als Konglomerate (Nagelfluhe) entwickelt — sind fast senkrecht gestellt und streichen von Süden nach Norden. In den Schluchten und auf den Bergrücken bis zu einer Höhe von 3600—3800 m liegen sie frei. Von diesem Niveau an bis zu den Gipfeln trifft man nichts als Laven im Süden, vulkanische

Breccien und Tuffe im Norden, Agglomerate, von Gängen durchsetzt, und Laven im Zentrum des Gebirges. Diese trachytischen Konglomerate und Bimssteintuffe sind auch in der Umgebung des Azuay weit verbreitet. Sie bilden mächtige Decken in den Páramos von Zula, reichen gegen Westen in die Waldregion hinab und füllen das ganze Tal des Rio Molobog bei Cañar, so daß es oft schwierig ist, die geologische Natur des anstehenden Gesteins festzustellen. Man könnte vielleicht die Ausbrüche bei Tixan als Ausläufer des großen vulkanischen Zentrums Azuay deuten, und vielleicht gehören die trachytischen Tuffe und Breccien von Deleg, Sidcay und Turi in der Nähe von Cuenca in dieselbe Reihe[9].

Auf dem Wege von Cañar und Ingapirca nach Cuenca habe ich keine anstehenden Laven oder Berge vulkanischer Bildung angetroffen, wohl aber Bimssteintuffe und trachytische Sande. Der Distrikt von Cuenca, wenigstens in dem von der Fahrstraße durchschnittenen Teil, unterscheidet sich überhaupt sehr von den Landschaften im Norden Ecuadors: die Täler sind breit, die Berge niedrig, nicht steil und haben weniger ausgeprägte Formen. Auf den ersten Blick erkennt man, daß hier sedimentäre Schichten herrschen. Einzelne Porphyrgipfel überragen die sanften, aus leicht verwitterndem Material bestehenden Rücken, und auch die Flußgerölle zeigen, daß doch auch plutonische Gesteine am Aufbau des Landes beteiligt sind. Unter diesen Porphyrbergen verdient der Cerro Molobog besonders hervorgehoben zu werden, an dessen Fuß der Weg von Cañar nach Azógues vorüberführt, denn der Porphyr ist an ihm mit großen Massen Pechsteins verbunden.

Ausschließlich sedimentäre Ablagerungen finden sich so nur in dem weiten Becken von Cuenca[10], dessen von der Westkordillere kommende Flüsse nur Quarzite und reiche Varietäten plutonischen Materials herabbringen. Die Fahrstraße nach Guayaquil tritt bei Sayausí in diese Schiefer und gleich darauf in das Gebiet plutonischen Aufbaues. Reich ist die Umgebung Cuencas an warmen Quellen, deren kalkige Ablagerungen bei Guapan und Baños die Hänge bedecken, und auch der Marmor von Baños und Tejar bei Cuenca ist meines Erachtens zweifellos gleicher Entstehung[11]. Ich besuchte noch die alte Quecksilbergrube von Huaishun nahe bei dem Orte Azógues, aber ich konnte keine Spuren des Minerals entdecken, wenngleich mir mehrere Dorfbewohner versicherten, daß sie bei der Feldbestellung oftmals flüssiges Quecksilber in bedeutenden Quantitäten fänden. Auch die umfangreichen Schurfstellen, die noch deutlich sichtbar sind, zeugen von dem einstigen Reichtum der Grube[12].

In Cuenca endete meine Reise, und nachdem ich die Osterfeiertage in dieser Stadt verbracht hatte, kehrte ich nach Riobamba zurück, wo ich in den letzten Tagen des April eintraf. Nur bei Achupallas bog ich von der Straße ab, um die Ablagerungen einer Mineralquelle bei Zula zu besichtigen, die durch ihren Strontiangehalt besonders interessant sind.

Einige der Landschaften, die ich auf dieser Reise durchzog, müssen zur Zeit der Conquista eine sehr große Bedeutung gehabt haben. Aus den Trümmern recht umfangreicher Bauten, die noch heute die Aufmerksamkeit des Reisenden erregen, kann man das schließen. Aber auch neuerdings haben große Teile des Gebietes durch die zahlreichen, in jüngster Zeit dort wahrgenommenen Erdbeben eine traurige Berühmtheit erlangt.

Bei dem großen Interesse, das diese Reste der Inkazeit erregen, sei es mir gestattet, auch dieser meinen eigentlichen Studien ferner liegenden Materie einige Worte zu widmen. Die eigentümlichsten Anlagen trifft man bei Ingapirca[13], am Südostfuß des Azuay, wo noch heute die Ruinen eines großen Baukomplexes, der aus einem Palast und einer Festung besteht, erhalten sind. Die Wohnhäuser waren, wenn man den Kulturzustand dieser alten Völkerschaften bedenkt, sehr groß und sehr fest errichtet, so daß noch jetzt der größte Teil der Mauersockel steht und als Fundament für die Gebäude der heutigen Hacienda dient. Zweifellos waren auch diese Wohnbauten befestigt, und die danebenliegende eigentliche Festung diente nur als letzter Zufluchtsort im Falle höchster Not, in ruhigen Zeiten vielleicht auch als Kultstätte. Ihr Grundriß ist der gleiche wie bei allen Pucarás, nur sind die in den Sandsteinfelsen eingelassenen Wälle, mehr aus Luxus- denn aus Verteidigungsgründen, durch stärkere Mauern gesichert. Die sehr gut bearbeiteten Steine, aus denen sie errichtet sind, mußten aus ziemlicher Ferne herbeitransportiert werden, denn in der Umgebung findet sich keine Stelle, wo dieses Material ansteht. Es ist viel härter als die Laven des Cotopaxi und gestattete deshalb nicht eine solche Polierung, wie man sie in Pachusala (Callo) bewundert; trotzdem sind einzelne Partien außerordentlich sorgfältig ausgeführt, z. B. das große Eingangstor des Hauptgebäudes; auf andere freilich hat man weniger Sorgfalt verwandt.

Es ist bedauerlich, daß man die Hacienda auf den Ruinen errichtet hat, wenn auch diesem Umstande vielleicht die Erhaltung der Mauern zu danken ist. Es scheint mir jetzt keine Gefahr zu bestehen, daß diese interessanten Reste zerstört werden, aber es bleibt immer bedenklich, daß ihre Erhaltung abhängt von dem guten Willen des Haciendabesitzers und daß bei einem Eigentümerwechsel von einem Tag zum andern auch diese letzten Spuren der Inkaherrschaft vernichtet werden können. Die Festungsanlage, die heute als Schafstall dient, ist schon zum Teil abgerissen worden, um Steine für die Brüstung in der Kirche von Cañar zu gewinnen, und es wird notwendig sein, Vorkehrungen zu treffen, um zu vermeiden, daß die Lücke, die so entstanden ist, nicht zur Zerstörung des ganzen Baues führt.

Es finden sich übrigens in der Umgebung von Ingapirca noch die Fundamente mehrerer anderer Häuser. Offenbar ist dies seinerzeit ein sehr wichtiger Punkt gewesen, worauf auch die vielen Gräber, die an den

Hängen der Hügel liegen, hindeuten. Mehrere Gesellschaften haben sich gebildet, um sie auszubeuten, und schon hat man eine Anzahl geöffnet, in denen man auf reichen Kupferschmuck und auf Silberkränze stieß. Andere indessen enthielten nur Hunderte von Lamaskeletten. Die Unternehmer behaupten, bis jetzt noch kein Gold entdeckt zu haben, allein diese Herren haben zahlreiche Gründe, den Glauben zu erwecken, daß die Bewohner von Ingapirca sehr arm gewesen sind. Sehr viele Dinge von höchstem Interesse für die Kenntnis der Volkssitten und für die Stufe der Kunst unter den Inkas verbergen sich in diesen Gräbern, aber fast alles geht verloren: die Tonarbeiten zerbricht man, und die Metalle trägt man zum Gießhaus, unbekümmert darum, welch riesigen Verlust man auf diese Weise der Wissenschaft zufügt. Wie viel Schätze hat man so zerstört, vor allem in Chordeleg, wo die Funde besonders reich gewesen sind. Solche Schäden sind nicht wieder gutzumachen, denn sehr bald wird man mit der Ausbeutung der Hauptfundstätten zu Ende sein. Nur durch persönliche Anwesenheit während der Ausgrabung mag es gelingen, einige dieser Seltenheiten zu retten, und auch dann würde man die interessanteren und lehrreicheren Dinge wegen des unausrottbaren Mißtrauens dieser Leute nicht erhalten können.

Dank der Freundlichkeit des Herrn Leon aus Cañar wurde mir gestattet, einige der Gräber zu öffnen. Wir hatten jedoch kein Glück, denn wir fanden lediglich ganz zerstörte Skelette, und nicht einmal einen Schädel, das einzige Ziel meiner Nachforschungen, konnte ich erlangen.

Nahe bei der Festung von Ingapirca steht der Ingachungana, eingehauen in den anstehenden Felsen. Es dürfte sehr schwer sein, den Zweck dieses von mit Skulpturen geschmückten Lehnen umgebenen Felsensitzes befriedigend zu erklären. Einzelne Anzeichen weisen darauf hin, daß es sich um ein Bad handelt. Aber wer sollte imstande sein, in kaltem Wasser und auf dem Kamme einer Loma in fast 3200 m Höhe ein Bad zu nehmen[14]? Der Fels, in den das Denkmal eingelassen ist, ist ein ziemlich weicher Sandstein[15]: die Skulpturen haben deshalb schon viel von ihrem ursprünglichen Relief verloren. Eine Überdachung mit einer Strohhütte könnte mit wenig Kosten dieses bisher noch nicht gedeutete Monument weiter erhalten.

Ingapirca ist eines eingehenderen Studiums wert, und es scheint sehr wahrscheinlich, daß interessante, bisher noch nicht bekannte Reste in seiner Umgebung der Entdeckung harren. Wenn ein Altertumsforscher einige Zeit diesen Ruinen widmen wollte, so würde ich ihm raten, in der Hacienda Playa Quartier zu nehmen, wo er alle nötigen Hilfsmittel, für Menschen wie für Tiere, erhält, während es ihm in Ingapirca begegnen könnte, daß er keine Unterstützung findet.

Auch in Achupallas steht ein dem von Callo ähnliches Bauwerk, aber es ist in den letzten Jahren fast vollständig zerstört worden, ebenso wie die Bäder, deren Skulpturen noch Villavicencio[16], sich dabei vielleicht auf Velasco beziehend, erwähnt. Ich habe weitere Bauwerke dieser Art nicht gesehen, aber zweifellos war ihre Zahl zur Zeit der Conquista groß, denn in vielen Dörfern, z. B. in Mocha und Tixan, hat man die von den Inkavölkern bearbeiteten Steine zum Bau der heutigen Kirchen und Wohnhäuser verwandt.

Außer den Palästen und Tempeln, die mit großer Sorgfalt errichtet wurden, hatten die alten Indianer noch Tambos oder auch größere Hütten, deren Mauern aus aufeinandergehäuften Bruchsteinen bestanden, ganz ebenso, wie man heute ärmliche Hütten und die Einfriedigungen der Viehhürden baut. Auf den höheren Páramos finden sich häufig die Fundamente dieser Tambos, die immer nach einem sehr einfachen Plane angelegt waren[17]. Ich kann nicht alle Ruinen dieser Art aufzählen, die ich auf meinen Streifereien gesehen habe, aber die komplizierteste von allen, die unter dem Namen Paredones bekannte Anlage am Weg über den Azuay (4042 m), muß ich doch erwähnen, um die von einzelnen Schriftstellern[18] vertretene Ansicht zurückzuweisen, daß sie ein Labyrinth gewesen sei. Man hat auch die Lagune und den Rio Culebrillas, an deren Ufern Paredones liegt, als Inkawerke in Anspruch nehmen wollen; das ist indes ein Irrtum: es sind keine Kunstbauten. Solche Lagunen bilden sich ganz regelmäßig in den Tälern vulkanischer Gebirge, die durch die Tätigkeit der Gewässer schon stark abgetragen sind, und die zahlreichen Windungen, die das Flüßchen beschreibt, sind eine Folge seines ruhigen Laufes in einer sumpfigen Ebene.

Als ein wahres Wunderwerk hat man immer die große Kunststraße der Inkas geschildert, von der sich am Azuay überall Reste erhalten haben. Ihr Untergrund wird in diesem Teile durch die unregelmäßige Oberfläche der alten Laven gebildet und zeigt keine Spuren einer Pflasterung oder Befestigung mit Kalk und Mörtel. Großartig und kunstreich ist auch diese von den Indianern vollbrachte Leistung, aber ich verstehe nicht, wie man sie mit den viel schöneren Römerstraßen hat vergleichen können[19].

Das Erdbeben vom 24. Oktober 1872, dessen Verwüstungen Dr. Stübel in der Ebene von Riobamba bis zu den Höhen der Ostkordillere hinauf beobachten konnte, machte sich fühlbar von Quito bis Cañar, ja vielleicht bis Cuenca. Die stärksten Erschütterungen bemerkte man am Westhang der Kordillere, zwischen Pallatanga und Alausí. Sie waren der Anfang einer langen Reihe mehr oder weniger heftiger Bewegungen, die sich vom genannten Tage an bis in die ersten Monate des Jahres 1873 hinein öfters wiederholten. Nach den Mitteilungen des Pfarrers von Tixan zählte man in seinem Sprengel während dieser Zeit 120 Erschütterungen, die sich fast alle auf den bezeichneten Distrikt beschränkten. Am häufigsten waren sie im Laufe des November, dann nahmen sie, sowohl an

Zahl wie an Stärke, mehr und mehr ab, bis sie im Januar fast vollständig verschwanden. Der erste Stoß war der heftigste von allen, er zerstörte die Kirchen und einzelne Häuser in den Ortschaften und verwüstete die Haciendas längs des Rio Sucus oder Pumachaca, des Rio Chanchan und ihrer Nebenflüsse. Da er am Tage erfolgte, so fielen ihm nur 1 oder 2 Tote und mehrere Verwundete zum Opfer. Die folgenden Stöße waren nicht sehr stark, aber da sie sich beständig wiederholten, so brachten sie allmählich viele Häuser zum Einsturz. Ich sah ihre Wirkungen in Tixan: der größte Teil der Kirche und viele Mauern waren dort eingestürzt und eine ziemliche Anzahl von Häusern mehr oder weniger beschädigt. Ganz ebenso erging es Alausí.

Die ärgste Verwüstung bot sich mir in der Hacienda Bugnac, am Zusammenfluß des Rio Sucus und des Rio Chanchan, dar: dort lagen die Zuckermühlen vollständig in Trümmern. Merkwürdigerweise haben Haciendas, die ganz nahe bei Bugnac, aber ein wenig oberhalb des Flußbettes liegen, kaum merklich gelitten, und ebensowenig das Dorf Chunchi, das schon auf der Höhe der den Rio Chanchan auf der linken Seite begleitenden Rücken liegt. Größerer Schaden wurde in Pallatanga angerichtet, wo die Erschütterungen, wie man mir berichtete, heftiger waren. Ich habe dieses Zentrum des Bebens noch nicht besucht, hoffe aber bald dorthin zu kommen. Dort, wo ich bisher war, habe ich an den Hängen keine großen Bergstürze, wie sie die Katastrophe in Imbabura hervorrief, beobachtet, aber es ist wohl möglich, daß einzelne Blöcke von den Felswänden des Cerro Patarata bei Alausí herabgestürzt sind. Interessant sind diese Beben besonders wegen ihrer Beschränkung auf ein enges, nichtvulkanisches Gebiet, und es ist bedauerlich, daß diese Gegend infolge ihrer hohen und steilen Berge, die durch tiefe Täler, in deren Grunde man bereits Zuckerrohr baut, zerschnitten sind, während die Höhen der Kämme bis zum Pajonal (Grasland) reichen, so schwer zugänglich ist.

Es ist begreiflich, daß ein Land, das unter den Bewegungen der Erdrinde so zu leiden hat wie Ecuador, jede Theorie, die sich mit diesen beschäftigt, mit Interesse aufnimmt. So kann es nicht wundernehmen, daß man, trotz des Mißerfolgs, den schon Falb[20] erlitt, neuerdings wieder wissenschaftlich scheinenden Folgerungen Glauben beigemessen hat, die aus dem Vergleich neuerer Messungen mit den von älteren Reisenden erhaltenen Höhen gezogen worden sind. Aber wenn man auch aus diesen Ergebnissen, daß ein allmähliches Sinken der Kordillere vor sich gehe[21], für die Bewohner des Hochlandes auf sehr erfreuliche Aussichten schloß, so ist es mir doch nicht schwer geworden, diese zu überzeugen, daß diese Resultate völlig falsch sind. Es leuchtet doch ein, daß der wahrscheinliche Fehler, der in jeder Beobachtung enthalten ist, größer ist als die Senkung, die aus dem Vergleich der verschiedenen Messungen errechnet wurde. Und wie wenig war notwendig, um solche gewagte

Schlüsse zu vermeiden! Denn es genügten ein wenig Kritik und die elementarsten Kenntnisse über die Exaktheit, die mit den von den verschiedenen Reisenden angewendeten Methoden erreichbar ist.

Am Schlusse dieses Berichtes möchte ich noch eine Beobachtung erwähnen, die sich mir auf den wenigen Expeditionen, die ich nach sonst von Menschen nicht betretenen Páramos unternahm, aufdrängte.

Die höheren Teile der Kordillere sind von ausgedehnten Pajonales (Grasland) überzogen, so daß es auf den ersten Blick scheinen könnte, als sei dies der ursprüngliche Zustand dieser Páramos. Aber immer, wenn ich das zu den Haciendas gehörende Gebiet verließ und in Gegenden eindrang, die nicht von Hirten und Jägern besucht werden, stieß ich auf eine fast undurchdringliche Yucavegetation oder auf Achupallas, Chusque und andere Stachelpflanzen, die ein solches Dickicht bildeten, daß ich mir stets den Weg mit dem Buschmesser in der Hand bahnen mußte. Woher rührt diese auffallende Verschiedenheit in der Vegetation, und warum erstrecken sich die Pajonales nicht auch über die Páramos, von denen der Mensch nicht Besitz ergriffen hat? Ich glaube, daß man den Grund in dem Brauche suchen muß, die zur Viehzucht benutzten Páramos abzubrennen. Ihr ursprüngliches Pflanzenkleid müssen also Yucas, Chusque, Achupallas und andere gesellige Pflanzen gewesen sein, aber nicht Pajonales. Erst nach dem Abbrennen dieser ursprünglichen Flora entwickelte sich überall das Gras, das sehr schnell wuchs, und durch immer wiederholtes Abbrennen wurden schließlich nach und nach alle anderen Pflanzen vernichtet, erstickt durch das Gras, das, mehr und mehr Boden erobernd, den langsamer wachsenden Pflanzen Licht und Luft raubte. Das Landschaftsbild der Páramos wurde so durch die Tätigkeit des Menschen vollständig verändert und einer Pflanzengattung das Übergewicht verschafft, die hier ursprünglich nur in geringer Menge wuchs. Aus nutzlosen und fast unpassierbaren Einöden wurden so weite Grasflächen, die unzählige Viehherden ernähren können. Die Tatsache, daß Páramos, die lange Zeit nicht abgebrannt worden sind, sich wieder mit Gestrüpp bedecken, bestätigt diese Ansicht.

IV.

Chimborazo und Carihuairazo
(nach den Tagebüchern von W. Reiss).

11. 7. 1873. — Über die Sandfläche von Riobamba reiten wir bei kaltem, trüben Wetter nach Lican (2913 m). Uns zur Seite fließt zunächst der Rio Chibunga, dann aber schieben sich einige kleine, mit Cangahua bedeckte Lavahügel zwischen uns und den Fluß. Sie steigen hinter dem Dorfe höher an und setzen sich auch über Calpi (3131 m) hinaus nach den

Cerros de Calpi fort, wo sie, zu einer breiten Terrasse vereinigt, den Camino real erreichen. Es scheint ein aus mehreren Strömen zusammengesetzter Lavawulst zu sein, der bereits zu den Vorbergen des Chimborazo gehört und dessen Ursprung, vom Wege aus nicht sichtbar, höher zu suchen ist.

Wir überschreiten die Carretera und steigen hinab in das Tal des Rio de San Juan, der wenig abwärts sich mit dem Rio de Sicalpa zum Rio Chibunga vereinigt. Der Fluß schlängelt sich fast ohne Geröll durch einen breiten, ebenen Grund an mehreren Haciendas vorbei. In der obersten von ihnen, in Zoból (3278 m), bleiben wir.

12. 7. 1873. — Hinter Zoból wird das Tal des Rio de San Juan flach, und über breite Wiesen gelangt man in einer Stunde nach Sesgon (3520 m), einem Tambo, der zur Hacienda von Zoból gehört. Hier lassen wir die Lasten zurück. Hinter dem Hause kommen mächtige, wulstförmige Lavaströme von ca. 200 Fuß Mächtigkeit herab, die vielfach aufgeschlossen sind und zwischen sich breite, interkolline Räume freilassen. Der Weg nach Guaranda führt an ihrem unteren Ende vorbei und schließlich nach Westen über sie hinweg nach einer kleinen, Chinigua genannten Fläche (3596 m). Der Gipfel des Chimborazo zeigt sich von hier als breites Plateau, dessen Nordostecke von Riobamba aus sichtbar ist, und stürzt gegen Südosten als furchtbar steile Wand ab, in der die den Konturen des Berges parallel liegenden Laven steil abgebrochen erscheinen. Im Ostteil dieser Wand kommen hoch oben zwei oder drei große Derrumbos herab, zwischen denen mächtige Felsmassen stehengeblieben sind, wohl die „Strebepfeiler" Boussingaults[1].

Nachmittags kehren wir nach Sesgon zurück.

13.—15. 7. 1873. — Sesgon.

16. 7. 1873. — Wir reiten abermals nach Chinigua, kreuzen dann die Quebrada Trasquilas (3775 m) und steigen auf dem jenseitigen Ufer nach dem Tusparumi (Yanarumi 4156 m) in der Serranía de la Calera empor[2]. Der Berg besteht aus Nagelfluh und erscheint von Riobamba aus als der höchste Gipfel dieser Kordillere, ist jedoch nur der gegen Norden vorgeschobene Vorhügel einer Kette, die steil und baumlos, nur mit Gras bewachsen und immer höher werdend, gegen Süden zieht. Vom Chimborazo ist sie durch einen Sattel getrennt, unterhalb dessen der Tambo von Totorillas (3910 m) in einem flachen Hochtale erbaut ist. Zu ihm steigen wir hinab. Der Chimborazo ist von ihm aus mit zwei Gipfeln ganz frei sichtbar. Der östliche von ihnen ist der höhere (6310 m), er ist von der Westkuppe (6269 m) durch eine kleine Einsattelung getrennt. Eine Ersteigung von hier aus ist wohl kaum möglich[3].

17. 7. 1873. — Wir steigen das Totorillastal aufwärts auf dem Weg nach Salinas. Es ist gegen Westen durch einen niederen Wulst geschlossen, der mit der vom Chimborazo herabkommenden Curiquingue-Loma in

Verbindung steht. Sie ist, wie alle diese Rücken, ganz kahl und in ihrem unteren Teile mit Bimssteinbrocken bedeckt, während weiter oben hier und da Lava ansteht, die schließlich in einen mächtigen, zusammenhängenden Strom übergeht[4]. Gegen Osten fällt sie in einen breiten, mit Sand und Schutt erfüllten Hondon ab, der einen Einschnitt am Westgipfel fortsetzt, jedoch keinen Gletscher enthält. Von dem weiter östlich folgenden Hondon Razu-sucunu de los Guarandeños trennt ihn ein Rücken, der an der Schneegrenze (5052 m) in den buckelförmigen, hellen Lavafelsen des Nuñu-Urcu[5] (Warzenberg) ausläuft. Der Boden dieses Tales ist durch einen weit herabziehenden Gletscher erfüllt, der sehr hohe Seitenmoränen besitzt, aber so mit Trümmern bedeckt ist, daß die Eisfläche nur in Spalten und Einstürzen sichtbar wird. Ich bestimme die Höhe seines Endes, wo das letzte Eis zutage tritt (4743 m), doch mag er sich unter dem Schutt wohl noch weiter fortsetzen. Einzelne Erhebungen, die ganz die Form alter Moränen zeigen, aber mit Gras bewachsen sind, reichen noch viel weiter hinab[6].

Abends kehren wir nach Totorillas zurück.

18. 7. 1873. — Totorillas.

19. 7. 1873. — Wir reiten auf dem Weg nach Salinas über das Arenal grande, dessen Fläche mit feinem Schutt und Sand bedeckt ist. Der Chimborazo erscheint von hier aus als Kegel, seine Schneebedeckung reicht zusammenhängend weit herab; eine Schlucht, in der ein Gletscher herabkommt, endet am Arenal. Durch den Einschnitt von Culebrillas (4348 m) führt der Pfad zunächst am Berge herum und entfernt sich dann mehr und mehr von ihm. Wir steigen zwischen hellen Lavafelsen in das flache Puca-yacu-Tal hinab und erreichen, an den Ruinen der Hacienda Pacobamba (3900 m) vorbei, um 3 Uhr die elende, zerfallene Hütte von Cunuc-yacu (3670 m). Sie hat ihren Namen von einer 50,5°C heißen Quelle, die wenig unterhalb des Hauses an einer sumpfigen Stelle entspringt und als Bad benutzt wird[7].

20. 7. 1873. — Wir brechen um 9 Uhr nach der Ovejería de las Abras (4135 m) auf. Sie liegt an der Vereinigung der Quebrada de las Abras mit dem Rio blanco. Seinem breiten, flachen, sumpfigen Tale, in dem ein kleiner Bach ohne Geröll herabkommt, folgen wir nun und steigen dann auf die ihn im Süden begrenzende Pailacocha-loma hinauf. Sie ist ganz mit Gras bewachsen, das weiter oben allmählich von Werneriapolstern abgelöst wird, und schließt sich zuletzt mit der an der Nordseite des Baches verlaufenden Loma de las Minas zu einer Kesselbegrenzung zusammen, die den Abschluß des Tales bildet. In ihn treten von oben herab die mächtigen Gletscherschuttmassen und Schneefelder des Carihuairazo, der ein sehr flaches, langgestrecktes Gebirge mit steil abgesetztem, ganz in Schnee und Eis gehüllten Gipfel bildet. Das Terrain wird hier felsig, hohe Lavawände[8], aber ohne Zusammenhang mit dem

Hauptberge, ragen empor. Sie scheinen an einzelnen Stellen eine einzige Masse, an anderen in verschiedene Ströme gegliedert, bald vertikal, bald horizontal abgesondert. Ich messe die Höhe der Moränen (4675 m). Der Chimborazo, in Wolken gehüllt, liegt uns gerade gegenüber, und zwischen ihm und dem Carihuairazo hindurch sehen wir auf die Ebene von Riobamba und den Ort selbst.

Abends kehren wir nach Cunuc-yacu zurück.

21. 7. 1873. — Cunuc-yacu.

22. 7. 1873. — Der Chimborazo zeigt von Cunuc-yacu aus drei Gipfel, die im Südosten, Westen und Norden stehen und einen nach Norden offenen, jetzt mit Schnee erfüllten Krater zu umgeben scheinen. Der Unterbau des Berges mit nicht sehr steil geneigten, pseudoparallelen Laven ruht einem alten Gebirge auf, und über ihn erhebt sich ein steil geschichteter Schlackenkegel. Wir nähern uns ihm durch den Hondon von Llamacorral, von dessen linker Talwand aus Dr. Stübel seine Besteigung unternahm. Man kann hier die Höhe von 5000 m erreichen, ohne in Schnee zu kommen, dann folgt ein flaches Schneefeld, das bis zu den steil abgebrochenen Felsen des höchsten Gipfels sich erstreckt. Bis dorthin ist Dr. Stübel gelangt. Wenn man weiter hinauf wollte, müßte man nach rechts, also nach Süden, traversieren. Ich halte eine Bezwingung des Gipfels nicht für unmöglich, aber für sehr schwierig. Notwendig wäre dazu ein Zeltlager am Llamacorral in etwa 4700 m Höhe, wozu ruhiges Wetter gehört[9].

Das Tal von Llamacorral ist steiler als sein nördlicher Nachbar, der Hondon von Dolicocha. Dieser ist das eigentliche Quelltal des Rio Pucayacu, ein von breiten Lavarücken eingefaßter und von Gletscherschutt erfüllter Einschnitt, in den mächtige Schneemassen herabhängen. Wir reiten ihn abwärts nach der Sumpffläche von Guagua-yacu-pamba (4436 m), die sich etwas oberhalb der Einmündung des Moya-yacu (4051 m) ausbreitet. Die Laven gehen hier schon in Tuffe über. Immer am Pucayacu abwärts kommen wir nach Cunuc-yacu zurück.

23. 7. 1873. — Cunuc-yacu.

24. 7. 1873. — Über die Ovejería de las Abras und durch das sumpfige Abrastal steigen wir empor zum Sattel von Abraspungo (4392 m). Die Laven der Nordseite des Chimborazo reichen hier bis an den Südhang des Carihuairazo heran. An diesem reiten wir nach Osten hinab, zu unserer Rechten das tiefe, terrassenförmig abgesetzte Tal mit breitem, sumpfigen Grund. Die Abhänge des Chimborazo endigen über ihm in hohen Felsen, die zum Teil aus Lava, zum Teil aus Agglomeraten und Tuffen bestehen[10]. Weiter abwärts endigt der ebene Talgrund und geht in eine Schlucht über. Wir kreuzen nach der rechten Seite und erreichen über die Abhänge von Sanancajas hinweg die Hacienda Atillo (3314 m) nahe bei Mocha. Hier bleiben wir.

25.—28. 7. 1873. — Atillo.

29. 7. 1873. — Wir steigen von Atillo aus nordwestwärts am äußeren Abhang des Carihuairazo[11] auf einer großen, grasbewachsenen Loma nach dem Felsen von Yana-Urcu (3456 m) empor. Zu unserer Rechten haben wir das tiefe Tal von Salazaca. Es ist sehr breit und hat einen flachen, fast ebenen Sumpfboden; nach oben zu ist es zu beiden Seiten durch die steil abgebrochenen Felsmassen des Berges selbst begrenzt mit den höchsten Schneegipfeln im Hintergrunde, die aus flach übereinander gelagerten, pseudoparallelen Laven bestehen. Nach unten zu wird es dort, wo der Ausbruchskegel des Puñalica (3996 m) an den Vulkan herantritt, zur engen Felsschlucht, die gegen Mocha zu verläuft. Der Calderagletscher, der über eine Terrasse herabkommt, hat eine mächtige Schutthalde in den Talgrund vorgeschoben. Dort liegt, dicht bei einem kleinen Wasserfall, die sogenannte Silbermine von Salazaca (4264 m), die augenscheinlich auf Schwefelkies abgebaut wird. Ich messe das Gletscherende (4386 m) und kehre dann nach Atillo zurück.

30. 7. 1873. — Ich besuche den Cerro Puñalica[12] (3996 m). Es ist ein steiler Ausbruchskegel mit breitem, abgestumpftem Gipfel, der dem Osthang des Carihuairazo aufgesetzt ist. Dort, wo er sich an den Berg anlehnt (3829 m), ist er am leichtesten zu ersteigen. Seine Abhänge sind ganz bewachsen, der Gipfel hat eine breite, aber wenig tiefe, kraterartige Einsenkung, die nach Norden zu offen ist und in der mehrere kleine Seen liegen. Wo Gestein herausragt, ist es eine poröse Lava, es handelt sich also um keinen Aschen-, sondern um einen Lavakegel. Die Aussicht ist prachtvoll. Man sieht nach Westen in die Caldera des Carihuairazo mit ihren roten und gelben Seitenwänden und der Schnee- und Gletschermasse darüber. Davor dehnt sich gegen Norden das weite, mit Tuffmassen bedeckte Land von Ambato mit der Stadt selbst, und gegen Osten erhebt sich der Cerro Llimpi mit seiner breiten, gegen Westen offenen Caldera, neben ihm der Cerro Mulmul und weiter südlich schließlich der flache, lang von Osten nach Westen gestreckte Cerro Igualata.

31. 7. bis 1. 8. 1873. — Atillo.

2. 8. 1873. — Rückkehr nach Riobamba.

V.

Der Sangay

(nach den Tagebüchern von W. Reiss).

11. 11. 1873. — Von Riobamba aus reiten wir südwärts, überschreiten bei San Luis (2653 m) den Rio Chibunga und verfolgen das Tal von Punin aufwärts. Es bildet zwischen den Schiefergebirgen von Naute und dem vulkanischen Material des Tulabugzuges eine breite Mulde, die von horizontal lagernden Tuffen erfüllt ist, und auf sie legt sich meist eine oft bis

zu 25 Fuß mächtige Cangahuaschicht, die ihrerseits wieder von mehreren Lagen schwarzen Aschensandes, wohl einem Produkt des Tulabug, bedeckt wird. Die seitlich herabkommenden Quebradas schließen dieses Profil gut auf. Wir halten uns immer an der Seite der Nauteberge, durchqueren den Ort Punin (2778 m) und steigen nach dem Sattel zwischen Nautebergen und Lucero-Loma empor (3353 m). Der Tulabug uns gegenüber zeigt uns seine Breitseite, einen ziemlich ausgedehnten Syenitunterbau mit steil aufgesetztem, schönem, kleinem Kegel. Hinter der Wasserscheide geht es nach Süden in ein tief eingeschnittenes Tal hinab, das von den Nautebergen mehrere Zuflüsse empfängt und sich schließlich mit dem tief in die Schiefer eingegrabenen Rio Yasipang vereinigt. An ihm aufwärts gelangen wir nach Cebadas (2094 m)[1].

12. 11. 1873. — Das Dorf Cebadas liegt auf der rechten Seite des Flusses nur wenig über seinem Bette. Die Berge bestehen hier aus Glimmerschiefern und Grünsteinen, und nur an der Talwand haben sich Tuffe angelagert. Sie und die Schuttmassen des Flusses bilden kleine Plateaus, auf denen der Weg talaufwärts über die Quesera Ichañag (3100 m) nach der Hacienda Ichubamba (3090 m) führt. Hier bleiben wir.

13. 11. 1873. — Hinter Ichubamba wird das Tal breiter, bleibt aber noch zu beiden Seiten steil begrenzt. Der wasserreiche Fluß drängt sich meist gegen den linken Talhang, so daß auf der rechten Seite ein flacher Grund bleibt, den der Weg benutzt. Die herabkommenden Seitentäler sind bis auf wenige klein und ohne Wasser. Erst der von Süden einmündende Rio Ozogoche ist bedeutender und hat etwa die Größe des Hauptflusses. Seine Vereinigung mit diesem sehen wir nur von oben, da wir einen Gebirgsvorsprung übersteigen, um schneller in das nun scharf nach Osten abbiegende Páramotal des Rio Yasipang zu gelangen. Es ist auch hier noch ziemlich breit, aber der Fluß hat jetzt einen engen Einschnitt in die dunklen Schiefer und Grünsteine eingegraben. Dort liegt auf dem linken Ufer der Hato Yasipang (3358 m).

14. 11. 1873. — Oberhalb des Hato Yasipang verläuft das Tal zunächst Ostsüdost und schwenkt dann scharf nach Norden um. Eine Reihe von Bächen strömt ihm von beiden Seiten aus calderaartigen, von schroffen Schieferzacken umgebenen Kesseltälern zu. Wir folgen seinem breiten, sumpfigen Grund bis zur Einmündung des Rio Volcanchaqui (3497 m) und schlagen dort unser Lager auf.

15. 11. 1873. — Wir steigen auf die linke Talbegrenzung des Rio Volcanchaqui hinauf und gehen auf ihr entlang gegen Nordosten. Sie wird zu einem steil nach beiden Seiten abstürzenden, scharfen Grat, der aber ganz mit Sangay-Asche bedeckt ist. Am Talende des Volcanchaqui wird er so schmal, daß er kaum ein Zelt tragen kann, und bildet die Wasserscheide gegen die nach Osten ziehenden Flüsse. Das ist Nagsangpungo (4033 m)[2]. Der Sangay zeigt hier seine bis zum Gipfel beschneite

Südseite. Er hat ständig kleine Ausbrüche, die sich so häufig wiederholen, daß eine zusammenhängende große Dampf- und Aschensäule aufsteigt.

16. 11. 1873. — Wir queren auf schlechtem Wege von Nagsangpungu aus das im Osten vor uns sich öffnende Tal der Quebrada Puente hondo, müssen aber wieder zurück, da die gegenüberliegenden Grate so schmal sind — oft nur 1 Fuß bis handbreit —, daß man auf ihnen nicht gehen kann. Wir wenden uns deshalb im Grunde der Quebrada nach Norden und erreichen mühsam die Wasserscheide gegen die nach Norden zu abfließenden Bäche. Auch hier ist alles mit dichter Asche bedeckt, die ganze Plateaus in den Talgründen bildet und die Vegetation unter sich begräbt. Am Cerro de la Bandera bleiben wir über Nacht (3847 m).

17. 11. 1873. — Wieder nach Süden vordringend gelangen wir in etwa 2 Stunden, uns immer auf den Graten haltend, an Dr. Stübels letztes Lager Vista del Volcan (3861 m)[3] und gehen noch ein Stück darüber hinaus. Der Sangay liegt jetzt in seiner majestätischen Größe gerade vor uns. Er ist einer ziemlich hohen, alten, in scharfe Grate zerschnittenen Kette aufgesetzt, die an seiner Südseite als schroffe Felsmasse hoch aus der jungen Aschenbedeckung hervorragt und dann nach Süden zieht[4]. Ihre höchste, nördliche Kuppe dort hat Dr. Stübel Verdeloma genannt. Ein Ausläufer des Rio del Volcan, der hier, dem Vulkan nach Westen ausweichend, nach Norden zieht, kommt von ihr herab. Ihre Gesteine sind alte, pseudoparallel gelagerte Lavaströme, die in großer Zahl übereinander gehäuft sind und flach gegen Nordwesten einfallen[5]. Der junge Kegel erhebt sich über diesem Unterbau ziemlich steil und regelmäßig. Seine unteren Partien sind besonders im Süden und Westen durch unzählige Wasserrisse zerfurcht, die durch messerrückenartig herausgearbeitete Aschenwände voneinander getrennt sind, nach oben zu hüllt dann eine gleichmäßige Aschendecke alles ein. Der Krater des Berges scheint sehr breit zu sein. Die höchste Partie des Randes liegt im Südsüdwesten. In ihm befindet sich ein Aschenhügel, aus dem die Ausbrüche erfolgen. Die Peones behaupten, daß der Berg nach Osten offen sei und dorthin das glühende Material abströme[6]. Jetzt verhält er sich verhältnismäßig ruhig. Nur zwei- bis dreimal am Tage hört man ein dumpfes Donnern oder Brausen. Aber ständig steigt eine Dampf- und Aschenwolke auf, bald senkrecht sich erhebend, bald vom Winde in mannigfache Richtungen und Formen gebogen.

18. 11. 1873. — Lager Choellapungu am Sangay.

19. 11. 1873. — Wir steigen von unserem Lagerplatz hinab in den Talgrund des Rio del Volcan und verfolgen ihn zwischen den schroffen, meist unersteiglichen Felsmassen der Verdeloma auf der rechten Seite und den Vorhügeln des Sangay, die als scharfe, mit Asche überschüttete Grate gegen den eigentlichen Kegel verlaufen, auf der linken aufwärts.

Der Einschnitt wird immer enger und schließlich zur Schlucht, in der ein Wasserfall herabkommt. Hinter ihm schlagen wir am Sangayabhang auf einem kleinen, grasbewachsenen Plateau zwischen zwei vom Vulkan herabziehenden Quebradas das Lager auf, das wir Chorrera-Loma nennen. Wir sind hier sehr nahe dem oberen Ende des Rio del Volcan. Oberhalb seines Talschlusses tritt die Verdeloma durch einen Sattel mit dem jungen Berge in Verbindung.

20. 11. 1873. — Wir versuchen nach den aus dem jungen Material herausragenden, alten Felsen vorzudringen, die diesseits des Rio del Volcan die Fortsetzung der Verdeloma gegen Norden bilden. Der Weg dahin ist mühsam, denn die zwischen den Wasserrinnen nach dem Kegel hinaufstrebenden Grate, aus vielfach übereinandergehäuften Lavaströmen mit mächtigen Schlackenzwischenlagen zusammengesetzt, mit Asche überdeckt und steil nach beiden Seiten und gegen Süden abfallend, werden nach oben zu immer schmaler und sind schließlich oft kaum handbreit. Wir müssen deshalb nach Osten mehrere Quebradas queren und mehrere Wasserfälle überklettern. Weiter oben hören dann die Schluchten auf — nur zwei reichen höher empor —, und wir kommen in frisch gefallenen Schnee. Die uns ursprünglich als Ziel dienenden Felsen liegen jetzt unter uns, der letzte Teil des Sangay ragt als reiner Kegel vor uns auf. Die Vegetation hat längst völlig aufgehört, tiefe Schneefelder wechseln mit dunklen Aschenrücken, und überall liegen ausgeworfene Lavablöcke umher, aber keine Bomben. Wir bemerken jetzt erst, daß wir auf einem Gletscher emporgestiegen sind, dessen Oberfläche 2—3 Zoll mit dicker Asche und darüber wieder 1 Fuß mit Schnee bedeckt ist[7]. Da Wolken aufkommen, müssen wir den Rückweg antreten.

21. 11. 1873. — Chorrera-Loma.

22. 11. 1873. — Wir steigen in der neben unserem Zelt herabziehenden Quebrada aufwärts. Sie ist nur durch einen ganz schmalen Kamm von einer anderen, weiter westlich liegenden getrennt und durch quer ihren Grund durchziehende Lavaleisten in Absätze gegliedert. Weiter oben fällt ein ganz frischer, ziemlich beträchtlicher Lavastrom in zwei Armen in sie hinein, der aus einem felsigen Engpaß gleichsam hervorquillt und schließlich unter einem Gletscher verschwindet, der nun die jetzt etwas breitere, aber noch immer von hohen Lavafelsen begrenzte Schlucht erfüllt. Etwa 1½ Fuß hoch mit Asche bedeckt, aber wild zerrissen, so daß in den Spalten großartige Eiswände sichtbar werden, zieht er sich zuletzt am linken Talrand empor und vereinigt sich dort mit anderen Eismassen, die als zusammenhängender Gletscherwulst den letzten, steilen Fuß des Kegels umschließen. Diese riesenhafte Vergletscherung des Berges würde seine Besteigung bei der großen Steilheit der Flächen überhaupt unmöglich machen, wenn nicht die alles bedeckende, dichte Aschenschicht dem Fuße einen festen Tritt gewährte. Wir können hier die sich

oft wiederholenden Explosionen des Vulkans aus der Nähe beobachten. Er wirft vor allem scharfkantige Blöcke, keine Bomben aus, die vereinzelt auch auf den Hang fallen und dort, wie kleine Öfchen dampfend, im weißen Schnee liegenbleiben. Die Wolken über ihm sind besonders auf der Ostseite tief herab rot beleuchtet. Dorthin muß die Lava abströmen. Um 3 Uhr sind wir wieder beim Zelt.

23.—27. 11. 1873. — Chorrera-Loma.

28. 11. bis 1. 12. 1873. — Rückkehr nach Riobamba auf dem gleichen Wege.

VI.
Der Tunguragua
(Stübels Bericht an García Moreno).

Latacunga, 18. April 1873.

Der Tunguragua hat mit dem Cotopaxi die Eigentümlichkeit gemein, daß er jedesmal, wenn man ihn erblickt, zu einer Besteigung einzuladen scheint. Alle Versuche, welche bisher, namentlich auch von auswärtigen Reisenden, gemacht worden waren, zum Kraterrande des Tunguragua aufzusteigen, hatten den erhofften Erfolg nicht gehabt[1].

Von der Plaza des Dorfes Baños aus kann man den schneebedeckten Kegel des Tunguragua nicht sehen, aber von dem in kurzer Entfernung nach Westen hin gelegenen, engen Tale von Vascun aus, das malerisch und lieblich wie ein Schweizertal ist, erblickt man ihn in all seiner Herrlichkeit. Zur genaueren Betrachtung des oberen Teils der Abhänge eignet sich jedoch noch mehr der Bergrücken von Lligua zur Linken des Pastazatals. Diesen Punkt wählte ich, um zu ermitteln, über welchen Bergrücken ich meinen Weg nehmen müßte, wenn ich des Erfolges sicher sein wollte.

Der Wald, der den unteren Abhang des Berges bedeckt, bietet dem Wanderer keine so großen Hindernisse dar, wie dies z. B. bei den Vulkanbergen Colombias der Fall zu sein pflegt. Nicht allzu unwegsame Fußpfade durchschneiden denselben hier in verschiedenen Richtungen und steigen bis zu seiner oberen Grenze auf. Wirkliche Schwierigkeiten schien mir nur der obere Teil des Fels- und Aschenkegels, soweit derselbe mit Schnee und Eis bedeckt ist, in Aussicht zu stellen. Dessenungeachtet bezweifelte ich nach dieser ersten genauen Prüfung der Verhältnisse aus der Ferne das Gelingen meines Vorhabens durchaus nicht, und so unternahm ich die Besteigung am 7. Februar 1873, dem ersten günstigen Tage, der sich nach Ablauf einer siebentägigen Regenperiode darbot.

Außer meinen erfahrenen Leuten nahm ich zur Begleitung noch neun Peones aus Baños in Dienst, die mir durch den dortigen Gemeindevorsteher, Herrn Mariano Valenciano, bereitwillig verschafft worden waren; auch beschränkte ich meine Ausrüstung auf möglichst wenig

Gegenstände: Lebensmittel für drei Tage, Decken, Zelte, Holzkohlen zum Kochen, ein kleines, leeres Faß für den Wasserbedarf und einige Instrumente.

Da ich unser Gepäck auf 13 Personen verteilte, hatte keine von ihnen schwer zu tragen, und dieser Umstand machte es möglich, daß ich mein Zelt an jedem beliebigen Punkte, selbst an einen schwierig zugänglichen, aufschlagen lassen konnte. Um 8 Uhr morgens verließen wir Baños (1800 m). Gegen Mittag langten wir beim Cocha de San Pablo (3036 m), einer kleinen Wasseransammlung, an. Es ist das letzte Wasser, welches an diesem Teile des Berges angetroffen wird. Nachdem das Faß gefüllt worden war, stiegen wir, fast ohne zu rasten, im Verlaufe von etwa 3 Stunden bis zur Höhe von 3615 m empor. Die obere Grenze des Hochwaldes* überschritten wir in 3467 m Höhe und traten zugleich in die Region des niedrigen Buschwerks ein, das auch den Kamm eines schmalen und nach beiden Seiten sehr steil abfallenden Bergrückens bedeckt. Derselbe stellt hier gleichsam eine brückenartige Verbindung des flacheren, bewaldeten Berghanges mit dem eigentlichen und sehr steilen Schuttkegel des Tunguragua her.

Da einige Peones, des Lasttragens in der hohen Bergregion ungewohnt, zurückgeblieben waren, vermochten wir an diesem Tage nicht mehr, wie ich es gewünscht hatte, bis zum Arenal vorzudringen, sondern mußten einen Platz für unser Nachtlager noch innerhalb der Buschregion wählen. Eben damit beschäftigt, die Hindernisse zu beseitigen, welche ein ungeeigneter Boden dem Aufschlagen von Zelten entgegenstellt, klärte sich der Himmel auf, der während des ganzen Tages zu unserem Leidwesen schwer bewölkt geblieben war. Dieser unerwartete Witterungswechsel verfehlte nicht, uns freudig zu beleben; vermag doch die Ungunst der Witterung dem Bergsteiger die Unternehmungslust nur gar zu leicht zu rauben. Alsbald erglänzten auch der Gipfel des Tunguragua und die über Täler und Berge ausgestreuten Wolkenmassen in den letzten Strahlen der untergehenden Sonne.

Der Morgen des 8. Februar brach wieder mit schwer bewölktem Himmel an. Um 7 Uhr früh setzten wir uns, von dichtem Nebel umhüllt, aufs neue in Bewegung. Nach ungefähr 2 Stunden befanden wir uns an der oberen Grenze der Buschregion, die hier mit einem nur schmalen Gürtel von Páramogras abschließt, dem auch dichte Lupinenbestände (altramuz) beigesellt sind. Wir hatten die Höhe von 4000 m erreicht. Das Arenal,

---

* Anm. Stübel: Zwischen 2600 und 3000 m finden sich viele Baumfarne, welche wohl nur einer Spezies angehören. Eine Palmenart, Palma de ramas genannt, trifft man bis zu einer Höhe von 2800 m an. Die obere Hochwaldgrenze liegt in 3467 m, Aliso blanco und Motilon gehen am höchsten hinauf. Bis 3940 m Páramowald; zwischen 3940 und 4000 m tritt niedrige Páramovegetation, Chaparro, ein, darüber hinaus folgt der Pajonal. In 4500 m Höhe letzte Spuren der Vegetation.

das hier seinen Anfang nimmt, ist sehr steil; die Neigung beträgt etwa 30°. Bevor wir unseren Aufstieg fortsetzten, ließen wir das größere der beiden Zelte und alle sonst noch entbehrlichen Gegenstände zurück. So erleichtert kamen wir schnell vorwärts. Das einzige, was ich befürchtete, war, daß es kaum gelingen würde, an den steilen Schutthalden, die den Abhang bildeten, einen kleinen Platz so weit zu ebnen, um das Zelt aufschlagen zu können. Während eines Augenblickes hob sich der Nebel, so daß wir eines mächtigen Felsblockes ansichtig wurden, der in geringer Entfernung vor uns lag und leicht zu erreichen war. Am steilen Abhange horizontal entlang gehend, begaben wir uns dahin, und nachdem wir 2 Stunden lang kräftig Hand ans Werk gelegt hatten, stand um 1 Uhr 30 mittags das Zelt im Schutze dieses Felsens, hoch über dem Abgrunde, dem Neste des Kondors gleich, fertig aufgeschlagen da. Die Mehrzahl der Peones aus Baños, die vor Kälte zitterten, schickte ich nach der unteren Station, wo wir das größere Zelt zurückgelassen hatten, und behielt nur die kräftigen und brauchbaren bei mir.

Ein Asyl in solcher Höhe — unser Zelt lag 4498 m über dem Meere — war uns nichts Ungewohntes. Leider war jedoch das Wetter uns nicht günstig. Dichter Nebel verschleierte noch immer selbst die nächste Umgebung. Da, mit einem Male, gerade als wir unser Mahl beendeten und uns bei Kaffee und Zigarre ganz behaglich fühlten, zerrissen die Wolken und zeigten uns auf einige Momente den nördlichen Kraterrand. Es war schon 2 Uhr vorüber, als ich mich kurz entschloß, die Gunst des Augenblicks zu benutzen und den Aufstieg zum Kraterrand zu unternehmen. Mein Mayordomo, der das Barometer trug, und sechs Peones begleiteten mich. Zunächst mußten wir noch etwa 150 m über Geröllschutt aufsteigen, ehe wir den Schnee erreichten. Er lag an der Stelle, wo wir ihn betraten, nur 1—2 m hoch, bestand aber aus deutlich unterscheidbaren Schichten verschiedenen Alters. Da seine Oberfläche so weich war, daß wir oft bis zum Knie einsanken, konnten wir nur langsam und im Zickzack gehend vorwärtskommen. Zuerst lenkten wir unsere Schritte auf eine Reihe schwarzer Felsen, die in der Mitte des Abhanges aus dem Schnee hervorragt, und die man aus großer Entfernung, sogar von Latacunga und von Mocha aus, noch erkennen kann. Sehr erstaunlich war es mir, da ich gewähnt, der Tunguragua zeige keinerlei vulkanische Tätigkeit mehr, diese Felsen an einigen Stellen etwas warm und an anderen durch Fumarolen, die noch Schwefel ausschieden, zersetzt zu finden[2].

Nach kurzer Rast stiegen wir in gleicher Weise wie bisher, einer in des anderen Fußstapfen tretend, weiter, der Mayordomo, Eusebio Rodríguez aus Bogotá, voran. Im Verlaufe der 5 Jahre, während deren er mich auf so viele Schneeberge treulich begleitet, hatte er genügende Erfahrung gesammelt, so daß ihm der Vortritt überlassen werden konnte. Wiederum verhüllte Nebel den Kraterrand, und als es plötzlich klar wurde, waren wir nur noch wenige Schritte von den schwarzen Felsen entfernt, welche die breite Ausschartung des nördlichen Kraterrandes begrenzen; das Ziel war erreicht; zu unseren Füßen lag der tiefe **Kraterkessel des Tunguragua**.

Während wir, von dem Anblicke, der sich uns hier darbot, noch überwältigt, die erste Umschau hielten, trug sich eine überraschende Begebenheit zu. Eine größere Schneemasse löste sich nämlich ganz plötzlich, ohne uns selbst zu gefährden, von dem Gipfelfelsen ab, der den Teil des Kraterrandes, auf dem wir standen, gegen Nordosten pfeilerartig abgrenzt, und stürzte auf den äußeren Berghang nieder, über den wir wenige Minuten früher den Aufstieg bewerkstelligt hatten. Infolge der Erschütterung, welche dieser Sturz verursachte, kam die oberflächlichste Schneeschicht in einer Breite von etwa 200 m auf der glatten Unterlage einer älteren Firnschicht ins Gleiten und rutschte, sich alsbald lawinenartig überstürzend und hoch aufspritzend, in die Tiefe. Die Dicke dieser Schneedecke war nicht beträchtlich; sie betrug höchstens einen halben Meter; dessenungeachtet hätte sie uns, wenn der Absturz ein wenig früher eingetreten wäre, rettungslos mit hinabgerissen und gegen Felsen geschleudert.

Der Aufstieg hatte uns weder ermüdet, noch uns irgendwelches Unwohlsein verursacht, und sogar die Peones aus Baños, José Reyes und die vier übrigen, waren erstaunt, bis zu einem Punkte vorgedrungen zu sein, den sie bisher als unerreichbar angesehen hatten.

Um bis zum nordwestlichen **Gipfelfelsen** zu gelangen, mußten wir noch eine kleine Anhöhe erklimmen; da derselbe aber fast schneefrei war, gelang uns dies beinahe im Fluge, so daß wir zu der Ersteigung alles in allem, von dem Zelte (4498) an gerechnet, 2 Stunden gebraucht hatten. Das Barometer zeigte an diesem Punkte um 4 Uhr 30 Minuten einen Stand von 426,80 mm bei 10,6° Quecksilbertemperatur und 3,6° C der Luft, welchem eine Höhe von 4927 m über dem Meere oder 3127 m über Baños entspricht*. Von dieser letzteren Meterzahl bin ich am ersten Tage des

---

* Über die Besteigung des Berges durch Reiss vgl. Reiss, Tgb. 31. 1. 1874. — Sieben Uhr morgens brechen wir auf und steigen bei prachtvollem Wetter auf der Reventazon de Pondoa hinan. An ihrem oberen Ende (2600 m) wenden wir uns etwas links nach der alten Loma Pondoa chiquito, auf der einige Hütten mit dürftigen Feldern liegen (2520 m). Wir folgen ihrem Ostrand auf einem schlechten Holzschleifeweg durch den Wald bis zu dem kleinen, kaum eine Pfütze zu nennenden Cocha de San Pablo (3036 m). Es ist dichter, schöner Hochwald, durch vieles Unterholz fast ungangbar. Nach oben zu geht er in Gestrüpp über (3467 m), und die Loma wird zum schmalen Kamm, der steil in kahlen Abhängen nach dem Rio Vascun abfällt. An der oberen Gestrüppgrenze schlagen wir das Lager auf (3997 m). Die Nordseite des Berges zeigt sich von hier als schroffer Kegel, dessen Ostgipfel mit ca. 35° Neigung zum Vascuntal abstürzt. Größere Schneemassen reichen weit nach Osten hinab. Der Grat, den wir aufwärts gekommen sind, setzt sich, immer weniger ausgeprägt, bis an den Kraterrand fort.

Aufstiegs 1815 m (von diesen 720 zu Pferde und 1095 zu Fuß) und am zweiten Tage 1312 m gestiegen.

Die tiefste Stelle des Kraterrandes liegt auf der Nordseite, 41 m unter dem Nordwestgipfel, auf dem wir soeben unseren Standpunkt genommen hatten, also nur 4886 m über dem Meere, und ist wahrscheinlich durch den letzten Lavaerguß, der aus dem Krater stattgefunden und eine breite Bahn zurückgelassen hat, durch die Reventazon de Juivi grande, soweit ausgeschartet worden. Am meisten erhebt sich der Kraterrand gegen Süden, nämlich bis zu einer Höhe von 5087 m, von der allerdings die Dicke einer überaus mächtigen Gletscher- und Schneehaube in Abrechnung zu bringen ist; nach Osten bildet der Kraterrand eine ziemlich breite Fläche und nach Westen einen scharfen Kamm. Der Kraterkessel ist nahezu kreisrund und besitzt einen Durchmesser von ungefähr 500 m; seine Tiefe mag nahezu 80 m betragen. Die Kraterwände bestehen größtenteils aus gelbbraunen Felsen, die ihre Farbe hauptsächlich der Einwirkung von Fumarolentätigkeit verdanken. Alle Vorsprünge und Stufen der Felswände sind mit Schnee überlagert und mit Eiszapfen aller Größen fransenartig behangen[3]. Auf dem Kraterboden lagern Stein- und Schneemassen, die sich von den Wänden ablösen und in die Tiefe stürzen. Eine vulkanische Tätigkeit findet sich nur noch in der nördlichen Kraterwand, aus welcher nahe dem Rande Wasserdämpfe und Schwefelgase, wenn auch in sehr geringer Menge, ausströmen.

Das Wetter war uns ungemein günstig, der Wind sehr schwach, und nur selten umlagerten Wolken meinen Standort, der sich der Steilheit seiner Abhänge wegen eher auf einem hohen Turme als auf einem Berge zu befinden schien. Selbstverständlich ist die Rundsicht vom Tunguragua aus sehr umfassend; aber nicht auf einmal konnte ich sie ganz entschleiert sehen, denn immer verbargen mir die Wolken sorglich einen Teil des Bildes, während sie einen anderen nach und nach enthüllten.

Ich bedauerte, daß der Tag zu weit fortgeschritten war, um entweder zum Südgipfel vorzudringen, was, wenn wir auf dem Kamme entlang gingen, ein leichtes zu sein schien, oder zum Krater hinabzusteigen.

---

1. 2. 1874. — Der Grasgürtel zwischen Gestrüppgrenze und vegetationsloser Zone ist am Tunguragua nur sehr schmal, und über ihm beginnt sogleich das Arenal, das hier hauptsächlich aus kleinem Steinschutt gebildet wird, aus dem hier und da Lavaströme herausragen. Der Aufstieg scheint zunächst ohne Schwierigkeit, aber nahe der Schneegrenze müssen wir am Abhang entlang traversieren, um nach der eigentlichen Nordseite des Berges zu gelangen, an der der Kraterrand tief eingeschartet ist. Eismassen, über die nur oberflächlich Schutt gelagert ist, so daß der Fuß keinen festen Halt gewinnt, machen diesen Übergang mühsam. Wir müssen Stufen schlagen und kommen deshalb nur allmählich in die Nähe eines großen Felsblockes, unter dem Dr. Stübel sein letztes Lager aufgeschlagen hatte (4498 m). Hier sind wir gerade unterhalb der Kraterscharte und steigen nun, zunächst auf einem schneefreien Streifen, später auf dem Schnee selbst, immer Stufen schlagend, empor zum Krater selbst (4886 m).

Um 6 Uhr abends, mit Einbruch der Dunkelheit, waren wir wieder im Zeltlager angelangt, das uns, so hoch über den Wolken, die das friedliche Tal von Baños überdachten, und umgeben von den frischen Schneemassen der Lawine, welche der schützende Felsen von unserem Zelte abgewehrt hatte, ein sicheres Unterkommen gewährte. Der Abstieg vom Kraterrande hatte größere Vorsicht erfordert als der Aufstieg, weil wir genötigt gewesen waren, auf der hart vereisten Firnmasse zu gehen, welche durch die abgerutschte Schneeschicht freigelegt worden war. Eine wundervolle, auch zeitweilig sternhelle Mondnacht folgte dem unverhofft günstigen Tage.

Der Gipfel des Tunguragua ist wohl der geeignetste Punkt, von dem aus man die **Bergketten der Llanganates**, die mit wenigen Ausnahmen das ganze Jahr hindurch unter Nebel und Unwetter verborgen liegen, deutlich erkennen kann. Ich vermochte während einiger günstiger Augenblicke mich davon zu überzeugen, daß der Rio Topo nicht an der Westseite, wie es Maldonaldos Karte[4] zeigt, sondern an der Ostseite des Cerro hermoso vorüberfließt. Die Reise des Herrn Reiss durch den westlichen Teil der Páramos de los Llanganates hat dies ebenfalls bestätigt.

Statt des heiteren Himmels, den wir für die Ausführung einer zweiten Kraterbesteigung erhofft hatten, wurden wir am Morgen des 9. Februar von einen dichten Schneefall überrascht. Alles Warten erwies sich als vergeblich, und dies bestimmte uns, als das Schneetreiben gegen Mittag etwas nachließ, das Lager abzubrechen und den **Abstieg nach Baños** anzutreten. Nach fünfstündigem Marsche erreichte die Karawane den Ort, während ich selbst, durch Schlagen von Gesteinshandstücken[5] aufgehalten, erst später nachfolgte.

Die günstigen Monate für eine Besteigung des Tunguragua sind November, Dezember und Januar; alle übrigen machen eine solche, wenn auch nicht unmöglich, so doch unter Umständen noch mißlicher als die eben geschilderte.

Rätlich wäre es für spätere Reisende, am ersten Tage bis zum Beginn des Arenals aufzusteigen, woselbst sich auch der Boden für das Aufschlagen des Zeltes besser eignet als im Walde. Von dort aus kann man, des Gepäckes ledig, leicht in 4 Stunden den Kraterrand erreichen, um dann am dritten Tage den Rückweg nach Baños anzutreten. Wer jedoch vorziehen sollte, an dem von mir gewählten Lagerplatze, der **Peña grande**, zu übernachten, wird wahrscheinlich noch nach geraumer Zeit an der Seite des großen Felsens, des einzigen, der aus dem Abhange hervorragt, eine aus aufgeschichteten Steinen zu diesem Zwecke hergerichtete Fläche und die von mir zurückgelassenen Zeltpfähle vorfinden.

Endlich möchte ich ausdrücklich erwähnen, daß **keiner der Schneeberge**, welche ich in Colombia und Ecuador bestiegen habe, die Mühe und Anstrengung derartiger Besteigungen **besser lohnt als der Tun-**

guragua. Von ihm aus bietet sich nicht nur eine der ausgedehntesten und mannigfaltigsten Fernsichten dar, sondern er besitzt auch einen, in seiner Art vielleicht einzig dastehenden Krater, da derselbe, sein unterirdisches Feuer verleugnend, mit den wunderbarsten Eisgebilden ausgekleidet ist. Dazu kommt die Leichtigkeit, mit der sich in Baños die Vorbereitungen für eine Besteigung des Berges treffen lassen.

Der Tunguragua zeichnet sich bezüglich seiner Lage unter allen anderen Vulkanbergen Ecuadors aus, weil er nicht, wie die übrigen, dem höchsten Teile der Kordillere aufgesetzt ist. Seine Eigentümlichkeit liegt vielmehr darin, daß er in einem tiefen Tale steht, an dessen Südwand er sich anlehnt, während die entgegengesetzte Seite vulkanischer Formation nicht angehört, sondern aus archäischem Gestein, hauptsächlich aus Glimmerschiefer besteht. Durch dieses malerische Tal nimmt der Rio Pastaza, als einer der Nebenflüsse des Rio Amazonas, seinen Lauf gegen Osten. Was dieses landschaftlich so schöne Tal dem Geologen besonders merkwürdig macht, ist, daß die verschiedenartigen Gebirgs- und Bodenbildungen auf einem verhältnismäßig kleinen Raum zusammengedrängt sind und sich daher unschwer übersehen lassen.

Ohne hier auf komplizierte geologische Fragen einzugehen, will ich nur einige höchst merkwürdige Tatsachen noch kurz berühren.

Die Sohle des Pastazatales, auf der das Dorf Baños mit seinen hellgrünen Zuckerrohrfeldern liegt, wird durch die Oberfläche eines einzigen Lavastromes gebildet, der seinen Ursprung auf dem Bergrücken von Pondoa grande, ungefähr 700 m über Baños, am Tunguragua genommen hat*. Diese Lava ergoß sich in das Bett des Rio Pastaza und füllte dasselbe, meilenweit abwärts fließend, so vollständig aus, daß der Fluß genötigt war, sich ein neues Bett zu suchen, das er hauptsächlich auf der Grenze zwischen Lava und Glimmerschiefer fand. An anderen Punkten aber, wie z. B. bei der Brücke, die nach Patate führt und in der Nähe von Agoyan, mußte er die Lava selbst trotz ihrer Widerstandsfähigkeit durchbrechen, um sich seinen Weg zu bahnen. Nicht weniger großartig zeigt sich dies bei dem Wasserfall von Agoyan.

In diesem ganzen Teile des Tales bis hinab zur Mündung des Rio verde und wahrscheinlich noch weit darüber hinaus hat der Pastaza die Gesteinsmasse des Lavastroms, welcher bei einer Mächtigkeit von 30—50 m

---
* Vgl. dagegen Reiss, Tgb. 19. 3. 1874. — Von der Höhe des Berges bei Lligua aus sieht man deutlich, daß die Bañoslava nicht mit dem Strom von Pondoa zusammenhängt, sondern viel älter ist, denn sie setzt sich gut erkennbar unter dem Pondoawulst fort und ist von ihm deutlich durch einen roten Schlackenstreifen getrennt. Zudem ist sie, wo sie freiliegt, mehr abgerundet und mehr bewachsen als der jüngere Erguß. Aber auch sie muß aus dem Pondoatal gekommen sein, denn ihr oberes Ende im Pastazagrund, nur wenig mehr flußaufwärts gelegen als die letzten Ausläufer des jüngeren Pondoastromes, ist steil aufwärts gestellt und keilt aus, als wenn dieser letzte Teil nur eine aufgestaute Masse wäre.

gewiß durchschnittlich eine nicht geringere Breite besaß, dermaßen zerstört und weggewaschen, daß nur noch dort, wo kleine Seitentäler in das des Pastaza münden, wenige plateauartige Überreste davon erhalten geblieben sind. Das Haus der Hacienda Antombós (1588 m) z. B. liegt auf einem solchen Lavaplateau, die Kaskade von Chinchin stürzt über ein solches herab. Die Besucher des berühmten Wasserfalles von Agoyan verdanken diesem alten Lavastrome das Schauspiel, das sie hier bewundern.

Wenn trotz der Widerstandsfähigkeit der Gesteinsmasse das Wasser im Laufe der Zeit dieselbe derartig zu zerstören vermochte, so kann man daraus einen Schluß ziehen auf das ganz unermeßlich hohe Alter dieses Lavastromes, dessen Oberfläche, wo sie zutage tritt, nichtsdestoweniger ein vollkommen frisches Aussehen bewahrt hat. Der Ausbruch, dem wir diesen Lavaerguß zuschreiben, liegt aller Wahrscheinlichkeit nach der Zeit der Entstehung des Tunguragua selbst sehr nahe und läßt sich nicht mit dem gegenwärtig vorhandenen Krater in Verbindung bringen*. Dagegen ist die letzte Eruption des Tunguragua, die am Ende des vorigen Jahrhunderts stattfand und bei welcher der Lavastrom von Juivi grande ergossen wurde, ein wirklicher Kraterausbruch gewesen[6].

Von dieser Tatsache kann man sich freilich nicht auf den ersten Blick überzeugen, denn der erkaltete Lavastrom nimmt seinen Anfang erst weit unterhalb des Kraterrandes, etwa in der Mitte des Berges, erst da, wo die Steilheit des Abhangs, die im oberen Teil ca. 35^0 beträgt, wesentlich abnimmt. Diese Stelle könnte man irrtümlicherweise leicht für den Austrittspunkt der Lava halten, während sie doch nur den Sammelpunkt der feurig-flüssigen Massen darstellt, die aus dem Krater ergossen wurden und der Steilheit des Hanges wegen keinen zusammenhängenden Strom bilden konnten. Bei meiner Besteigung des Kraters wurde mir der untrügliche Beweis davon, als ich eine sehr große Scholle derselben Lava auf einem Felsen hängend fand. Auch andere Wahrnehmungen am Kraterrande bestätigen die Richtigkeit meiner Vermutung.

Von den vielen interessanten Einzelheiten, welche sich am Tunguragua beobachten lassen, will ich in diesem vorläufigen Reiseberichte nur noch erwähnen, daß sich an einigen Stellen des neuesten Tunguragua-Lavastroms dünne Beschläge einer weißen Substanz finden, die sich als Kochsalz bestimmen ließen. Sonach wäre das Auftreten von Chlor, welches Herr Reiss zuerst in Sublimationsprodukten des Cotopaxi nachweisen

---

* Vgl. dagegen Reiss für den von ihm angenommenen jüngeren Pondoaerguß: Tgb. 18. 2. 1874. — Das obere Ende des Lavastromes von Pondoa ist außerordentlich schwer zu bestimmen. Er drängt sich zwischen zwei Felslomas, Pondoa chiquito und Pondoa grande, hervor, dabei wohl einem alten Flußlauf folgend. Auf beiden Seiten bildet er hohe Leisten, während er in der Mitte eingesunken ist, so daß man glauben könnte, hier liege der Ursprung. Die Leisten setzen sich aber nach oben fort und verschwinden dann unter Wald und Gestrüpp. Es scheint doch, als ob der Strom ebenso vom Gipfel selbst herabgekommen ist wie der von Juivi.

konnte, auch in einem zweiten Falle an den Vulkanen Ecuadors konstatiert[7]. Dem Olivin begegnet man ebenso wie in den Gesteinen anderer südamerikanischer Vulkanberge auch am Tunguragua, und zwar in Laven verschiedenen Alters.

Die ungewöhnlichen klimatischen Verhältnisse, welche in dem Tale des Rio Pastaza und in der ganzen östlichen Kordillere bis hinab zu den ebenen Waldregionen herrschen, indem hier die Zahl der Regentage im Verhältnis zu den wirklich regenfreien und sonnigen Tagen jahraus, jahrein eine höchst ungünstige ist, kann natürlich nicht ohne Einwirkung auf die mittlere Jahrestemperatur bleiben. Es war mir daher interessant, feststellen zu können, daß die Durchschnittstemperatur in diesem Gebiete um 1—3° geringer ist als an anderen Punkten gleicher Höhenlagen in den Tälern des Rio Cauca, des Rio Patía und des Magdalenenstroms.

Das Zuckerrohr, welches im Tale von Baños (in 1800 m Höhe) gebaut wird, liefert nicht sowohl den Beweis für ein dieser Kultur entsprechend heißes Klima, als vielmehr dafür, daß es in der Nähe des kalten Hochlandes, wo der aus dem Zuckerrohr gewonnene Branntwein den vorteilhaftesten Absatz findet, an ertragsfähigem Boden jedenfalls sehr mangelt. Denn sicherlich darf es als eine ökonomisch schlechte Ausnutzung des Bodens angesehen werden, Pflanzen zu kultivieren, die erst nach Ablauf von 3 Jahren geerntet werden können und auch dann noch ein Produkt liefern, das dem, welches anderwärts in 9 Monaten erzielt wird, in seiner Qualität sehr nachsteht. Ich zweifle nicht, daß der ganz auffällige Mangel an Vögeln und anderen, größeren Tieren in der mittleren Waldregion der Ostkordillere hauptsächlich auf Rechnung der dort herrschenden besonderen meteorologischen Verhältnisse gesetzt werden muß.

VII.
W. Reiss: Brief an die Mutter seines Dieners Anjel María Escobar.
(Aus dem Spanischen.)

Rio de Janeiro, 5. März 1876.

Sehr geehrte Frau Escobar!

Ich habe die traurige Pflicht, Ihnen den Tod Ihres Sohnes Anjel María Escobar mitteilen zu müssen, nachdem er mich auf einer achtjährigen Reise von Bogotá nach Quito, dann nach Lima und schließlich bis nach Rio de Janeiro begleitet hatte. Ich habe nicht den Mut, Ihnen den Trost zu bieten, den Ihnen allein die Zeit und die ruhige Überwindung geben kann. Aber ich glaube, Sie werden den Wunsch haben, einiges über das Leben Ihres Sohnes und seine letzten Tage zu wissen, und so will ich Ihnen berichten, was sich ereignete, seit Anjel María seinen letzten Brief an Sie schrieb.

Wenn ich recht unterrichtet bin, schrieb Ihnen Ihr Sohn zuletzt von Riobamba aus, kurz vor unserer Abreise aus Ecuador, und von da an will ich mit meinem Bericht einsetzen.

Meine Reise, die ursprünglich nur ungefähr ein Jahr dauern sollte, zog sich von Jahr zu Jahr hin, und ich war glücklich, daß Anjel María immer bei mir blieb. Nach fast siebenjähriger Arbeit entschloß ich mich dann, die Kordillere zu verlassen und meine wissenschaftlichen Untersuchungen in der Republik Ecuador zu beenden. Anjel María begleitete mich bis zum Hafen Guayaquil, wo ich mich nach Peru einschiffen wollte. Er selbst gedachte nach Quito und von da auf dem Landwege nach Bogotá zurückzukehren. Fast im letzten Augenblick des Abschieds (im September 1874) bat er mich aber mit Tränen in den Augen, ihn doch noch mit mir zu nehmen, da er mich unmöglich eine so lange Reise allein machen lassen könne. Zusammen mit Herrn Dr. Stübel und einem Jungen aus Quito begaben wir uns nach Lima, wo wir uns bis Mitte März 1875 aufhielten und ausruhten.

Von Lima aus traten wir die Reise quer durch Südamerika an. Wir stiegen von Pacasmayo an der Küste Perus zur Kordillere hinauf nach Cajamarca und Chachapoyas und dann wieder nach Osten hinab nach dem Rio Huallaga, und nun begann die Reise zu Schiff, zunächst auf Flößen, dann auf dem Dampfer. Sie dauerte bis Pará mit den Aufenthalten, die sich notwendig machten, 2½ Monate. Von dort brachte uns der Dampfer in 14 Tagen über das Meer nach Rio de Janeiro, wo wir am 18. November 1875 eintrafen. Auf dieser Fahrt litten wir alle am Wechselfieber, das uns auch in Rio noch nicht verließ.

Ich wollte von da nach Europa zurückkehren, aber da ich Anjel María versprochen hatte, ihn nach Bogotá zurückzuschicken, so entschloß ich mich, ihn bis nach St. Thomas zu begleiten und ihn dort auf einen Dampfer zu bringen, der ihn nach Sabanilla befördert hätte, von wo er den Rio Magdalena aufwärts leicht nach Honda und von da nach Bogotá hätte gelangen können. Aber unglücklicherweise wurde die Verbindung zwischen beiden Häfen unterbrochen, und der erste passende Dampfer geht erst morgen ab. Er soll Ihnen diesen Brief bringen.

Anjel María war während dieser Zeit hier zwar mehrmals unwohl, aber niemals ernsthaft krank, und während Dr. Stübel und sein Diener vom Gelben Fieber heimgesucht wurden, schienen wir beide davonkommen zu sollen. Am 25. Februar brach Dr. Stübel auf, um seine Reise fortzusetzen, und wir anderen gedachten dasselbe am 6. März zu tun, als plötzlich Anjel María (am 24.) von einem sehr heftigen Fieberanfall niedergeworfen wurde. Das Fieber stieg immer höher, er beichtete, und am 28. morgens phantasierte er, aber der Arzt ließ ihm nicht das heilige Abendmahl geben, weil er glaubte, daß die Krankheit im Rückgang sei. Um 1 Uhr mittags schnellte die Temperatur plötzlich in die Höhe, und um 2 Uhr 30 Minuten verschied Anjel María in meinen Armen mit lächelndem Antlitz.

Ich kann Ihnen, verehrte Frau, versichern, daß Ihr Sohn während seiner Krankheit nichts, nichts entbehrt hat; ich selbst habe ihn, ohne von seinem Bett zu weichen, Tag und Nacht gepflegt, und einer der besten Ärzte der Stadt hat ihn jeden Tag zwei- bis dreimal besucht, aber die Krankheit war stärker, und so sind alle unsere Anstrengungen vergeblich gewesen.

Ihr Sohn ist ehrenvoll begraben worden: der Besitzer des Hotels, dessen Schwiegervater und ich haben ihn zur letzten Ruhe geleitet. Ich habe die Grabstätte auf 5 Jahre gekauft und verhandle zur Zeit, um sie für weitere 5 Jahre zu kaufen, so daß er dort 10 Jahre ruhen darf. Das Leben in Rio de Janeiro lastet jetzt auf mir, aber ich will nicht aufbrechen, bevor ich nicht das kleine Denkmal vollendet gesehen habe, das ich ihm setzen lassen will. Es wird in einer Steinabdeckung des Grabes bestehen, auf daß der Regen nicht eindringt, mit einem weißen Marmorkreuz und einer weißen Marmorplatte darauf, in die die Worte eingegraben werden sollen:

Dem Andenken
Anjel María Escobars aus Bogotá (Colombia),
gestorben am 28. Februar 1876 im Alter von 33 Jahren,
in Dankbarkeit gewidmet von W. Reiss.

Sie werden mir glauben, wenn ich Ihnen versichere, daß der Tod Anjel Marías auf mich einen furchtbaren Eindruck gemacht hat. Wir haben so viel Jahre in schönstem Einvernehmen zusammen verbracht, so viele Gefahren und schlimme Reisen zusammen überstanden, in so vielen Krankheiten hat mich die Pflege Ihres Sohnes gerettet und in so vielen schwierigen Lagen habe ich ihn immer treu sich bewähren sehen, daß ich ein sehr undankbarer Mensch sein müßte, wenn ich ihn nicht geschätzt und gehalten hätte als einen Freund. Und nicht ich allein hielt ihn so hoch: er war überall geliebt und geachtet, was Sie ja schon daraus sehen können, daß ihn auch die Besitzer des Hotels zur letzten Ruhe geleiteten.

Ich füge diesem Briefe die Hinterlassenschaft bei:
1. den Totenschein Anjel Marías;
2. einen Zeitungsausschnitt mit der Anzeige seines Begräbnisses;
3. eine Rechnung über den Betrag, den ich Anjel María noch schuldig bin.

Was die Erbschaft anbetrifft, so muß ich noch bemerken, daß außer dem in der Rechnung angeführten Bargeld Anjel María noch einen Koffer mit zum größten Teil schon gebrauchten Kleidungsstücken hinterließ. Ich habe sie schätzen lassen, und man sagte mir, daß man bei einem Verkauf höchstens 15—20 Pesos aus ihnen erlösen könne. Da es wegen der bedeutenden Kosten, die ein solcher Transport verursacht hätte, unmöglich war, den Koffer nach Bogotá zu senden, so habe ich auf der Rechnung 40 Pesos für dieses Gepäck hinzugefügt und habe die Kleidungsstücke an die Dienerschaft des Hotels, die mir bei der Pflege geholfen hatte, verteilt.

Anjel María hatte die Absicht, noch einige Geschenke für Sie und seine Brüder einzukaufen, aber er hatte diesen Plan noch nicht ausgeführt. Es fand sich nur eine Schatulle mit am Strande gesammelten Seemuscheln, die ebensowenig nach Bogotá gesandt werden können.

Nach der beigefügten Rechnung schulde ich Anjel María 458 Pesos, dazu kommen 40 Pesos für sein Gepäck, das sind zusammen also 498 Pesos. Ich habe Herrn Benedix Koppel in Bogotá gebeten, Ihnen 100 Pfund Sterling, die zur Zeit etwa 500 Pesos entsprechen, auszuzahlen, aber Herr Koppel wird Ihnen diese Summe wahrscheinlich erst in einigen Monaten übergeben, um mir Zeit zu lassen, das Geld von einer deutschen Bank aus anzuweisen.

Es ist mir überaus schmerzlich, daß das Schicksal mir auferlegte, Ihnen eine so traurige Nachricht zukommen lassen zu müssen, gerade als ich hoffte, Ihren Sohn bald in Ihre Arme zurückführen zu können.

Ich bin, verehrte Frau,

in größter Hochachtung

Ihr sehr ergebener

W. Reiss.

Anmerkungen.

A.

I.

[1] Vgl. É. Reclus, Voyage à la Sierra Nevada de Sainte Marthe, S. 162ff., und die Karte von Sievers, Zeitschr. der Ges. für Erdk. Berlin, XXXIII, 1888.

[2] Die Lagunen von La Ciénaga, durch die Isla de Salamanca vom Meere getrennt. Die gleiche Fahrt beschreibt Reclus, a. a. O., S. 83ff.

[3] Rizophora Mangle L.

[4] Stübel, Glob. XIV, 1868, S. 219: „Barranquilla ist, mit Ausnahme von Panama, gegenwärtig der wichtigste Küstenplatz der ganzen Republik, und das Geschäft befindet sich, was nicht unerwähnt bleiben darf, fast ausschließlich in den Händen deutscher Kaufleute. Die Fahne des Norddeutschen Bundes und das Kriegsschiff ‚Augusta' dürfte wohl nirgends mit mehr Enthusiasmus begrüßt worden sein als hier, wo man von jetzt an, wie an vielen anderen Orten, auf einen nachdrücklichen Schutz gegen unerhörte Willkürlichkeiten, den Engländer und Franzosen fast überall reichlich genießen, auch für den deutschen Handel hofft." — Abbildungen der Stadt und des Hafens gibt Ph. J. Eder, Colombia, London 1913, S. 96.

[5] Humboldt, A. v., Kosmos IV, S. 172—175, und Anmerkungen, S. 334—336 (Ausgabe Stuttgart 1877).

[6] Die Reiss/Stübelschen Resultate aus Colombia verarbeitete W. Bergt: Reiss/Stübel, Reisen in Südamerika: Colombia, 2. Heft: W. Bergt, Die älteren Massengesteine, kristallinen Schiefer und Sedimente, Berlin 1899, S. 24ff.

II.

[1] A. v. Humboldt et A. Bonpland, Relation historique du voyage aux régions équinoxiales du Nouveau Continent, fait en 1799, 1800, 1801, 1802, 1803 et 1804, t. III, l. XI, S. 562—567, Paris 1825. — Humboldt, Vues des Cordillères et monumens des peuples indigènes de l'Amérique, Paris 1810, pl. 41. — Derselbe, Kosmos I, S. 143; IV, S. 172—174, und Anmerkungen, S. 334—336 (Ausgabe Stuttgart 1877).

[2] Bergt, a. a. O., S. 24—29.

[3] Stübel, Glob. XIV, S. 219. — „Die Stadt Mompos hat, seitdem der dicht vorüberfließende Arm des Magdalena zu wasserarm für die Schiffahrt geworden ist, außerordentlich verloren." — Ebenso Hettner, Reisen in den columbianischen Anden, Leipzig 1888, S. 29.

⁴ Stübel, Glob., ebenda. — „Zwölf Tage brachten wir auf dem Flusse hin, ehe die letzte Station erreicht wurde. Die Ufer bieten für so lange Zeit dem Auge kaum hinlänglich Abwechslung. Bis kurz vor Honda sind sie ganz flach und mit dichtem Wald bestanden, der nur an einzelnen Punkten von der Kultur verdrängt oder durch den Holzbedarf der Dampfer etwas gelichtet ist. Einzelne Bäume, durch Größe und Form ausgezeichnet oder prächtig blühend, ragen fast überall aus dem üppigen, grünen Dickicht hervor, das von vielen Vögeln und zahlreichen Affen, die jedoch häufiger ihr Geschrei hören lassen als ihre Kletterkünste zeigen, bevölkert ist." — Die gleiche Fahrt beschreibt Hettner, Reisen, S. 27—40.

⁵ Stübel, Glob., ebenda.

⁶ Hettner, Glob. XLVIII, 1885, S. 151. — „Kastellartige Bildungen, welche eine gewisse Ähnlichkeit mit den Inselbergen und Sandsteinplateaus der Sächsischen Schweiz haben."

III.

¹ Bergt, a. a. O., S. 35/36.

² Sievers beschreibt diese gestuften Terrassen, sie auf eine diluviale Pluvialzeit zurückführend, in höherer Lage in der Sierra Nevada de Santa Marta, Hettner in der Kordillere von Bogotá. — Sievers, Über Schotterterrassen (mesas), Seen und Eiszeit im nördlichen Südamerika (Geogr. Abh., Bd. II, Heft 2, Wien 1887), und Hettner, Glob. XLVIII, 1885, S. 167.

³ Hettner, Reisen, S. 41.

⁴ Bergt, a. a. O., S. 40.

⁵ Vgl. Hettner, Pet. Mitt., Erg.-Heft 104, S. 29/30.

⁶ Vgl. Humboldt, Über die Hochebene von Bogotá (Kl. Schriften I, S. 100—132, Stuttgart/Tübingen 1853).

⁷ Über Bogotá vgl. Eder, a. a. O., S. 218 ff., Hettner, Reisen, S. 55—121, Regel, Columbien, Berlin 1899, S. 245/246, Röthlisberger, El Dorado, Bern 1898, S. 51—142.

⁸ Es wurden über 500, sich auf Bogotá beziehende Beobachtungen gemacht (Stübel, Glob. XIV, 1868, S. 220), — ihre Auswertung bei: Reiss/Stübel, Reisen in Südamerika: Colombia. III: Br. Peter, Astronomische Ortsbestimmungen, Berlin 1893, S. 104.

IV.

¹ Die indianische Mythe, die sich an den Fall knüpft und die die Trockenlegung eines alten Hochsees von Bogotá symbolisiert, erzählt Humboldt, Kl. Schr. I, S. 114 ff. — Hettner beschreibt ihn in: Reisen, S. 183—188. — Abbildungen bei Humboldt, Vues des Cordillères, pl. 6, und Regel, a. a. O., S. 55 u. 56.

² Erwähnt von Humboldt, Kl. Schr. I, S. 122.

V.

¹ Espeletia grandiflora. — „In der Tat liegt, wenn auf dem Páramo dichter Nebel herrscht, die Täuschung nahe, einzelstehende Frailejone oder Gruppen derselben aus der Entfernung für menschliche Figuren, für nahende Mönche anzusehen." (Stübel, Die Vulkanberge von Colombia, Dresden 1906, S. 92 und Tafel 53.)

² „Mit dem spanischen Worte Páramo bezeichnen die Eingeborenen der südamerikanischen Republiken Colombia und Ecuador diejenige Region des Hochgebirges, in welcher die klimatischen Verhältnisse eine Feldkultur entweder ganz verhindern oder wo doch

häufig eintretende Fröste die Ernte allzusehr gefährden." (Stübel, Skizzen aus Ecuador, Berlin 1886, S. 28, wieder abgedruckt in: Die Vulkanberge von Ecuador, Berlin 1897, S. 271). — Dort auch eine Zusammenstellung der Definitionen des Begriffs durch Humboldt (Humboldt, De distributione geographica plantarum, secundum cocli temperiem et altitudinem montium. Prolegomena. Paris/Lübeck 1817, I, S. 38), durch Sievers (Sievers, Venezuela, Hamburg 1888, S. 131) und durch Tschudi (v. Tschudi, Peru, St. Gallen 1846, II, S. 80/81).

[3] Hettner, Reisen, beschreibt diese Wege S. 137/138, eine Abbildung bei André, Le Tour du Monde, XXXV, 1876, S. 181.

[4] Über das Klima von Bogotá vgl. Humboldt, Kl. Schr. I, S. 110ff.

[5] Hettner, Reisen, S. 188.

[6] Der Cerro Oseras der Codazzischen Karte. — Carta jeográfica de los Estados Unidos de Colombia, con arreglo de los trabajos corográficos del jeneral A. Codazzi, por Manuel Ponce de Leon i Manuel Maria Paz. Bogotá 1864.

[7] Humboldt, Vues des Cordillères, pl. 4. — André, a. a. O., S. 187—191. — Eine sachliche u. formale Kritik der Andréschen Darstellung gibt Hettner, Reisen, S. 192/193.

[8] Die Guácharos (Steatornis caripensis). (André, a. a. O., S. 189.) — Humboldt fand die Tiere in einer Höhle beim Kloster Caripe (Venezuela). (Humboldt, Reise in die Äquinoktial-Gegenden des neuen Kontinents, deutsch bearbeitet von H. Hauff, Stuttgart 1859, I, S. 358ff.)

[9] Abbildung bei André, a. a. O., S. 192.

VI.

[1] Hettner, Reisen, S. 215.

[2] Siehe Anmerkung A. III. [2].

[3] M. v. Thielmann, Vier Wege durch Amerika, Leipzig 1879, S. 368: „Bald öffnet sich der sonnige, glühende Talkessel von Tocaima. Da ich ihn während der heißesten Tagesstunden zu durchreiten hatte, so werde ich seinen schattenlosen Sonnenbrand so bald nicht vergessen."

[4] Eder, a. a. O., S. 211. — Hettner, Reisen, S. 250. — Regel, a. a. O., S. 195. — Thielmann, a. a. O., S. 360ff.

VII.

[1] Pyroxen-Amphibol-Dazit. — Reiss/Stübel, Reisen in Südamerika, Colombia, I. Küch, Die vulkanischen Gesteine, Berlin 1892, S. 96.

[2] Über die Lage der Mesa nevada de Herveo innerhalb der Nordgruppe der Vulkane der Zentralkordillere Colombiens und ihre Eingliederung in sie vgl. Stübel, Die Vulkanberge von Colombia, Dresden 1906, S. 23—26. Dort auch die Darstellung und Kritik der Auffassungen Hettners und Regels.

[3] Küch, a. a. O., S. 93ff.

[4] Über Manizáles vgl. Freih. v. Schenck, Pet. Mitt. 1883, S. 217ff.

VIII.

[1] Schenck, a. a. O., S. 443.

[2] Die Erdbeben, „welche wohl der Nähe des Vulkans Ruiz zuzuschreiben sind, wiederholten sich 1875 und 1878". — Schenck, a. a. O., S. 217.

[3] Thielmann, a. a. O., S. 378.

[4] Über die Art der Gewinnung vgl. Hettner, Reisen, S. 253ff.

IX.

[1] Thielmann, a. a. O., S. 389. — „Ich kann nicht sagen, daß irgendeiner der Berge zwischen dem Tolima und den Vulkanen von Ecuador mir landschaftlich einen erhebenden Eindruck hinterlassen hätte. Ihre Gesamtformen sind selten großartig zu nennen, wenn auch einzelne Grate und stets die Kraterränder steil genug abfallen. So geht es auch am Puracé. Bei der beträchtlichen Erhebung der ganzen Kette tritt sein Gipfel nur unmerklich aus dem Gesamtbilde heraus, um so mehr, als er des ewigen Schnees ermangelt."

[2] Humboldt an seinen Bruder Wilhelm, Lima, 25. 11. 1802: „Den November 1801 blieben wir zu Popayan und besuchten von dort die Basaltgebirge von Julusuito, den Schlund des Vulkans Puracé, der mit entsetzlichem Getöse Dämpfe eines durch geschwefeltes Wasserstoffgas geschwängerten Wassers ausstößt, und die porphyrartigen Granite, welche fünf- bis siebeneckige Säulen bilden, denjenigen gleich, die ich mich in den Euganeen in Italien gesehen zu haben erinnere und die Strenge beschrieben hat." — Nach Karl Bruhns, Alexander von Humboldt, Leipzig 1872, I, S. 358.

[3] Im Jahre 1832 (M. Boussingault et Roulin, Viajes científicos a los Andes Ecuatoriales, traducidas por J. Acosta. Paris 1849. Sobre los terremotos de los Andes. S. 57). — Eine etwas eingehendere Schilderung seiner Besteigung gibt Karsten, Über die Vulkane der Anden, Berlin 1857, S. 10—12.

[4] Nach Stübel Tuffe. (Stübel, Vulkanberge von Colombia, S. 48.) — Reiss findet später dieselben Verhältnisse in den Mulden Ecuadors, besonders in der Quitomulde, und versucht ihre Entstehung zu erklären. (Reiss, Ecuador 1870—74. I: Elich, Die vulkanischen Gebirge der Ostkordillere vom Pambamarca bis zum Antisana, Berlin 1901, S. 41—49.)

[5] Boussingault, a. a. O. Análisis del agua del Rio Vinagre, S. 87—89. — Ebenso Rivero, M. de, Analyse de l'eau du Rio Vinagre dans les Andes de Popayan. (Ann. de chim. et phys. XXVII, 1824, S. 113—136.) — Vgl. auch Schmarda, Reise um die Welt, Braunschweig 1861, III, S. 310, und Stübel, Vulkanberge von Colombia, S. 49/50.

[6] Normaler Pyroxen-Andesit, in den Geröllen vielfach rein weiß durch Opalisierung. — Küch, a. a. O., S. 106.

[7] Vgl. Stübel, Vulkanberge von Colombia, S. 46ff.

[8] Ebenda, S. 51.

[9] Stübel beobachtete dieses „Brockengespenst" am 29. 3. 1874 am Cerro Sunirumi (3374 m) in der Westkordillere von Latacunga und ließ von Troya ein Ölbild davon malen, das sich jetzt im Museum für Länderkunde zu Leipzig befindet. — Stübel, Skizzen aus Ecuador, S. 79/80, und Vulkanberge von Ecuador, S. 276—278.

[10] Hettner nennt sie die Vulkanreihe der Coconucos; sie durchsetzt nach ihm schräg den Kamm der Zentralkordillere. — Hettner, Pet. Mitt. 1893, S. 132.

[11] Vgl. die Abbildungen des Pichincha, Corazon, Chimborazo, Cerro Altar, Cotopaxi, Iliniza usw. im Atlas der Kleineren Schriften.

[12] Stübel, Glob. XV, S. 241: „Popayan hat eine sehr schöne Lage, die Stadt selbst aber macht einen wenig angenehmen Eindruck; sie ist ganz regelmäßig gebaut, aber die Kirchen und Klöster sind zerfallen oder unvollendet geblieben, die Häuser sind fast ohne Ausnahme alt und baufällig, Türen und Fenster zerbrochen, und die Straßen haben ein Pflaster, das man am besten mit einem an großen Geröllblöcken reichen Flußbette vergleichen kann. Das Klima ist sehr angenehm, indem die niedrigste Temperatur der Nacht nicht unter 18^0 R herabgeht und die höchste des Tages 22^0 R im Schatten kaum übersteigt. Bananen und alle anderen Südfrüchte gedeihen sehr gut. Die Indianer bringen täglich Eis vom Puracé, das, mit geriebenen Früchten gemengt, in den Straßen zum Verkauf ausgeboten wird. Der Balsamin, den wir in den Gärten ziehen, wächst als Unkraut

zwischen dem Steinpflaster. Ausländer sind nur sehr wenige hier, und diese betreiben den Handel mit Chinarinde, welche in den höheren Regionen auf der Westseite der zentralen Kordillere von besonders guter Qualität angetroffen wird. Der Export geschieht von Buenaventura aus."

[13] Über das Grundgebirge in diesem Teile der Route s. Bergt, a. a. O., S. 152—154, über das Gestein des Kegels selbst Küch, a. a. O., S. 110ff. — Stübel beschreibt ihn Vulkanberge von Colombia, S. 53/54.

[14] Von Reiss nicht besucht, wohl aber von Stübel. Er berichtet über seine Besteigungsversuche Glob. XV, 1869, S. 241 u. 286/287. Über die Gesteine s. Küch, a. a. O., S. 101 ff. Eine Beschreibung des Berges findet sich in den Vulkanbergen von Colombia, S. 34 ff.

X.

[1] Den Weg bis El Bordo beschreibt Thielmann, a. a. O., S. 390—392.

[2] Thielmann, a. a. O., S. 394.

[3] Siehe Anmerkung A. IX. [4].

[4] Die Petrographie dieser Gruppen behandelt Küch, a. a. O., S. 119ff. — Stübel hat sie nicht besucht. (Stübel an Reiss, Popayan, 25. 5. 1869: „Alles kann der Mensch nicht sehen, und so werde ich wohl auf die Vulkane von La Cruz verzichten und die Zeit lieber auf das Terrain von Pasto verwenden.")

[5] Stübel, Glob. XV, 1869, S. 362: „Zu einer der eigentümlichsten Episoden gehörte auch das öffentliche Examen der Kollegien, welchem der Bischof beiwohnte. Man hatte uns eingeladen und empfing uns sehr anständig, weil die Leute für Schwindel viel Sinn haben; die ganze Versammlung erhob sich bei unserem Eintritt in die Kathedrale, und die Lehrer geleiteten uns zu den neben dem Bischof bereitgehaltenen Stühlen. Mit diesem Pomp standen die von den Examinatoren gestellten Fragen fast noch weniger im Einklang als mit den gegebenen Antworten. Die Examinatoren sind nämlich die angesehensten Leute der Stadt, welche die Gelegenheit benutzen, um sich sprechen zu hören. Damit diese Herren aber überhaupt Fragen stellen können und die Schüler nicht in Verlegenheit kommen, werden die Fragen, welche vorgelegt werden dürfen, gedruckt verteilt. Einer der Examinatoren in Geschichte fragte uns heimlich, ob wohl die Tiber noch immer in Rom sei. Caligulas elfenbeinerner Pferdestall und die Todesart der Kleopatra beschäftigten die Leute ganz besonders und schienen auch den Bischof sehr zu interessieren. Diese Fragen wurden nicht etwa an Kinder, sondern an bärtige Leute gestellt. In einem anderen Fache behauptete einer der Examinatoren, daß die Elastizität des Gummis auf der in ihm enthaltenen Luft beruhe. Der Schüler widersprach ebenso energisch, wie jener seine Ansicht bis zur Ermüdung der Zuhörer aufrechterhielt. Paris wurde als Nation aufgeführt. Auch die Antwort ‚Das steht nicht im Buche' nahm sich ganz gut aus."

XI.

[1] Vgl. dazu die Karte des Vulkangebietes von Pasto, 1:150000. — Stübel, Die Vulkanberge von Colombia.

[2] Boussingault, a. a. O. Sobre los terremotos de los Andes, S. 57: „Las altas cumbres de los Andes se componen solo de rocas acumuladas."

[3] Über die Zusammensetzung des Grundgebirges siehe Bergt, a. a. O., S. 179ff.

[4] Es entstehen so stufenförmig aufgebaute, nach oben sanft auslaufende Terrassen, die Raum für die Siedlungen bieten (die Plateaus von Consacá, Bomboná, Cari-yacu, Arquello, Hato viejo, Chapacual und Sandoná). — Stübel, Vulkanberge von Colombia, S. 63/64.

Anmerkungen.

[5] Bergt legt an der Hand von 40 Gesteinsproben ein Profil durch diese Caldera. — Bergt, a. a. O., S. 188 ff.

[6] Über die Ausbruchstätigkeit s. Stübel, Vulkanberge von Colombia, S. 56.

[7] Über die Petrographie der jüngeren Laven — fast alles Pyroxen-Andesit — siehe Küch, a. a. O., S. 131 ff.

[8] Die trigonometrischen Messungen von Reiss bilden die Grundlage von Stübels Karte. — Stübel, Vulkanberge von Colombia.

[9] Stübel, Glob. XVI, 1869, S. 360.

XII.

[1] F. Perez, Jeografía física y política de los Estados Unidos de Colombia. 2 Bde., Bogotá 1862.

[2] Stübel unterscheidet einen südöstlich des Cocha gelegenen Cerro Patascoi de Santa Lucía und einen, 18 km davon entfernt, in derselben Gebirgskette, aber bei Sebondoi stehenden Cerro Patascoi de Putumayo. Beide sind nicht vulkanisch. Der Bordoncillo liegt nordnordwestlich von ihnen. — Stübel, Vulkanberge von Colombia, S. 74/75.

[3] Stübel, Glob. XVI, 1869, S. 361/362, beschreibt die gleiche Exkursion.

[4] Stübel, Glob. XIV, 1869, S. 361. — „Die Ausrüstung solcher Expeditionen, auf denen man für so viele Menschen Lebensmittel mitführen muß, ist keine Kleinigkeit. Eine Hauptsache ist, die Indianer, welche als Lastträger dienen, aufzutreiben; die schlechteste Empfehlung ist eine von Seite der colombianischen Regierung, denn dann denken die Leute, daß sie keine Bezahlung bekommen! — Nicht viel besser ist man daran, wenn sich ein weißer Colombianer ins Mittel legt, denn diesen sieht der Indianer, und ganz mit Recht, als einen noch größeren Lump an, als er sich selbst fühlt."

[5] Vgl. die Beschreibung des Sees bei Stübel, Vulkanberge von Colombia, S. 71/72.

[6] Altkristalline Gesteine, vor allem Gneise, daneben Granite und Diorite. (Bergt, a. a. O., S. 195).

[7] Humboldts Gebirgsknoten der „Ebene de los Pastos: das vulkanische Tibet von Amerika". Er gipfelt im Páramo de Boliche (3400 m). (Humboldt, Kl. Schr., S. 10.) — Über die Berechtigung von Humboldts Benennung siehe Thielmann, a. a. O., S. 403/404.

[8] Vgl. die ganz ähnlichen Verhältnisse des von Stübel besuchten, aber bereits völlig ausgefüllten Beckens von Sebondoi und Putumayo, das an das des Cocha östlich anschließt. — Stübel, Vulkanberge von Colombia, S. 74 ff.

[9] Bergt, a. a. O., S. 195.

[10] Stübel, Vulkanberge von Colombia, S. 70 ff., und Küch, a. a. O., S. 127.

[11] Küch, a. a. O., S. 128/129.

[12] Stübel, Vulkanberge von Colombia, S. 72/73.

B.

XIII.

[1] Stübel, Glob. XVII, 1870, S. 159. — „Túquerres ist ein ganz elendes Nest, obschon es den Namen Stadt führt; die Häuser sind aus Erde aufgeführt wie fast überall in dieser colombianischen Musterrepublik, nicht angestrichen und mit Ausnahme von drei oder vier, die Ziegel haben, mit Stroh gedeckt. Die mittlere Jahrestemperatur erreicht kaum $10{,}5^0$ C; sie entspricht einer Höhe von über 3000 m. Der Mais gebraucht fast ein Jahr,

um zu reifen, und die meisten Felder sind mit Hafer oder Korn bestellt. Man kann den Weg, welcher Pasto mit Túquerres verbindet, in zwei Tagen zurücklegen, er ist jedoch in der jetzigen Jahreszeit, welche etwa zehn Monate andauert, sehr schlecht; man weiß oft nicht, auch wenn man die besten Maultiere zum Reiten hat, wie man es anfangen soll, um durch die tiefen Schlammlöcher hindurchzukommen. Eigentlich soll hier im Januar ein kurzer Sommer, ein Veranillo, eintreten, doch scheint er in diesem Jahr auszubleiben, denn es regnet Tag für Tag ruhig weiter."

[2] Karsten, a. a. O., S. 12—14. — Küch, a. a. O., S. 150ff. — Stübel, Vulkanberge von Colombia, S. 79—81.

[3] Karsten, a. a. O., S. 13. — „Der weite, bogenförmig gekrümmte Krater ist jetzt in einen See verwandelt, an dessen einer Seite ein kleiner Kegelberg sich erhebt, aus dem zahllose Gasquellen hervorbrechen; das Wasser des Sees, von dem Kraterrande gesehen, gleicht dem schönsten Smaragd, man kann sich kaum überreden, daß es die Farbe des reinen Wassers sei."

[4] Karsten, a. a. O., S. 14. — Küch, a. a. O., S. 162ff. — Stübel, Vulkanberge von Colombia, S. 82ff.

[5] Stübel, ebenda. — Küch, a. a O., S. 168ff.

[6] Stübel, Vulkanberge von Colombia, S. 82. — Küch, a. a. O., S. 180.

[7] Vgl. die von Stübel auf Grund der Reissschen Messungen gezeichnete Karte des Gebietes 1:100000. (Stübel, Vulkanberge von Colombia.) — Eine teilweise Neuaufnahme des Gebietes erfolgte während des Weltkrieges aus Anlaß der Grenzregelung zwischen Colombia und Ecuador und wurde im Maßstabe 1:50000 in Quito publiziert. (Arreglo de límites entre las repúblicas del Ecuador y Colombia. Documentos oficiales. Ministerio de relaciones exteriores del Ecuador. Quito 1920.)

[8] Karsten erklärt sie als tertiäre, submarin gebildete Kieselsteinbank. Reiss widerlegt ihn in seiner Polemik gegen Karsten und erkennt sie als Sinterbildung. — Reiss, Ztschr. d. dtsch. Geol. Ges. 1874, S. 926.

[9] Vgl. Thielmann, a. a. O., S. 406. — Über die Eingliederung des Tales in das Becken von Ibarra s. Reiss/Stübel, Reisen in Südamerika. Das Hochgebirge der Republik Ecuador. II. 1: Esch, Ibarrabecken und Cayambe, S. 67. Berlin 1896.

[10] Eine ausführliche, wenn auch religiös moralisierende Beschreibung des Bebens gibt J. Kolberg, Nach Ecuador, Freiburg i. Br. 1885, S. 378—391.

XIV.

[1] So bei M. Villavicencio, Geografía de la República del Ecuador. Neuyork 1858. S. 288.

[2] Stübel, Skizzen aus Ecuador, S. 7, kommt auf 25—30000 Einwohner, Thielmann, a. a. O., S. 415, bespricht die von Reiss erwähnte Volkszählung und bestätigt die Reisssche Zahl, Enock, Ecuador, London 1914, S. 252, gibt als Resultat der Volkszählung von 1906 50840 Einwohner an und schätzt für die Gegenwart auf 80000.

[3] Stübel beschreibt die Stadt in den Skizzen von Ecuador, S. 5—7, und in den Vulkanbergen von Ecuador, S. 39ff. — Weitere, mehr oder weniger ausführliche Beschreibungen finden sich in fast allen größeren Reisebeschreibungen und Handbüchern von Condamine an.

[4] Amphibol-Pyroxen-Andesit. (Reiss/Stübel, Reisen in Südamerika. Das Hochgebirge der Republik Ecuador. I. 2: R. Herz, Pululagua bis Guagua-Pichincha, S. 140.) Vgl. Stübel, Vulkanberge von Ecuador, S. 38.

XV.

[1] Eine Übersicht über die Besteigungen und Untersuchungen des Berges seit Condamine gibt Herz, a. a. O., S. 72—78.

[2] Humboldts ausführliche Beschreibung des Vulkans findet sich in den geognostischen und physikalischen Beobachtungen über die Vulkane des Hochlandes von Quito. Kl. Schr. I, S. 16—39, 49—71. Er bezeichnet darin den Reissschen Guagua-Pichincha als Rucu- und umgekehrt. Eine Abbildung und eine hypsometrische Skizze des Vulkans, die von der hier publizierten Reissschen stark abweicht, sind dem Atlas zu den Kleineren Schriften beigegeben. Seiner eigenen Beschreibung fügt Humboldt eine Übersetzung der Schilderung von Condamine (Condamine, Journal du voyage ... à l'Équateur, servant d'introduction historique à la mesure des 3 premiers degrés du méridien, Paris 1751, S. 147—156) an. (Kl. Schr., S. 72—97.)

[3] T. Wolf, Geografía y Geología del Ecuador, Leipzig 1892, S. 86.

[4] Bei seiner zweiten Besteigung des Berges, die er zusammen mit Stübel Mitte Juli 1870 unternahm, gelangte Reiss in den Krater und schlug darin vom 18. bis 27. Juli sein Lager auf. (Stübel, Itinerarprofil, und Glob. XVIII, 1870, S. 175/176.) Eine eingehendere Beschreibung des Kraters s. bei Stübel, Vulkanberge von Ecuador, S. 49ff.

[5] Die gleiche Aussicht beschreibt auch M. Wagner, Naturwissenschaftliche Reisen im tropischen Amerika, Stuttgart 1870, S. 477ff.

[6] Untersucht von Herz, a. a. O., S. 98ff.

[7] Humboldt, Kl. Schr. I, S. 28, und Karte des Atlas.

[8] Humboldt nennt es Yuyucha, ebenda, S. 29.

[9] Humboldt, ebenda, erklärt sie im Sinne seiner Erhebungstheorie als bei der Entstehung des Berges bereits angelegte Spalten.

[10] Humboldt, ebenda.

[11] Die Chorrera de Jatuna (3403 m). — Reiss/Stübel, Alturas tomadas en la República del Ecuador en los años de 1871, 1872 y 1873. Quito 1873. S. 13.

XVI.

[1] Siehe Anmerkung B. XV. [9].

[2] Nach Herz der aus kretazeischen Schiefern und Sandsteinen, die von Grünsteinen durchsetzt sind, bestehende Unterbau der Westkordillere. — Herz, a. a. O., S. 76.

XVII.

[1] Siehe Anmerkung B. XVI. [2].

[2] Das Beben trat am 22. März 1859 ein und zerstörte fast alle Kirchen und zahlreiche Gebäude in Quito. — Wolf, Geografía, S. 382.

[3] Über die soziale Stellung dieser Conciertos siehe Brief XVIII.

[4] Zahlenmäßige Angaben über die Zucker- und Branntweinbereitung Ecuadors macht Enock, a. a. O., S. 327/328.

XVIII.

[1] Eine kurze Übersicht über die Geschichte der Republik seit dem Abfall von Spanien gibt Enock, a. a. O., S. 76—90. — Den Verlauf einer „Revolution" in Ambato schildert Thielmann, a. a. O., S. 470/471.

[2] Über die jetzigen Militärverhältnisse s. Hans Meyer, In den Hochanden von Ecuador, Berlin 1907, S. 303.

Anmerkungen. 217

³ Thielmann, a. a. O., S. 416, nennt ihn „unstreitig einen der größten Männer Südamerikas". — Die Anschauungen seiner Parteigänger über ihn zeigen zwei Trauerreden: C. C. Toral, Oración funebre pronunciada en las exequías del 13.⁰ aniversario de la muerte del excmo. Sr. Dr. D. García Moreno. Quito 1888, und M. Casanova, Oración funebre en elojio del Sr. D. García Morena. Santiago de Chile 1875.

⁴ Francisco Solano Lopez, Präsident von Paraguay in den Jahren 1862—70. Vgl. über ihn Masterman, Seven eventful years in Paraguay. London 1869.

⁵ Juan Manuel de Rosas, 1829—52 Präsident von Argentinien. Vgl. über ihn Martens, Ein Caligula unseres Jahrhunderts. Berlin 1896.

⁶ Herr von Dulçat. Reiss wie Stübel standen mit ihm bis zu seinem in Quito erfolgten Tode in regem freundschaftlichen Verkehr, auch während des Deutsch-Französischen Krieges.

⁷ Eine Anzahl Briefe des Präsidenten an Reiss befanden sich in dessen Nachlaß.

XIX.

¹ Wagner, a. a. O., S. 446/447, bezeichnet die Unguikette in seiner Schilderung des Atacatzo als einen „halbkreisförmigen Höhenzug, der, mit dem Atacatzo zusammenhängend, die Talsenkung von Lloa umgibt. Diese hohe, halbkreisförmige Bergwand erinnert einigermaßen an die Zirkusform jener sogenannten Erhebungskrater, welche L. v. Buch zuerst beschrieben und gedeutet hat, und die, in der Geschichte der vulkanischen Forschung Epoche machend, einen langen Streit hervorgerufen haben."

² Pyroxen-Andesit und Amphibol-Andesit, teils bimssteinartig entwickelt, teils aus Bomben bestehend. Vereinzelt Dazit. — Reiss/Stübel, Reisen in Südamerika. Das Hochgebirge der Republik Ecuador. I: Elich, Atacatzo bis Iliniza, S. 174.

³ Stübel beschreibt den Berg in den Vulkanbergen von Ecuador, S. 52/53.

⁴ Entsprechend den Senkungsverhältnissen des interandinen Tuffplateaus der Quitomulde, die doppelt, einmal gegen Norden, dann gegen Westen, ausgebildet sind. Die Flüsse werden dadurch gegen den Rand der Westkordillere gedrängt. — Reiss, Ecuador 1870—74. I: Elich, Pambamarca bis Antisana. Einleitung von Reiss. S. 43.

⁵ Stübel behandelt ihn in den Vulkanbergen von Ecuador, S. 173 ff., und sieht in seiner Strebepfeilerstruktur und seinem unsymmetrischen Bau, dessen östliche Hälfte fast unabhängig von der genetischen Bedeutung der Caldera zu sein scheint, ein sehr gutes Beispiel seiner Calderatheorie. — Eine kurze Beschreibung von Reiss findet sich bei Reiss/Stübel, Reisen in Südamerika. Das Hochgebirge der Republik Ecuador. II. 2: Young, Der Cotopaxi und die ihn umgebenden Vulkanberge, S. 64.

⁶ Pyroxen-Andesit, Feldspatbasalt in Gang. — Young, a. a. O., S. 237—239.

XX.

¹ Die Gruppierung dieser Berge und ihr Verhältnis zur Quitomulde behandelt Reiss bei Elich, Pambamarca bis Antisana, Einleitung von Reiss, S. 36 ff.

² Vor Reiss und Stübel wurde der Berg bestiegen und vermessen durch Bouguer und Condamine am 20. Juli 1738, die auf ihm auch Signale für ihre Gradmessung aufstellten (Condamine, a. a. O., S. 57/58). Humboldt bildet ihn im Atlas der Kleineren Schriften ab. Caldas bestieg ihn am 23. August 1804 (José de Caldas, Semanario de la Nueva Granada, hrsg. von J. Acosta. Paris 1849. S. 435—437: Viaje al Corazon de Barnuevo). Wagner, a. a. O., S. 447, gibt eine kurze Beschreibung, Hans Meyer, Hochanden, S. 289/290, weist auf seine glazialen Formen hin. — Reiss behandelt ihn kurz in seinem Briefe an García Moreno (Ztschr. d. dtsch. Geol. Ges. 1873, S. 72, und

S. 162 dieses Buches), Stübel in den Vulkanbergen von Ecuador, S. 54/55. Die Gesteine bearbeitete Elich, Atacatzo bis Iliniza, S. 147 u. 175.

[3] Vor Reiss und Stübel nicht untersucht. Über die Sage, die sich an seinen Namen — Steingesicht — knüpft, s. Wagner, a. a. O., S. 448/449, und Hans Meyer, Hochanden, S. 287.

[4] Reiss widmet ihm bei Young, a. a. O., S. 65, eine kurze Beschreibung, Stübel in den Vulkanbergen von Ecuador, S. 172. Seine Calderaumwallung betrachtet Stübel als „die stehengebliebenen Reste der Erstarrungsschale einer in die Tiefe des Kraterschachtes zurückgesunkenen, noch einigermaßen flüssig gewesenen Gesteinsmasse". Die Kessel von Tiliche und Capacocha erklärt Hans Meyer, Hochanden, S. 287/288, als glaziale Kare. Die Gesteine: Basalte, Pyroxen-Andesite, Dazite und Agglomerate, behandelt Young, a. a. O., S. 193. Vgl. auch Stübels Karte der Vulkanberge Antisana, Chacana, Sincholagua, Quilindaña, Cotopaxi, Rumiñahui und Pasochoa. Leipzig 1903.

[5] Stübel, Vulkanberge von Ecuador, S. 66 u. S. 118ff.

[6] Stübel, Vulkanberge, S. 42 u. S. 178. Nach Reiss bei Elich, Atacatzo bis Iliniza, S. 145 ist er eine domförmige Anhäufung übereinander gelagerter Laven, die vollständig unter Cangahuatuffen begraben sind. Die an seinem Südfuß, bei Alangasí, in 2587 m Höhe gefundenen fossilen Säuger untersuchte Branco in: Die Säugetierfauna von Punin (Pal. Abh. I, 2, 1883, S. 11/12).

XXI.

[1] Der Rio Guaillabamba bildet die Ostgrenze der Tuffe der Westkordillere, die steil gegen den Fluß abstürzen und sich beträchtlich über die ihnen gegenüberliegenden Tuffmassen des Beckens von Ibarra erheben. Ihr Alter bezeichnet Reiss als sehr hoch, da sie stellenweise kleine Kohlenlager (Reste alter Torfmoore) enthalten. — Reiss bei Elich, Pambamarca bis Antisana, S. 48/49.

[2] Thielmann, a. a. O., S. 409/410: „Ein eigentümlich melancholischer Ton geht durch die Landschaft. Braune Felswände umgeben das stille Gewässer, dessen Fläche kein Windhauch kräuselt, wenige kurzstämmige Bäume scheinen weit und breit die einzigen lebenden Wesen. Es sind blättertragende Koniferen (Podocarpus), die bis 3900 m in den Falten der Hänge ansteigen. An Größe und Gestalt ähnelt Caricocha dem Laacher See; er mag wie dieser an 300 Hektaren umfassen."

[3] Stübel nennt ihn einen „topographisch individualisierten, mehrgipfligen Vulkanberg". (Stübel, Vulkanberge von Ecuador, S. 76.) Dort auch S. 75ff. eine eingehendere Beschreibung. Die Gesteine: Amphiboldazit mit aufgesetzten Pyroxen-Andesitgipfeln, untersuchte Esch, Ibarrabecken und Cayambe, S. 9ff.

XXII.

[1] Über das Becken von Ibarra s. Esch, Ibarrabecken und Cayambe, S. 4ff.

[2] Über ihn Belowsky, S. 5/6. (Reiss/Stübel, Reisen in Südamerika. Das Hochgebirge der Republik Ecuador. I. 1. Belowsky, Tulcan bis Escalerasberge.) — Die Gesteine untersuchte Belowsky, ebenda, S. 66. — Stübel, Vulkanberge von Ecuador, S. 82 u. 85/86.

[3] Whymper erreichte den Gipfel am 24. April 1880. — E. Whymper, Travels amongst the Great Andes of the Equator, London 1892, S. 262.

[4] Wagner, a. a. O., S. 446, sieht ihn als Einsturzbecken an. — Stübel, Vulkanberge von Ecuador, S. 88: „Der Maarkessel von Cuicocha dürfte kaum als ein unentwickelt gebliebener Vulkan zu betrachten sein. Richtiger ist die Bildung desselben wohl als eine letzte Äußerung der vulkanischen Kräfte aufzufassen, welche von dem gleichen

Herde ausging, der auch das Material zu dem mächtigen, einheitlich angelegten Baue des Cotacachi lieferte."

⁵ Das Phänomen der Avenidas hat schon Humboldt öfters beschäftigt. Seine Ansicht darüber, enthalten in der Abhandlung über den Bau und die Wirkung der Vulkane, wurde von ihm zuerst in der öffentlichen Sitzung der Berliner Akademie am 4. Januar 1823 vorgetragen und später in die Ansichten der Natur (Ausg. Stuttgart 1877, S. 293—316) aufgenommen. Er betrachtet dort die Schlammströme als „nicht eigentliche vulkanische Erscheinungen. In weiten Höhlen, bald am Abhang, bald am Fuße der Vulkane entstehen unterirdische Seen, die mit den Alpenbächen vielfach kommunizieren. Wenn Erdstöße, welche allen Feuerausbrüchen der Andeskette vorhergehen, die ganze Masse des Vulkans mächtig erschüttern, so öffnen sich die unterirdischen Gewölbe, und es entstürzen ihnen zugleich Wasser, Fische und tuffartiger Schlamm." (Ansichten der Natur, S. 305.) Im Kosmos I, S. 148 (Ausg. Stuttgart 1877), wiederholt er diese Anschauung, fügt aber hinzu, daß ein nicht unwesentlicher Teil der Schlammassen seine Entstehung dem Schmelzen des Schnees bei vulkanischen Ausbrüchen verdanke. — Boussingault sieht in ihnen Schlammeruptionen infolge von Erdbeben (Boussingault, a. a. O., Sobre los terremotos de los Andes, S. 50). — Wagner, a. a. O., S. 336, schließt sich Humboldts Auffassung von 1823 an; seine Annahme, daß dieser im Kosmos später seine Meinung geändert und lediglich die Schneemassen der Vulkane als Ursache des Phänomens angesehen habe, ist jedoch irrig. — Karsten, a. a. O., S. 17ff., steht im wesentlichen auf Humboldts Standpunkt. — Stübel, Vulkanberge von Ecuador, S. 403, sieht in dem Phänomen, nicht umfassend genug, da es auch infolge von Erdbeben auftritt, eine sekundär bedingte Erscheinung vulkanischer Ausbrüche. — Reiss äußert sich am ausführlichsten über die Schlammströme des Cotopaxi. Sie sind „kein vulkanisches Phänomen. Sie sind einzig und allein bedingt durch die hohe Lage des Cotopaxi und finden sich an allen Vulkanen, deren Abhänge mit Eis und Schnee bedeckt sind, in Ecuador sowohl wie auf Island und im Süden Chiles." (Reiss bei Young, Cotopaxi, S. 125.) — Die Schlammströme des Cotacachi speziell behandelt Belowsky, a. a. O., S. 6. Sie verdanken nach ihm „nicht vulkanischen Ausbrüchen ihre Entstehung; es sind gewaltige Erdstürze, welche, durch die in den Tuffen und losen Schlackenschichten aufgesogenen Regen- und Schneewässer zu Schlammströmen umgewandelt, an den steilen Gehängen des Berges sich herabwälzten".

⁶ Wolf, Geografía, S. 382, gibt 15—20000 an.

⁷ Siehe Anmerkung B. XIII. ¹⁰.

⁸ Stübel, Vulkanberge von Ecuador, S. 82/83 u. 90/91. Die Gesteine: Amphibol-Biotit-Andesit und -Dazit, denen gegenüber Pyroxen-Andesit zurücktritt, bei Belowsky a. a. O., S. 63.

⁹ Stübel, Vulkanberge von Ecuador, S. 83. — Über die Salze s. Boussingault, a. a. O., Sobre las salinas yodiferas de los Andes, S. 129ff.

XXIII.

¹ Stübel, Vulkanberge von Ecuador, S. 81 u. 95ff.

² Der Name des Vulkans bedeutet Fischmutter. Velasco schreibt seinem Krater Fischauswürfe zu (J. de Velasco, Historia del Reino de Quito, 1789, hrsg. in Quito 1841—44, S. 11). Humboldt hat diese Sage übernommen und ihr in den Beobachtungen aus der Zoologie und vergleichenden Anatomie (Stuttgart und Tübingen 1807—09) einen eignen Abschnitt gewidmet. Als Beweis für die Fischauswürfe des Imbabura führt er eine Aussage des Corregidor von Ibarra an, der behauptete, die Indianer fingen die Fische — es handelt sich um Prenadillen — in einem Bache da, wo er aus dem Felsen hervortrete (S. 47). Auch im Kosmos I, S. 148, kommt Humboldt darauf zurück. Die Leichtgläubig-

keit Humboldts, der in diesem Falle den Aussagen der Eingeborenen allzu viel Vertrauen schenkte, hat bereits Wagner, a. a. O., S. 406—421, einer eingehenden Kritik unterzogen.

³ Pyroxen-Andesit. — Esch, Ibarrabecken und Cayambe, S. 11/12 u. S. 21 ff.

⁴ Man beachte den bedeutsamen Unterschied zwischen der hier entwickelten Anschauung von Reiss und der späteren Stübels.

⁵ Stübel, Vulkanberge von Ecuador, S. 98, und Esch, Ibarrabecken und Cayambe, S. 12 u. 21.

⁶ Whymper, a. a. O., S. 229, nennt den von ihm betretenen und benannten Espinosagletscher am Osthang des Berges „one of the finest we found in Ecuador, having its birth in the snows at the upper part of the mountain, and a length of several miles after it streamed away from the central reservoir. The part nearest to the camp descended steeply, in what is termed an icefall." Auch die Spuren einstiger Vergletscherung sind Whymper aufgefallen, denn er fährt fort: „There were no moraines nor even stray rocks upon it, though there were two small, lateral-moraines upon its western side, which shewed that rocks had risen above the ice in former times, and that the glacier had been larger."

⁷ Das Sinken der Schneegrenze von Westen nach Osten konnte Reiss auch am Cerro hermoso nachweisen, der, obwohl er mit 4576 m die bei 4600 m liegende Schneegrenze der Westkordillere nicht erreicht, doch stark vergletschert ist (Reiss, Brief an García Moreno, Ztschr. d. dtsch. Geol. Ges., 1875, S. 287, und S. 182 dieses Buches). Einen Überblick über die bisher gemessenen Schneegrenzen und über seine eigenen und Stübels Resultate gibt er bei Young, Cotopaxi, S. 88 u. S. 175 ff. — Stübel konstatierte ebenfalls in seinem Briefe an García Moreno die geringe Höhenlage der Schneegrenze in der Ostkordillere am Cerro Altar (Ztschr. für d. ges. Naturwiss., 1873, S. 484, und Vulkanberge von Ecuador, S. 324) und kommt auf den Verlauf der Schneegrenze im allgemeinen in den Vulkanbergen von Ecuador, S. 474, zurück. In neuerer Zeit wurde der Verlauf der Schneegrenze behandelt durch G. Schwarze, Die Firngrenze in Amerika (Wiss. Veröff. d. Ver. f. Erdk. zu Leipzig I. 1891) und durch H. Meyer, Hochanden, S. 426 ff.

⁸ Whymper erreichte den Gipfel am 4. April 1880 und bezeichnet ihn als „a ridge, running north and south, entirely covered by glacier" (Whymper, a. a. O., S. 232). — Stübel beschreibt den Berg in den Vulkanbergen von Ecuador, S. 102 ff., die Gesteine bei Esch, Ibarrabecken und Cayambe, S. 8/9 u. S. 53 ff. (Amphibol-Andesit und Amphibol-Pyroxen-Andesit).

XXIV.

¹ Stübel beschreibt gleichfalls solche Tanzfeste (Vulkanberge von Ecuador, S. 306 ff.).

² Am 11. April 1880 auch Whympers Lager. — Whymper, a. a. O., S. 242.

³ Nach Villavicencio schreibt ihm Velasco in seiner Historia de Quito mehrere Ausbrüche zu. Villavicencio selbst (a. a. O., S. 52) berichtet von Eruptionen der Jahre 1843 und 1856. Auch Wagner, a. a. O., S. 481, hält ihn für einen Vulkan: „Die Umrisse dieses noch nie bestiegenen Berges würden einen alten Kraterrand verraten, auch wenn man nicht aus den älteren Berichten des Paters Velasco und aus neueren Beobachtungen in den Jahren 1843 und 1856 wüßte, daß er öfters Feuererscheinungen gezeigt und Asche ausgeworfen hat." Er wird übrigens auch noch nach den Forschungen von Reiss und Stübel in der ecuatorianischen Literatur als tätiger Vulkan aufgeführt, so bei Mera, Catecismo de geografía de la República del Ecuador, Guayaquil 1884, S. 17. Offenbar liegt in allen diesen Fällen eine Verwechselung mit dem hinter der Ostkordillere am R. Napo noch tätigen Vulkan Guacamayo oder Cuyufa vor. Siehe Anmerkung B. XXV. ⁹.

⁴ Whymper erreichte den Gipfel am 17. April 1880 und bestimmte seine Höhe zu

Anmerkungen. 221

4725 m (bar.). Die im folgenden angeführten Zweifel Stübels an der Messung von Reiss waren also unberechtigt. — Whymper, a. a. O., S. 248.

[5] Die auf dieser Expedition gesammelten Gesteine bearbeitete F. v. Wolff im Zusammenhang mit den übrigen, von Reiss und Stübel mitgebrachten Gesteinen der Ostkordillere vom Cayambe bis zur Cuencamulde. Nach ihm liegt den von Reiss festgestellten kristallinen Schiefern der Ostkordillere „eine Sedimentformation zugrunde, die aus Sandsteinen und Tonen mit reichlichen kohligen Einlagerungen sich aufbaut, Ablagerungen, wie sie sich gewöhnlich in der Nähe der Küste bilden. Diese Sedimentformation befindet sich jetzt in einem Zustande dynamometamorpher Umwandlung. Der Grad der Umwandlung wechselt mit dem Ort." — Reiss, Ecuador 1870—74. III: F. v. Wolff, Die älteren Gesteine der ecuatorianischen Ostkordillere, des Azuay und der Cuencamulde, S. 261. — Stübel erwähnt den Sara-Urcu in den Vulkanbergen von Ecuador, S. 108 kurz als neben dem Cerro hermoso einzigen Schneeberg Ecuadors nichtvulkanischen Ursprungs.

[6] Reiss bespricht ihn in der Einleitung zu Elich, Pambamarca bis Antisana, S. 6, die Gesteine sind bei Elich, ebenda, S. 111, als Andesite und Liparite bestimmt, der auch S. 57/58 einen Überblick über die bisherigen mineralogischen Untersuchungen des Berges gibt. — Stübel, Vulkanberge von Ecuador, S. 109/110, S. 118 u. S. 121.

[7] Sie wurde von Condamines Gefährten Godin und von Jorge Juan im August 1737 errichtet, mußte aber, da sie schon während der Dauer der Expedition teils durch Unwetter, teils durch plündernde Indianer immer wieder zerstört wurde, siebenmal neu aufgebaut werden.— M. de la Condamine, Voyage à l'Équateur, S. 36 u. 52, und Allgemeine Historie der Reisen zu Wasser und zu Lande: 9. Bd.: Des Don Georg Juan und des Don Antonio de Ulloa Reise nach Südamerika. Aus dem Spanischen. Leipzig 1751. S. 184.

[8] Stübel, Vulkanberge von Ecuador, S. 117.— Reiss bei Elich, Pambamarca bis Antisana, S. 5. — Gesteine (Andesite): Elich, ebenda, S. 111.

[9] Unter García Moreno vor allem Jesuiten. Die Mißstände in der Jesuitenmission Macas schildert Reiss, Ein Besuch bei den Jívarosindianern (Verh. d. Ges. für Erdk., Berlin 1880, S. 329).

[10] Orton, American Journal of science, XLVII, 1869, S. 247. Noch früher erwähnt sie M. de Almagro, Breve descripción de los viajes hechos en América, Madrid 1866, S. 97.

[11] Siehe S. 131 dieses Buches und Anmerkung B. XXV. [10].

[12] Es ist derselbe Weg, auf dem Francisco de Orellana 1539 den Amazonas entdeckte und ihn bis zur Mündung befuhr. (Agustin de Zarate, Historía del descubrimiento y conquista de la Provincia del Perú. 1555. Biblioteca de autores españoles. Historiadores primitivos de Indias. II, S. 494.) — S. auch Clements Markham, Expeditions into the valley of the Amazons. London 1859.

[13] Phyllitgneis und Muskowitglimmerschiefer. — F. v. Wolff, a. a. O., S. 290.

[14] Obsidiane waren vor Reiss und Stübel in Ecuador bereits von Humboldt und Boussingault gefunden worden. — Reiss bespricht diese Funde bei Elich, Pambamarca bis Antisana, S. 7/8, Elich selbst ebenda, S. 57, 58. — Stübel, Vulkanberge von Ecuador, S. 116, 117.

[15] Eine eingehendere Darstellung des Schicksals der Pyramiden gibt F. Hassaurek, Four years among Spanish America. London 1868. S. 250—253. Sie waren im November 1736 von Condamine (a. a. O., S. 20, 21) erst als Signale errichtet worden. Im April 1740 faßte er den Plan, sie als Denkmal der französischen Arbeiten in Stein ausführen zu lassen (ebenda, S. 92). Da er aber in den Inschriften (abgedruckt bei Condamine, a. a. O. pl. V. S. 219) die Namen Juans und Ulloas wegließ und außerdem die französischen Lilien anbrachte, so verlangte die spanische Regierung ihre Entfernung. Es entstand ein sehr langwieriger Prozeß, in dem sich Condamine schließlich bereit

erklären mußte, die Namen der spanischen Offiziere einmeißeln zu lassen. Ein Abdruck dieser nunmehr von der spanischen Krone genehmigten Inschrift findet sich bei Juan und Ulloa, a. a. O., S. 500. Die Zerstörung der Bauten konnte freilich dieses Zugeständnis nicht hindern, sie erfolgte 1746 nach Abreise der Akademiker gegen den Willen der spanischen Regierung. Am 100. Jahrestage ihrer Errichtung, am 25. November 1836, wurden sie dann von dem Präsidenten der Republik, Rocafuerte, von neuem eingeweiht. Den Wortlaut der damals in den Grundstein eingelassenen Tafel publizierte P. F. Cevallos, Resumen de la historia del Ecuador. Guayaquil 1886. V, S. 311. Eine 1841 von der französischen Akademie gestiftete Inschrift (abgedruckt bei Hassaurek, S. 253, Anm., und bei Cevallos, S. 312) ist nicht angebracht worden. Eine weitere Tafel, die bei Condamine S. 162/163 beschrieben und abgebildet ist, ist jetzt in die Mauer der Sternwarte in Quito eingelassen (Hans Meyer, Hochanden, S. 296).

XXV.

[1] Reiss beschreibt den Strom ausführlich bei Elich, Pambamarca bis Antisana, S. 21—30, und setzt sich dort auch mit den früheren Beobachtern, insbesondere mit Humboldt und Boussingault (S. 27) auseinander. Er erwähnt ihn auch in seiner Polemik gegen Karsten. (Ztschr. d. dtsch. Geol. Ges. 1874, S. 923.) Vgl. auch Stübel, Vulkanberge von Ecuador, S. 134/135, und Hans Meyer, Hochanden, S. 313—315.

[2] Stübel faßt diesen Unterbau des Antisana als Chacanagebirge zusammen. (Stübel, Vulkanberge von Ecuador, S. 123.) — Reiss polemisiert gegen diesen Namen bei Elich, a. a. O., S. 9, Anm.

[3] Stübel sieht im Gegensatz zu Reiss im Chusalongo einen ausgeprägten Kraterkessel. (Vulkanberge von Ecuador, S. 123 u. 137.) — Später, bei Elich, a. a. O., S. 11, scheint auch Reiss diese Stübelsche Auffassung angenommen zu haben.

[4] Reiss bei Elich, a. a. O., S. 10. — Stübel, Vulkanberge von Ecuador, S. 123. — Die Gesteine des Fußgebirges bei Elich, S. 80ff. (Liparite), S. 89ff. (Dazite), S. 107ff. (Andesite).

[5] Den Landschaftscharakter dieser Hochflächen beschreibt sehr anschaulich Th. Wolf bei G. v. Rath: Über einige Andesgesteine (Ztschr. d. dtsch. Geol. Ges. 1875, S. 297): „Das Antisanagebirge stellt sich als eine besondere, abgeschlossene Welt dar: stundenweit ausgedehnte Ebenen, große, mit merkwürdigen Sumpf- und Wasservögeln bevölkerte Seen, eine Menge kristallheller Quellen und Bäche, die nicht wild über Felsen stürzen, sondern sich sanft dahinschlängeln und erst am Rande dieser breiten Zone sich in Wildbäche verwandeln, dann wieder ganz gesonderte, kleine Gebirge für sich, welche Ebenen und Seen umschließen, oder isolierte Vulkane und Krater, welche ganz bedeutend sind und nur an der Seite des gewaltigen Zentralkegels klein erscheinen — es sind dies die Seiteneruptionskegel des Antisana."

[6] Sie war der Ausgangspunkt fast aller Expeditionen nach dem Antisana, so für Humboldt (Kosmos IV, S. 234), für Whymper (a. a. O., S. 189), für Hans Meyer (Hochanden, S. 321).

[7] Th. Wolf bei Rath, a. a. O., S. 297. — „Der Antisana erhebt sich mit königlicher Majestät aus dem Zentrum der ihn umgebenden Landschaft zu der kolossalen Höhe von 5756 m. So flach die Basis des Vulkankegels ist, so steil steigt er dann bis zur Schneegrenze als empor, und an den meisten Punkten wäre wohl ein Besteigungsversuch vergeblich. Von den ungeheuren Schnee- und Eismassen, die den Berg bedecken, kann man sich kaum einen Begriff machen; nur an wenigen Punkten schaut eine schwarze, nackte Felsspitze heraus. Wenn der Riese im hellen Sonnenschein oder im Vollmondglanz in so unmittelbarer Nähe frei vor einem steht oder plötzlich aus einer Wolkenumhüllung tritt

Anmerkungen.

und sich im azurblauen Himmel scharf abhebt, kann man sich an diesem Anblick kaum satt sehen: diese duftigblauen oder meergrünen, mehrere 100 Fuß dicken Eisterrassen und Eisblöcke! diese blendend weißen, von dunklen Spalten durchfurchten Schneefelder! dieser Kontrast mit den ernsten, schwarzen Lavafelsen am Fuße!" — Ähnlich Hans Meyer, Hochanden, S. 322.

[8] Reiss bei Elich, a. a. O., S. 16, 17, dort auch eine Kritik der Auffassung Humboldts. — Stübel erwähnt die Ströme in seiner Beschreibung des ganzen Berges: Vulkanberge von Ecuador, S. 128. — Für die Routen vgl. die schon zitierte Karte Stübels.

[9] Die Existenz dieses Kegels war schon Humboldt bekannt, der ihn „in 22 Meilen Entfernung in Chillo bei Quito fast täglich donnern hörte". (Kosmos I, S. 145.) Seine Ausbrüche sind aber meist, so von Velasco und Villavicencio (s. Anm. B. XXIV. [3]) dem Sara-Urcu zugeschrieben worden. Erst Th. Wolf, der ihn gleichfalls vom Antisana aus sah, wies ihm richtig den von Villavicencio erwähnten und auf den Sara-Urcu zurückgeführten Ausbruch vom 7. Dezember 1843 zu, dessen Aschenregen bis nach Quito gelangte. (Th. Wolf bei v. Rath, a. a. O., S. 343.) — Ein zweites Mal erblickte ihn Reiss vom Cerro hermoso aus (s. S. 181 dieses Buches und Ztschr. d. dtsch. Geol. Ges. 1875, S. 286). Die von Reiss ausgesprochene Vermutung, daß der von Villavicencio nicht erwähnte Berg identisch sei mit dem Cerro Sumaco desselben Autors (Villavicencio, a. a. O., S. 402), bestätigt Th. Wolf, Geografía, S. 333.

[10] Reiss bei Elich, a. a. O., S. 18. — Stübel, Vulkanberge von Ecuador, S. 136. — Die Lava behandelte Th. Wolf, N. Jb. f. Min., 1874, und Elich, a. a. O., S. 107 (Amphibol-Pyroxen-Andesit). — Reiss läßt sie in seiner Einleitung zu Branco, Die Säugetierfauna von Punin (Pal. Abh. I, 2, S. 14) auf Glimmerschiefer ruhen, sie dabei versehentlich mit den jung ergossenen Laven des Tunguragua verwechselnd. Dieser erst bei Elich, S. 18, Anm., berichtigte Irrtum ist in Wolfs Geografía, S. 357, Anm., übergegangen und von diesem mit Recht angegriffen worden. — S. auch Anmerkung B. XXIV. [10].

[11] Reiss bei Elich, a. a. O., S. 10. — Stübel, Vulkanberge von Ecuador, S. 123, rechnet ihn zur Gruppe des Chacana „im engeren Sinne".

[12] Reiss bei Elich, a. a. O., S. 20. — Gesteine bei Elich, a. a. O., S. 108.

[13] Über den Kraters. Reiss bei Elich, S. 13, 14, dort auch über die vulkanische Tätigkeit des Berges in neuerer Zeit. — Ebenso Stübel, Vulkanberge von Ecuador, S. 133. — Die Gesteine des Hauptberges (Pyroxen-Andesit) bei Elich, a. a. O., S. 110. — Eine Geschichte der Besteigungsversuche gibt Hans Meyer, Hochanden, S. 326 ff., der auch die Vergletscherung des Berges eingehend behandelt.

XXVI.

[1] Siehe S. 161 ff. dieses Buches.

[2] Die Sage von Flammen- und Inselbildungen im Krater des Quilotoa berichtet zuerst Condamine (a. a. O., S. 61/62), der den Berg im August 1738 besuchte. Man erzählte ihm, daß der Seespiegel in einem Jahre um 20 Toisen gestiegen sei und eine Insel, auf der sich eine Schäferei befand, überflutet habe. Er schenkte dem Gerücht keinen Glauben, bis ihm nach seiner Rückkehr nach Paris der Marquis von Maënza, der Besitzer des Vulkans, von einem Flammenausbruch im See im Dezember 1740, zwei Jahre nach seinem Besuch, berichtete. Velasco (Historia del Reino de Quito I, S. 12) setzt das Phänomen des Verschwindens der Insel in das Jahr 1725. Einen dritten Ausbruch im Jahre 1859 verzeichnet als Gerücht Wagner, a. a. O., S. 455. — Reiss erklärt die Insel Condamines und Velascos als alten Felssturz, der allmählich vom Wasser aufgelöst wurde. (Reiss, Ztschr. d. dtsch. Geol. Ges. 1875, S. 280.)

224   Anmerkungen.

[3] Reiss beschreibt die gleiche Expedition in seinem Briefe an García Moreno (Ztschr. d. dtsch. Geol. Ges. 1875, S. 274 ff.).

[4] Über diese Tuffplateaus und ihre Siedlungen siehe auch Stübel, Vulkanberge von Ecuador, S. 183 u. 185.

[5] Mineralogisch charakterisiert sie Klautzsch. — Reiss/Stübel, Reisen in Südamerika. Das Hochgebirge der Republik Ecuador. I. 4: Klautzsch, Rio Hatuncama bis Cordillera de Llangagua, S. 222.

[6] Schlucht des Rio Sivi: Sandsteine und zum Teil bituminöse, mit Pflanzenabdrücken versehene Schiefer, Porphyrite. — Klautzsch, a. a. O., S. 222.

[7] Reiss vergleicht bei Young, Cotopaxi, S. 155, die Lage des Quilotoa mit der des Quilindaña, nur daß dieser „die Taleinsenkung der Länge nach durchsetzt, sie also gewissermaßen in zwei Täler teilt", während der Quilotoa das Tal quer absperrt. — Vgl. auch Stübel über die Lage des Vulkans in seinen Beziehungen zur Westkordillere (Vulkanberge von Ecuador, S. 182).

[8] Den Fuß des Vulkans bilden verwitterte Pyroxen-Andesite, während der eigentliche Vulkanbau aus Amphibol-Dazittuffen besteht. — Klautzsch, a. a. O., S. 213 bis 215 u. 222.

[9] Condamine (a. a. O., S. 61) schätzt den Durchmesser des Kraters auf 200 Toisen. — Vgl. auch Reiss, Ztschr. d. dtsch. Geol. Ges., S. 276 ff., und Stübel, Vulkanberge von Ecuador, S. 186—189.

[10] Reiss, Ztschr. d. dtsch. Geol. Ges. 1875, S. 277, fand 16^0 C, Stübel, Vulkanberge von Ecuador, S. 189, gibt $15,7^0$ C an. Das Wasser analysierte L. Dressel und fand im Liter 6,9 g feste Bestandteile. (Die genaue Analyse, zuerst in Estudio sobre algunas aguas minerales del Ecuador, por Luis Dressel S. J., Quito 1876, erschienen, ist abgedruckt in Stimmen aus Maria-Laach XVI, 2, 1879, bei Stübel, Vulkanberge von Ecuador, S. 188, und bei Wolf, Geografía, S. 638.)

XXVII.

[1] Den gleichen Weg verfolgte Hans Meyer, Hochanden, S. 166 ff.

[2] Stübel, Vulkanberge von Ecuador, S. 233 u. 237. — Hans Meyer, Hochanden, S. 178 ff. — Humboldt gibt im Atlas zu den Kleineren Schriften eine bis zur völligen Unkenntlichkeit verzeichnete Skizze des Berges. Sie ist in der Formengebung deutlich beeinflußt durch seine Auffassung der Entstehung der jetzigen Gestalt des Vulkans. Nach einem angeblichen, aus dem 16. Jahrhundert stammenden Manuskript in der jetzt völlig verschwundenen Puruguaysprache, das der in Lican wohnende „indianische König Leandro Zapla" zu besitzen vorgab, sollte der Cerro Altar oder Capac-Urcu, wie Humboldt ihn nennt, ursprünglich höher gewesen sein als der Chimborazo. 14 Jahre vor dem Einfall des Huayna Capac, des Sohnes des Inka Tupac Yupanqui, in das Hochland von Quito, also kurze Zeit vor der spanischen Eroberung, sei er eingestürzt. (Humboldt an seinen Bruder Wilhelm, abgedruckt bei Bruhns, I, S. 377/378, und Kosmos IV, S. 189.) — Schon Caldas, der, von Humboldt angeregt, das angebliche Manuskript einsehen wollte, erhielt von Zefla, wie er den Namen schreibt, den Bescheid, daß es bei einem Brande seines Hauses vernichtet worden sei, und äußert infolgedessen erhebliche Zweifel daran, daß es je existiert habe. (Caldas, Semanario. Viajes al sur de Quito, S. 465.) — Auch Wagner, der sich 1859 in Riobamba um die Erkundung der Sage bemühte, konnte nur erfahren, daß Humboldt wahrscheinlich einem Lügner zum Opfer gefallen sei. (Wagner, a. a. O., S. 486.)

[3] Wagner, a. a. O., S. 487, bezeichnet ihn irrtümlich als den „einzigen wirklichen Gletscher", den er in der Äquatorialzone der Anden beobachtet habe. Beim Besuche

Anmerkungen. 225

Hans Meyers im Jahre 1903 war er bereits über die Felsstufe, die ihn vom Glazialtrog des Collanestales trennt, zurückgewichen und auch in der Caldera selbst stark im Schwinden. — Hans Meyer, Hochanden, S. 179/180.

[4] Die jüngeren Gesteine des Cerro Altar, Glimmerandesite, Pyroxenandesite und Basalte, behandelt Tannhäuser. (Reiss, Ecuador 1870—74, 2: Tannhäuser, Die jüngeren Gesteine der ecuatorianischen Ostkordillere. Berlin 1904. S. 166—168.) — Über das Grundgebirge, Phyllite, Schiefer, Porphyrite und Gabbro, siehe F. v. Wolff, a. a. O., S. 293.

[5] Stübel, Vulkanberge von Ecuador, S. 238.

[6] Olivinreiche Lava, Handstück Nr. 2963. — Tannhäuser, a. a. O., S. 167.

[7] Muskovitspammitgneise, Phyllite, Quarzite. — Wolff, a. a. O., S. 293.

XXVIII.

[1] Die hier von Reiss und Stübel begangene Route ist als bis zur Erbauung der Eisenbahn wichtigster Saumpfad nach Quito immer und immer wieder beschrieben worden. Eine der frühesten und originellsten Schilderungen ist die von Juan und Ulloa, a. a. O., S. 159ff.

C.

XXIX.

[1] Basil Hall, Extracts from a journal written on the coasts of Chili, Peru and Mexico 1820—22, London 1824. II. S. 100: „After having examined the town (Payta), a party was made to visit the neighbouring heights, from whence we could see nothing in any direction, but one bleak, unbroken waste of barren sand."

[2] Provincia de Ayavaca. — Paz Soldan, Atlas geográfico del Perú, Paris 1865. Blatt 5.

XXX.

[1] Im Juli 1872. — Eingehender schildert diese Revolution Hutchinson, 2 years in Peru, London 1873, II. S. 1—20. Über die Präsidentschaft Baltas s. Dawson, The South-American Republics, Neuyork 1904. II, S. 113—116.

[2] G. Fitz-Roy Cole, The Peruvians at home, London 1884, S. 159—178, widmet der chinesischen Frage in Peru ein eignes Kapitel. — Ebenso A. J. Duffield, Peru in the Guano Age, London 1877, S. 41—52.

[3] So Pedro Cieza de Leon, La Crónica del Perú, Sevilla 1553, Kap. 66. (Biblioteca de autores españoles. Historiadores primitivos de Indias, Madrid 1862, II. S. 417/418.) Er schildert unvoreingenommen den blühenden Zustand der Küstenprovinz um Trujillo, nördlich des hier behandelten Gebiets, ihre durch ein kompliziertes Bewässerungssystem hervorgebrachte Fruchtbarkeit und den Fleiß („todos estos indios yungas son grandes trabajadores") ihrer zahlreichen Bevölkerung.

[4] Die Existenz dieser Gräberfelder war schon lange vor Reiss und Stübel in Europa bekannt. Hall, a. a. O., S. 71, beschreibt Ende 1821 eine Mumie, die ihnen entstammte und die dem British Museum überwiesen wurde. Kurz vor der Ankunft der beiden Forscher grub dort Hutchinson aus (a. a. O., II, S. 86ff.). — Das gesamte, von Reiss und Stübel gesammelte Material ist verarbeitet bei Reiss und Stübel, Das Totenfeld von Ancon in Peru, 3 Bde., Berlin 1880—87, und bei Stübel, Reiss, Koppel und Ule, Kultur und Industrie südamerikanischer Völker. Berlin 1889.

XXXI.

[1] Die Bahn ist jetzt durch das Tal des Rio Santa in das Becken von Huaraz (3000 m) hinein- und bis zu dieser Stadt durchgeführt (276 km).

[2] Über die Inseln vgl. Duffield, a. a. O., Kap. III, S. 70—101, der auch Zahlen über die Ausbeute gibt.

[3] Über dieses „Railway-fever", dessen treibende Kraft der seit 1867 in Peru arbeitende, nordamerikanische Abenteurer und Spekulant Henry Meiggs war, vgl. Duffield, a. a. O., Kap. V, S. 121 ff. Mit dem Tode Meiggs am 29. September 1877 brachen alle seine Unternehmungen zusammen, und die Folge war eine schwere Wirtschaftskrise im Lande. — Vgl. Ein moderner Monte Christo, Feuilleton der Berl. Börsenzeitung vom 13. 3. 1878.

[4] Die Bahn ist seit 1911 bis Cajamarca (135 km) durchgeführt.

[5] Wertheman führte zahlreiche Erkundungen auf den zum peruanischen Einzugsgebiet des Amazonas gehörigen Flüssen durch, über die er auch teilweise publizierte. — Zeitschr. d. Ges. für Erdk., Berlin 1880, Heft 3.

[6] Über die Gefangennahme des Inka im November 1532 und die ihr folgenden Ereignisse siehe den Bericht des Sekretärs Pizarros, Franciscos de Jerez: Verdadera relación de la conquista del Perú y provincia del Cuzco. Sevilla 1534. (Biblioteca de autores españoles. Historiadores primitivos de Indias, Madrid 1862, II, S. 330ff.) — Auch Stevenson, Historical and descriptive narrative of twenty years residence in South-America, London 1829, II, Kap. V, S. 142ff., gibt auf Grund lokaler Studien eine kritische Darstellung. — Humboldt, der die Stadt auf dem Landwege von Loja her erreichte, beschreibt sie und die wenigen noch erhaltenen Reste der Inkabauten in „Das Hochland von Caxamarca". (Ansichten der Natur. Ausgabe 1877, S. 339ff.)

[7] Über die Stadt vgl. Middendorf, Peru. Berlin 1895, III, S. 185/186.

[8] Vgl. über diesen Teil des Marañontales Sievers, Reise in Peru und Ecuador, Leipzig 1914, S. 31—34.

[9] Hutchinson, dessen Begleiter Steer die Ruinen bei Chachapoyas angeblich kannte, hält sie nicht für Inkabauten, sondern für Leistungen einer vor der Inkazeit liegenden Kulturepoche (a. a. O., II, S. 49ff.). Zu dem gleichen Schluß kommt Middendorf, der der Festung Malca ein eigenes Kapitel widmet (a. a. O., S. 212—222).

XXXII.

[1] Middendorf, a. a. O., S. 235.

[2] Middendorf, a. a. O., S. 236.

[3] Middendorf, a. a. O., S. 242. — Middendorf gibt, obwohl er das Gebiet nicht selbst bereist hat, S. 234—257 eine landeskundliche Skizze des ganzen Departements Loreto.

[4] So Pedro Cieza de Leon, a. a. O., S. 394, für das Hochland südlich von Quito.

XXXIV.

[1] Die Ermattung und Heimatssehnsucht von Reiss charakterisiert sein letzter aus Rio de Janeiro (4. März 1876) datierter Brief: „Am 25. Februar reiste Dr. Stübel nach Montevideo ab, und am 28. starb mein treuer Diener Anjel María Escobar, der mich acht Jahre lang auf allen Reisen begleitet hatte. War ich vorher schon verstimmt, so ist jetzt in mir alle Neigung zu weiteren Reisen verschwunden. Ich bleibe nur noch so lange hier, bis das Grabmal Escobars vollendet ist, dann nehme ich das erste beste Dampfboot und fahre entweder über Lissabon oder Bordeaux oder Liverpool nach Europa. Vernünftig kann ich jetzt nicht schreiben: der Todesfall so ganz am Schluß,

wenige Tage vor der Abreise, hat mich tief erschüttert, zumal ich ganz allein die Pflege des im Delirium wütenden Menschen zu besorgen hatte. Es scheint mir manchmal fast, als ob meine Zeit noch nicht da sei und als ob ich noch viel Unglück erleben müsse, ehe es mir beschieden ist, zur Ruhe zu kommen.

D.

I.

[1] Der Iliniza ist erst verhältnismäßig spät näher untersucht worden. Bouguer maß ihn zu 5286 m, Condamine zu 5296 m. (Bouguer, La figure de la terre, Paris 1749, S. 124/125. — Condamine, Mesure des 3 premiers degrès du méridien dans l'hémisphère austral, Paris 1751, S. 56.) — Humboldt gibt im Atlas der Kleineren Schriften eine Abbildung und klassifiziert ihn Kosmos IV, S. 188 als einen durch Einsturz oder Zerreißen der Kraterwände in Doppelpyramiden gespaltenen Kegelberg. Genauer begangen wurden seine Hänge erst von Wagner, den auch Humboldts Rat dazu veranlaßte, den Südgipfel am 9. Dezember 1858 zu besteigen. Er sieht in der südlichen Pyramide einen „aus trachytischen Trümmermassen zusammengesetzten Kegel, der nie einen Explosionskrater hatte. Die Beschaffenheit der Trachyttrümmer in seiner oberen Region ist der berühmten Hypothese Boussingaults, welcher sämtliche Andeskegel in fester Form erhoben sich dachte, entschieden günstig" (a. a. O., S. 449—454). — Stübel, Vulkanberge von Ecuador, S. 56ff., stimmt mit Wagner insofern überein, als er in dem Berge das Produkt einer monogenen Schöpfung vom Typus des Quilindaña und des Cotacachi sieht. Die Entstehung zweier Pyramiden, die Humboldt auf Einsturz eines Kraters zurückführt, ist damit freilich nicht erklärt, und Stübel läßt deshalb diese Frage offen. — Reiss hat später in der Einleitung zu Youngs Cotopaxi, S. 169—171, die in dem vorliegenden Briefe ausgesprochene Ansicht aufgegeben und führt nun die Entstehung zweier Pyramiden richtig auf Gletschererosion zurück. Er vergleicht den Vulkan mit dem Cerro Altar, der heute am Anfang einer Formenreihe stehe, deren Ende der Iliniza sei. Hans Meyer hat das durch seine Untersuchung der Hondons des Berges, die er als Kare nachwies, zum Teil bestätigt, er sucht jedoch die Stübelsche Theorie einer monogenen Entstehung des Berges mit der Reissschen Annahme eines durch Gletschererosion zerstörten Gipfels zu vereinen (a. a. O., S. 281—287). — Über die Gesteine: Amphibol-Pyroxen-Andesit, Pyroxen-Andesit und Dazit siehe Elich, Atacatzo bis Iliniza, S. 144 u. 176.

[2] Siehe Anmerkung B. XX. [2].

[3] Die Gipfel sind nach Stübel, Vulkanberge von Ecuador, S. 64, der Cerro de Santa Cruz, der Pupuntío (3937 m) und der Cerro Gaguigua. Von ihnen strahlen langgezogene Lomas strebepfeilerartig aus, zwischen denen tiefe Schluchten eingegraben sind (ebenda, S. 65). — Über die Gesteine: Pyroxen-Andesit, siehe Elich, Atacatzo bis Iliniza, S. 177.

[4] Für den Cotopaxi kann auf die erschöpfende Monographie von Reiss verwiesen werden, die als Einleitung Youngs petrographischer Behandlung vorausgeht. — Stübel berichtet über seine Besteigung am 6. März 1873 gleichfalls in einem Briefe an García Moreno (deutsche Übersetzung in der Ztschr. f. d. ges. Naturwiss., XLII, 1873, S. 501 ff., und Vulkanberge von Ecuador, S. 337 ff.). Den Berg als Ganzes behandelt er Vulkanberge von Ecuador, S. 150—164. — Über die Besteigungen und Untersuchungen nach Reiss und Stübel (Wolf, Thielmann, Whymper, Hans Meyer) siehe Hans Meyer, Hochanden, S. 203—253. Nach H. Meyer wurde der Berg im Januar 1906 und im September 1911 durch N. G. Martinez bestiegen. Beide Male zeigte er erhöhte Tätigkeit. 1911 war ein Teil der Schneekappe weggeschmolzen. (La Prensa, Guayaquil Okt. 1911.)

[5] Reiss bei Young, Cotopaxi, S. 76.

228 Anmerkungen.

⁶ Die Ruinen werden bereits von Pedro de Cieza de Leon, Kap. XLI, a. a. O., S. 393, als „grandes aposentos de Mulohalo" beschrieben. — Humboldt gibt eine Abbildung in den Vues des Cordillères, pl. XXIV.

II.

¹ Reiss hat im Anschluß an den Quilindaña die Frage der Gletschererosion in den Anden und die damit zusammenhängende einer Eiszeit Ecuadors sehr ausführlich behandelt bei Young, Cotopaxi, S. 154—188. Sein Resultat richtet sich gegen die Hans Meyersche Hypothese einer letzthin kosmisch bedingten, über die ganze Erde verbreiteten Eiszeit. „Alte Moränen, alte Gletscherbetten und Gletscherschliffe können, an und für sich, nicht als Beweis einer allgemeinen, durch klimatische Veränderungen bedingten Eiszeit gelten; denn die Gletscher arbeiten langsam, aber sicher an ihrer eignen Vernichtung" (S. 173). Hans Meyer antwortet darauf in Hochanden, S. 480ff. Beide stimmen darin überein, daß die Pyramide des Quilindaña ein Werk glazialer Erosion ist und treten damit in Gegensatz zu Stübel, der die glazialen Tröge des Berges als „nicht lediglich durch Erosion gebildet", sondern „schon während des Hervorquellens und bei dem Aufstauen des feurig-flüssigen Materials, das die Hauptmasse des Berges ausmacht, angelegt" auffaßt (Vulkanberge von Ecuador, S. 141). Die diesem Unterbau „statt des Kraters" aufgesetzte „hohe Felspyramide mit deutlicher Terrassierung ihrer Gesteinsbänke" steht unter den Vulkanbergen des Hochlandes von Ecuador „durchaus nicht vereinzelt" da, ist aber „an keinem anderen Berge in gleich typischer Weise ausgeprägt" (ebenda). Der Quilindaña wird ihm so zu einer Untergruppe seiner Kategorie der gegliederten Kegelberge (ebenda, S. 407, Fig. 7). Er nähert sich damit wieder der Auffassung Wagners, der in dem Berge einen „ungeöffneten Andesitkegel" sieht (Wagner, a. a. O., S. 483). — Die Gesteine (Pyroxenandesit) bei Young, Cotopaxi, S. 251—255.

III.

¹ Das gleiche Routenbuch erwähnt Villavicencio, a. a. O., S. 49.

² Kristalline Schiefer, von Andesiten bedeckt. — Tannhäuser, Cord. von Píllaro bis Cuencamulde, S. 119. — Stübel, Vulkanberge von Ecuador, S. 225—227.

³ Die Karte wurde in kleinerem Maßstabe herausgegeben durch R. Spruce, London 1862. — Wolf kritisiert sie Geografía, S. 571.

⁴ Siehe Anmerkung B. XXV. ⁹.

⁵ Reiss sieht bei Elich, Pambamarca bis Antisana, S. 40/41, in diesen horizontal liegenden, bituminösen Kalken die Reste einer Kreidedecke, die ursprünglich beide Kordilleren in zusammenhängendem Bogen gleichmäßig überwölbte und ein plateauartiges Hochland bildete, in das die Erosion, die weichen Schichten ausräumend, allmählich die heutigen Becken hineingrub und nur die kristallinen Randleisten als „Gerippe" stehenließ. Der Bearbeiter seiner im Gebiet des Cerro Hermoso gesammelten Gesteine, F. v. Wolff, betont demgegenüber a. a. O., S. 301ff., 1) den metamorphen Charakter dieser Kalke, deren horizontale Lage auch als Überschiebung oder liegende Falte gedeutet werden könne, 2) die Lagerung dieser Kalke in ganz verschiedenen Höhenlagen (am Cerro hermoso in 4576, am Rio Topo in 1222 m Höhe), die auch durch Annahme einer Verwerfung, die dann die enorme Sprungweite von 3354 m haben müßte, nicht zu erklären sei. Die von Hettner für Colombia vorausgesetzte postkretazeische Faltung müsse deshalb auch für die ecuatorianische Ostkordillere angenommen werden. — Über die unterlagernden Schiefer siehe Anmerkung B. XXIV. ⁵.

⁶ Siehe Anmerkung B. XXIII. ⁷.

⁷ Reiss bei Branco, a. a. O., S. 6ff. — Stübel, Vulkanberge von Ecuador, S. 229—231. — Gesteine: Andesite und Dazite, Tannhäuser, a. a. O., S. 120. — Über die bei

Punin gefundenen fossilen Säuger siehe Branco, a. a. O., und F. Etzold bei Hans Meyer, Hochanden, S. 528 ff.

[8] Der Anregung folgte Th. Wolf, Viajes científicos por la República del Ecuador. II. Relacion de un viaje geognóstico por la provincia del Azuay. Guayaquil 1879. — Ebenso Sievers, Peru und Ecuador, S. 151—161.

[9] Stübel, Vulkanberge von Ecuador, S. 267. — Jungeruptive Gesteine: olivinfreie Pyroxen- und Hornblendegesteine, Tannhäuser, a. a. O., S. 121. — Ältere Gesteine: kretazeische Sedimente und Sandsteine, Augitporphyrdecken, F. v. Wolff, a. a. O., S. 196/197.

[10] Reiss sieht in ihm das ursprüngliche Bild eines durch Erosion ausgearbeiteten interandinen Beckens, dessen Formen noch nicht durch die Akkumulation von Tuffen usw. verhüllt sind wie in der Quito- und Riobambamulde. — Reiss bei Branco, a. a. O., S. 17/18.

[11] Wolf, Viajes científicos, II, S. 63.

[12] Wolf, Viajes científicos, II, S. 27 u. 61/62.

[13] Villavicencio, a. a. O., S. 435.

[14] Humboldt beschreibt das Monument in einem Briefe an den Bruder: „Es ist ein Kanapee, in den Felsen eingehauen, mit arabeskenähnlichen Zieraten. Unsere englischen Gärten haben nichts Eleganteres aufzuweisen. Der richtige Geschmack des Inka leuchtet überall hervor; der Sitz ist so gestellt, daß man eine entzückende Aussicht genießt." — Bruhns, a. a. O., I, S. 380.

[15] Der „Azógues-Sandstein" Wolfs (Viajes científicos, II, S. 56).

[16] Villavicencio, a. a. O., S. 334/335.

[17] Humboldt, Das Hochland von Caxamarca. Ansichten der Natur, S. 327.

[18] So Villavicencio, a. a. O., S. 437. — Humboldt, Das Hochland von Caxamarca, Ansichten der Natur, S. 328, nennt als Erbauer der Anlage den Inka Tupac Yupanqui und gibt eine Abbildung Vues des Cordillères, pl. XXIV.

[19] Humboldt, Das Hochland von Caxamarca, S. 328: „Was ich von römischen Kunststraßen in Italien, im südlichen Frankreich und Spanien gesehen, war nicht imposanter als diese Werke der alten Peruaner." — Humboldt fand die Straße übrigens noch „mit wohlbehauenem, schwarzbraunem Trapp-Porphyr gepflastert" (ebenda).

[20] Falbs Ansichten in der seit 1868 von ihm geleiteten Zeitschrift „Sirius" und in den „Grundzügen zur Theorie der Erdbeben und Vulkanausbrüche", Graz 1870, hatten in den durch Erdbeben gefährdeten südamerikanischen Ländern Aufsehen und Hoffnungen erregt.

[21] Der Gedanke, daß die Anden sinken, war zuerst von Boussingault, a. a. O., Sobre los terremotos de los Andes, S. 57, ausgesprochen worden und die logische Folge der von ihm vertretenen Fassung der Erhebungstheorie. Die nach ihm als gewaltige Felstrümmermassen emporgepreßten Andenvulkane müssen mit zunehmendem Alter mehr und mehr in sich zusammensinken wie ein lose aufgeschütteter Steinhaufen, der durch allmähliches Sacken an Volumen verliert. Nach ihm konstatierte Orton, daß das von ihm mit einem Quecksilberbarometer quer durch Südamerika gelegte Profil durchweg geringere Höhen ergab, als seine Vorgänger gemessen hatten. [Orton, Physical observations on the Andes and the Amazonas, American Journ. of Science, Sept. 1868 (Ref. in Pet. Mitt., 1869, S. 113).] — Reiss wandte sich später energisch gegen den daraus gezogenen Schluß, daß die Anden sänken, und kam umgekehrt zu dem Resultat, daß sie in Hebung begriffen seien. [Sinken die Anden? (Verh. d. Ges. f. Erdk., Berlin 1880, S. 45/46.)] Zu dem gleichen Schluß kommt, von ganz anderen Voraussetzungen ausgehend, erst neuerdings wieder W. Penck, der eine durch die abyssischen Tiefen des dem Kontinent vorgelagerten Stillen Ozeans bestimmte, noch heute andauernde Auf-

faltung der andinen Ketten annimmt. „Diese Tiefen, die A. Supan mit Recht mit Geosynklinalen verglichen hat, erscheinen als die Heimat der Bewegung, durch die seit der oberen Kreide oder dem unteren Tertiär bis zum heutigen Tag der Westsaum des Kontinents in Falten von großer Schwingungsweite gelegt worden ist." (W. Penck, Der Südrand der Puna de Atacama. Abh. d. math.-phys. Kl. d. Sächs. Ak. d. Wiss. XXXVII. 1. Leipzig 1920. S. 344.)

IV.

[1] Boussingault, a. a. O., Relación de una ascension al Chimborazo, ejecutada el 16 de diciembre de 1831, S. 213. — Humboldt, Kl. Schr., S. 187.

[2] Stübel, Vulkanberge von Ecuador, S. 206. — Reiss/Stübel, Reisen in Südamerika. Das Hochgebirge der Republik Ecuador, I. Klautzsch, Ambato bis Azuay, S. 289. — Hans Meyer, Hochanden, S. 73.

[3] Humboldt und Boussingault unternahmen trotzdem von dieser Seite aus die Besteigung. — Humboldt, Über einen Versuch, den Gipfel des Chimborazo zu besteigen (Kl. Schr., S. 143). — Boussingault, a. a. O., S. 210, und Humboldt, Kl. Schr., S. 181.

[4] Pyroxen- und Amphibol-Pyroxen-Andesite. — Klautzsch, a. a. O., S. 280/281.

[5] Pyroxen-Andesit. — Klautzsch, a. a. O., S. 280.

[6] Hans Meyer, Hochanden, S. 106. — Vgl. auch die Hans Meyers Buch beigegebene Spezialkarte des Chimborazo.

[7] Die Quelle ist lediglich Thermalquelle und enthält keine mineralischen Bestandteile. (Wolf, Geografía, S. 306.) — Hans Meyer maß die Wärme des Wassers zu 46^0 C (Hochanden, S. 115).

[8] Blaugraue bis graue Pyroxen-Andesite. — Klautzsch, a. a. O., S. 277.

[9] Die Besteigungsversuche des Berges (vor allem Humboldt, Boussingault, Wagner, Stübel, Whymper, Grosser und Hans Meyer) behandelt kritisch Hans Meyer, Hochanden, S. 83 ff. — Die hier von Reiss unterhalb der „Northern walls" Whympers (a. a. O., S. 327, Anm.), der „Roten Wände" Hans Meyers (Hochanden, S. 127) als notwendig erkannte Traverse mußte später sowohl von Whymper wie von Hans Meyer bei ihren Besteigungen ausgeführt werden. — Außer von Whymper ist der Gipfel bisher nur von den Franzosen P. Suzor und P. Reimburg im Januar 1911 erreicht worden (El Telegrafo, Guayaquil, 1. Febr. 1911).

[10] Hans Meyer, Hochanden, S. 392 ff., widmet diesem Tal als typischem Glazialtrog eine eingehende Betrachtung.

[11] Über den Carihuairazo vgl. Stübel, Vulkanberge von Ecuador, S. 198—201. — Die Gesteine bei Klautzsch, Ambatoberge bis Azuay, S. 277—279. — Hans Meyer, Hochanden, S. 146 ff., untersuchte die Glazialerscheinungen der Caldera und des Trogtales von Salazaca. — Über die Sage des Einsturzes seines Gipfels am Ende des 17. Jahrh. (nach Humboldt, Kosmos IV, S. 188, am 19. Juli 1698, nach Wagner, a. a. O., S. 456, am 29. Juni 1699) siehe ebenda.

[12] Stübel, Vulkanberge von Ecuador, S. 201—203. — Das Gestein: Feldspatbasalt bei Klautzsch, Ambatoberge bis Azuay, S. 288.

V.

[1] Über die Cerros de Yaruquíes siehe Anmerkung D. III. [7].

[2] Stübels Lagerplatz vom 23. April bis 5. Mai 1872. — Stübel, Itinerarprofil.

[3] Am 2. und 3. Mai 1872. — Stübel, Itinerarprofil.

Anmerkungen. 231

[4] Über die Lage des Vulkans siehe Stübel, Vulkanberge von Ecuador, S. 243/244.

[5] Pyroxen-Andesit. — Tannhäuser, a. a. O., S. 176.

[6] Reiss sah im Dezember 1873 von Macas aus die Lava an diesem Teile des Berges „vom höchsten Gipfel bis zur Region der Wälder als leuchtenden Feuerstreif am Abhang herabziehen, wie ein Strom geschmolzenen Metalls sich fortwälzend". [Ein Besuch bei den Jívaros-Indianern (Verh. d. Ges. f. Erdk., Berlin 1880, S. 330).] — In einem Briefe an G. v. Rath vom 6. April 1874 (Zeitschr. d. dtsch. Geol. Ges., 1875, S. 605—609) bezeichnet er das Magma als sehr dünnflüssig und schon seit Jahren fließend. Sein unteres Ende, in mehrere Arme geteilt, sei wohl in 3600—3700 m Höhe zu suchen. — Diese Lava des Sangay war schon, ebenso wie die des Cotopaxi, von Condamine als solche erkannt worden. „La matière du torrent du feu, qui découle continuellement de celui de Sangai dans la province de Macas, au sudest de Quito, est sans doute une lave; mais nous n'avons vu cette montagne que de loin; et je n'étois plus à Quito dans le temps des dernières éruptions du volcan de Cotopaxi, lorsque sur ses flancs il s'ouvrit des espèces de soupiraux, d'où l'on vit sortir à flots des matières enflammées et liquides, qui devoient être d'une nature semblable à la lave du Vésuve." (Condamine, Journal de voyage en Italie. Mém. de l'Ac. des Sciences 1757, S. 357.) — Humboldt, im Banne der Buchschen Theorie, bezeichnet diese Beispiele andiner Lavavorkommen als unglücklich gewählt. (Kosmos IV, S. 380.) Er selbst hat den Sangay merkwürdigerweise nicht besucht, obwohl er sein Donnern bis nach Chillo hörte (Kosmos IV, S. 200. In der Anmerkung S. 352 gibt er allerdings an, daß die dort gehörten Detonationen zum Teil auch dem Guacamayo zugeschrieben wurden). Den auch von Reiss beschriebenen Feuerstreifen führt er auf Auswürfe glühender Steinmassen zurück (Kosmos IV, S. 302). — Die ersten Reisenden, die sich dem Kegel näherten, waren García Moreno und Sebastian Wisse. Der Vulkan entfaltete damals — im Dezember 1849 — eine besonders heftige Tätigkeit. Wisse zählte in der Stunde bis zu 267 Explosionen. Die von ihm mitgebrachten Gesteine bestimmte Boussingault als schwarzen, pechsteinartigen Trachyt mit eingewachsenen, glasigen Feldspatkristallen. (Wisse, Exploration du volcan de Sangay, Comptes rendus de l'Ac. des Sciences XXXVI, 1853, S. 721.) — Die von Reiss beobachtete Tätigkeit des Vulkans hielt auch noch 1903 in unverminderter Stärke an. Hans Meyer maß die Höhe der Eruptionswolke von Riobamba aus zu 8600 m über der Krateröffnung (Hochanden, S. 237).

[7] Reiss bei Young, Cotopaxi, S. 172: „Die drei tätigen, in die Schneeregion aufragenden Vulkanberge Ecuadors, der Sangay, der Tungurua und der Cotopaxi, weisen noch die ursprüngliche, regelmäßige Kegelform auf, welche namentlich den Ausbruchskegeln eigentümlich ist, deren Eruptionen ganz oder wenigstens zum Teil aus dem Gipfelkrater erfolgen. Noch wechseln hier Schnee-, Eis-, Aschen- und Lavabänke miteinander ab; die Gletscher sind denselben nur angelagert, nicht in dieselben eingesenkt." Die Gletscherenden des Berges gibt Reiss ebenda, S. 182, auf der Südseite zu 4308, auf der Südostseite zu 4197 m Höhe an. — Vgl. auch über die Schneeverhältnisse des Kegels Stübel, Ztschr. f. d. ges. Naturwiss. 1873, S. 487, u. Vulkanberge von Ecuador, S. 327.

VI.

[1] So Wagner, der 1859 mehrmals bis zur Schneegrenze vordrang (a. a. O., S. 485).

[2] Der Vulkan hatte nach der Abreise von Reiss und Stübel im Jahre 1886 einen Ausbruch, den Martinez in der Guayaquiler Zeitung „La Nacion", Nr. 1939 vom 17. 3. 1886, schildert. — Abgedruckt bei Wolf, Geografía, S. 648.

[3] Vgl. dazu die Rauhreifbildungen im Cotopaxikrater, die Hans Meyer bei seiner Besteigung dort fand und abbildete. — Hochanden, S. 245, und Bilderatlas, Tafel 28, 29.

4 Maldonado, Carta de la provincia de Quito y de sus adyacentes, 1:856154. Paris 1750.

5 Über die Gesteine vgl. Tannhäuser, a. a. O., S. 159—164. — In den Vulkanbergen von Ecuador behandelt Stübel den Berg S. 248—259.

6 Der Lavastrom des Tunguragua spielt auch in der erregten Diskussion zwischen Karsten und Reiss eine Rolle. Boussingault hatte als erster den Strom von Baños als einen auf langer Strecke emporgehobenen Wall, der die dort liegenden Glimmerschiefer zertrümmerte, erklärt. (Boussingault, a. a. O., Sobre los terremotos de los Andes, S. 56.) — Karsten schließt sich dieser Anschauung an und verlegt den Vorgang an das Ende der 80er Jahre des 18. Jahrhunderts. „Langsam hob sich hier unter grausigem Krachen der felsige, nach allen Richtungen sich zerklüftende Boden, und die Trümmer, sich gegenseitig reibend und übereinander wälzend, füllten das Tal und formten an dessen Stelle den Bergrücken, der jetzt den Eingang in die kleine Ebene versperrt, auf der am Fuß des Tunguragua das durch seine heilkräftige, warme Quelle berühmte Dorf Baños liegt." (Karsten, a. a. O., S. 20.) — Die Unhaltbarkeit dieser Auffassung hatte schon Wagner, a. a. O., S. 485, erkannt. „Aus den Seitenspalten dieses Berges sind in nordöstlicher Richtung zwischen Baños und der Pastazabrücke wirkliche, zusammenhängende, basaltische Lavaströme ausgegangen, deren Vorkommen in den Anden von Boussingault mit Unrecht geleugnet wird. Der erste und bedeutendste dieser Lavaströme, den man auf dem Wege von Ambato nach Baños überschreitet, ist durch das wilde Chaos seiner übereinander geschobenen und stellenweise hoch aufgestauten, sehr schlackigen Laven einer der merkwürdigsten Ströme, die ich je gesehen, obwohl er an Breite und Länge, überhaupt an massenhafter Ausdehnung, weit hinter den Lavaströmen der tätigen Feuerberge Zentralamerikas zurücksteht. Das Merkwürdigste an dem größten dieser schwarzen Steinströme ist sein noch ganz unverwittertes, frisches Aussehen, das mich an den berühmten letzten Lavastrom des Epomeo auf der Insel Ischia bei Neapel erinnerte, der, ein halbes Jahrtausend alt, noch heute völlig kahl ist. Der basaltische Lavaerguß des Tunguragua ist keinesfalls älter. Möglicherweise könnte derselbe von der Eruption des Jahres 1777 herrühren, obwohl darüber nicht die geringste historische Kunde erhalten ist." — Die Erwähnung der Ströme durch Wolf in seinen Publikationen und die von Reiss bei der Besteigung des Cotopaxi auch dort festgestellten frischen Laven veranlaßten Karsten zu einem heftigen Angriff gegen Reiss, wobei er die von ihm angenommene Entstehung des Walles nochmals schildert. (Ztschr. d. dtsch. Geol. Ges. 1873, S. 568—572.) Reiss macht in seiner Antwort (Ztschr. d. dtsch. Geol. Ges. 1874, S. 922) das Absurde des Karstenschen Gedankens recht anschaulich: „Eine etwas aufmerksame Betrachtung des Profils bei Ninayacu (so heißt die Stelle, an welcher die Lava den Pastazafluß berührt) würde wohl selbst Herrn Karstens Erhebungsglauben erschüttert haben; denn dort ruht die Lava auf Chlorit- und Glimmerschiefer, und es ist klar, daß bei einer Hebung nur die die betreffenden Terrainabschnitte bildenden Gesteine aufgerichtet und zertrümmert werden können, der Wulst müßte also hier aus Schieferblöcken bestehen und nicht aus Andesitblöcken; denn Herr Karsten sagt ganz unzweideutig: ‚Das ganze Phänomen bestand nur in einer Zertrümmerung und geringerer Hebung des Felsbettes dieses Tales.'"

7 Siehe S. 174 dieses Buches.

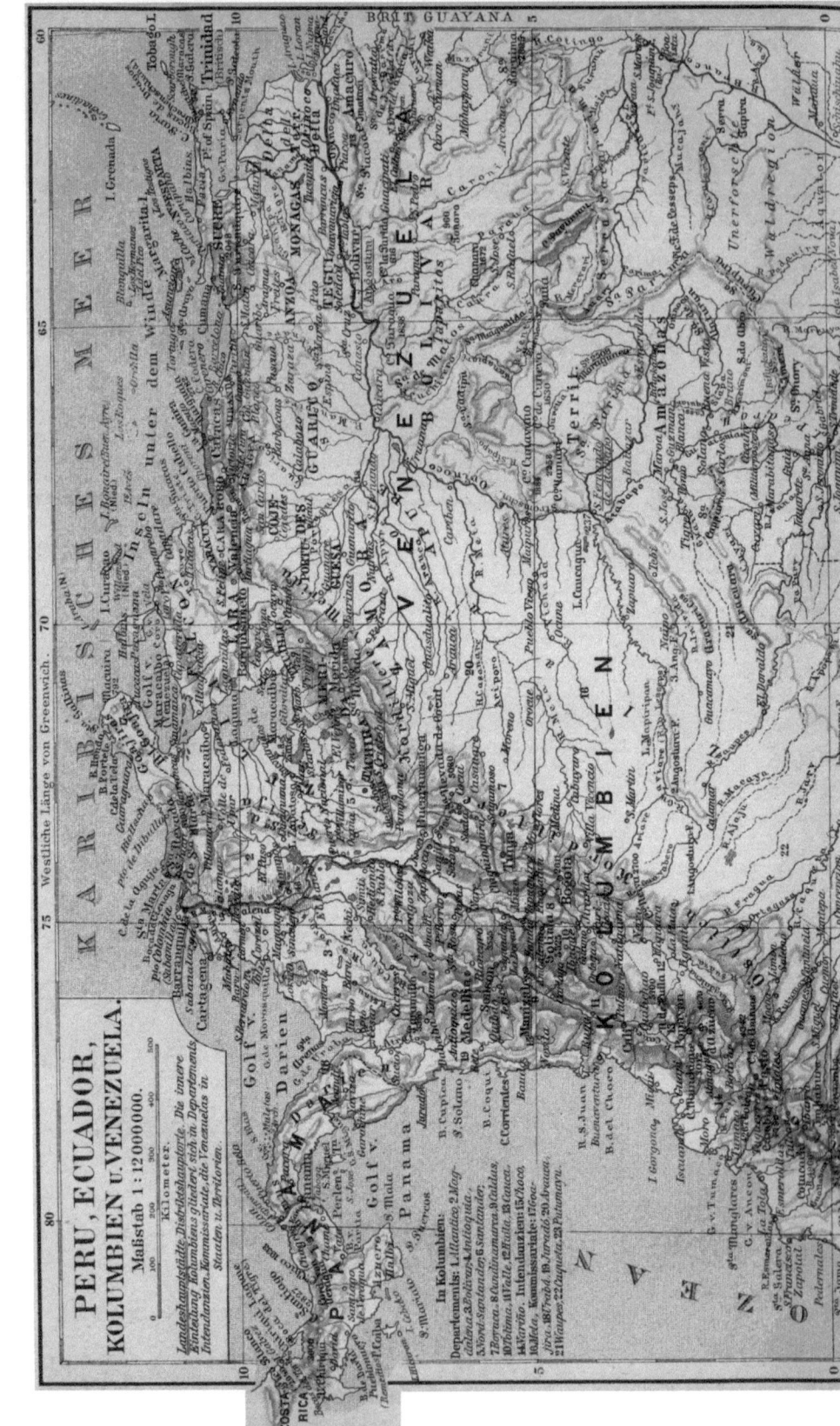

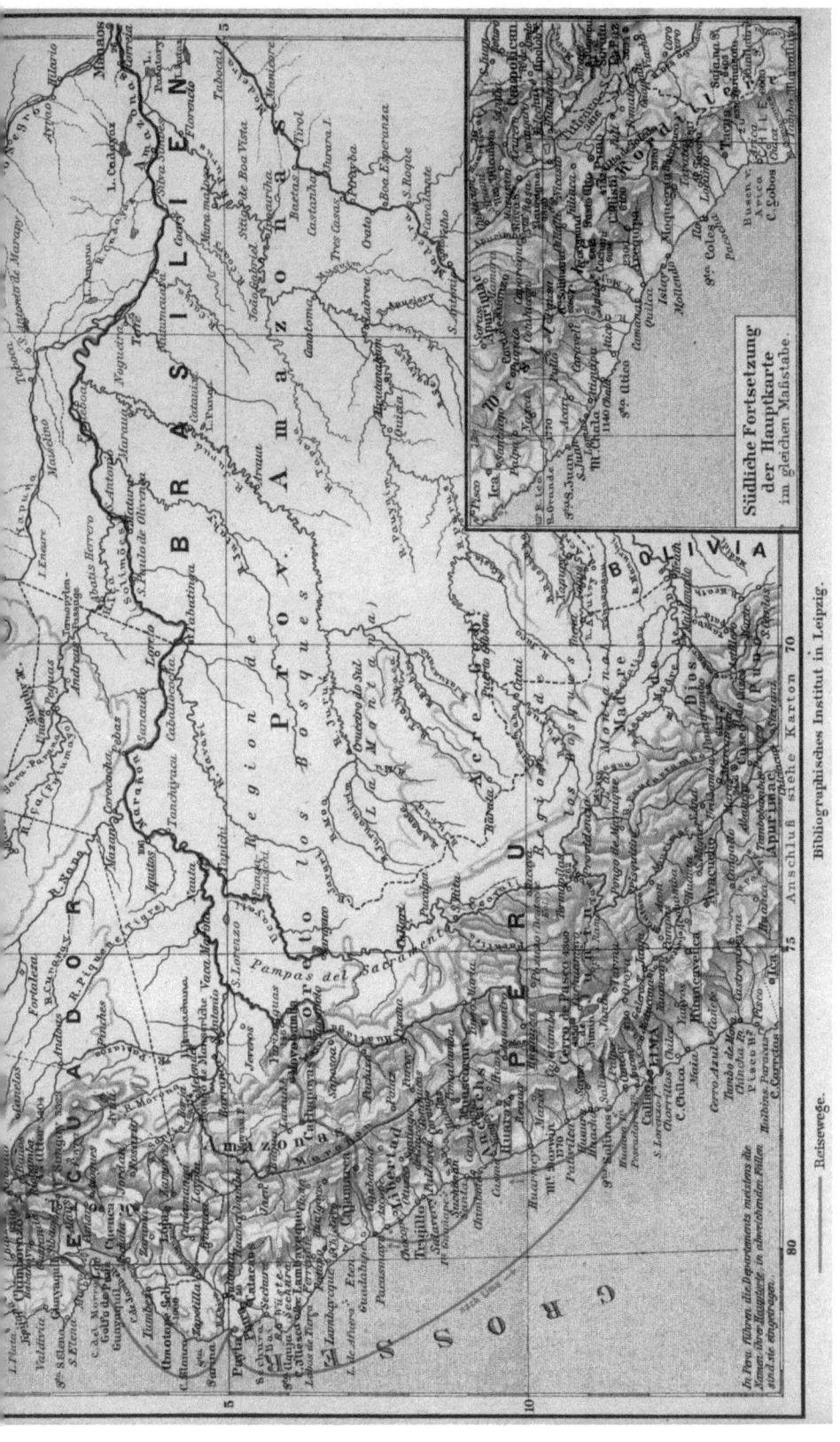

Printed by Libri Plureos GmbH
in Hamburg, Germany